现代电力
工程与信息网络安全

赵志国　岳玉先　黄　广　主编

吉林科学技术出版社

图书在版编目（CIP）数据

现代电力工程与信息网络安全 / 赵志国，岳玉先，黄广主编 . -- 长春：吉林科学技术出版社，2019.5
ISBN 978-7-5578-5492-8

Ⅰ．①现… Ⅱ．①赵… ②岳… ③黄… Ⅲ．①电力工程②计算机网络—网络安全 Ⅳ．① TM7 ② TP393.08

中国版本图书馆 CIP 数据核字（2019）第 106175 号

现代电力工程与信息网络安全

主　　编	赵志国　　岳玉先　　黄　广	
出 版 人	李　梁	
责任编辑	端金香	
封面设计	刘　华	
制　　版	王　朋	
开　　本	185mm×260mm	
字　　数	390 千字	
印　　张	17.25	
版　　次	2019 年 5 月第 1 版	
印　　次	2019 年 5 月第 1 次印刷	
出　　版	吉林科学技术出版社	
发　　行	吉林科学技术出版社	
地　　址	长春市福祉大路 5788 号出版集团 A 座	
邮　　编	130118	
发行部电话 / 传真	0431—81629529　　81629530　　81629531	
	81629532　　81629533　　81629534	
储运部电话	0431—86059116	
编辑部电话	0431—81629517	
网　　址	www.jlstp.net	
印　　刷	北京宝莲鸿图科技有限公司	
书　　号	ISBN 978-7-5578-5492-8	
定　　价	70.00 元	

编委会

前　言

　　电力工程是指一切与电能相关的工程。而电力工程质量管理则是指在电力工程项目进行时所采取的一系列有关安全生产的组织、策划以及管理的活动，从而确保电力工程质量具有安全性、可靠性、经济性、适用性、长久性以及与环境相协调等优点。据了解，国家在电网建设和电网改造方面的投资将不断扩大，估计到 2020 年全国电力装机容量 9 亿 kW，用电 45000 亿 kW·h，复合增长率达到 5.5%。随着电力投资的不断加大，电力工程质量越来越成为人们关注的焦点，推动电力工程质量管理改革，进一步提高电力工程建设质量，成了当前迫切需要解决的问题。

　　计算机技术的飞速发展，信息网络已经成为社会发展的重要保证，网络信息安全问题也随着全球信息化步伐的加快而变得尤为重要。由于计算机网络具有连接形式多样性，终端分配不均匀性以及网络的开放性，互联性等特征，致使网络易受黑客，怪客，恶意软件及其他不轨行为的攻击，网上信息的安全和保密是一个至关重要的问题。

　　《现代电力工程与信息网络安全》这本书将通过对电力工程与信息网络方面进行简单的阐述，并简要说明了电力工程在网络使用上的安全技术。

目　录

第一章　电力工程技术

第一节　变压器

一、变压器概述

变压器（Transformer）是利用电磁感应的原理来改变交流电压的装置，主要构件是初级线圈、次级线圈和铁芯（磁芯）。主要功能有：电压变换、电流变换、阻抗变换、隔离、稳压（磁饱和变压器）等。按用途可以分为：电力变压器和特殊变压器（电炉变、整流变、工频试验变压器、调压器、矿用变、音频变压器、中频变压器、高频变压器、冲击变压器、仪用变压器、电子变压器、电抗器、互感器等）。电路符号常用 T 当作编号的开头，例：T01，T201 等。

在电器设备和无线电路中，变压器常用作升降电压、匹配阻抗，安全隔离等。在发电机中，不管是线圈运动通过磁场或磁场运动通过固定线圈，均能在线圈中感应电势，此两种情况，磁通的值均不变，但与线圈相交链的磁通数量却有变动，这是互感应的原理。变压器就是一种利用电磁互感应，变换电压，电流和阻抗的器件。

近几年，为适应国家在城乡电网改造的需求，发展了一批新型、优质的配电变压器，使配电网络的变压器装备更趋先进，供电更可靠，农村用电更趋低价。

近年发展的配电变压器的损耗值在不断下降，尤其空载损耗值下降更多，这主要归功于磁性材料导磁性能的改进，其次是导磁结构铁心形式的多样化。如较薄高导磁硅钢片或非晶合金的应用，阶梯接缝全斜结构铁心、卷铁心（平面型、立体型）、退火工艺的应用等。在降低损耗的同时也注意噪声水平的降低。在干式配电变压器方面又将局部放电试验列为例行试验，用户又对局部放电量有要求，作为干式配电变压器运行可靠性的一项考核指标，这比国际电工委员会规定的现行要求要严格。因此，在现有基础上预测我国各类配电变压器的发展趋势，推动配电变压器进一步发展应是一件比较重要工作。

要求防火、防爆的场所，如商业中心、机场、地铁、高层建筑、水电站等，常选用干式配电变压器。目前，国内已有几十个工厂能生产传统的环氧树脂浇注型干式配电变压器。

既有无励磁调压，又有载调压。正常运行时为自冷冷却方式，当装有吹风装置时提供急救条件（其他变压器有故障时起动风机）作为超铭牌容量运行。在国内，最大三相单台容量可达 20000kVA（35kV 级），最高电压等级可达 110KV（单相 10500kVA）。干式变压器的年产量已占整个配电变压器年产量的 20%。鉴于环氧树脂浇注干式配电变压器还存在下列一些问题：

（1）设计的自由度不大，每个绕组都要用模具才能绕组。

（2）一旦在高温中燃烧会产生大量烟雾。

（3）由于环氧树脂与导线的热膨胀系数不尽相同，如果缓冲层设置不当，易在冷热温度冲击下，浇注层开裂，局部放电量增加，部分企业的个别产品已有此类质量问题在运行中暴露。

（4）环保问题，一旦这种环氧树脂浇注型干式配电变压器预期寿命已到，或因各种故障而使变压器绕组损坏，要销毁浇注成型的绕组是困难的，目前尚无法使环氧树脂降解。从环保角度上讲，这将是日益严重的问题。

（5）环氧树脂浇注型干式配电变压器多数属于 F 级耐温等级，仅个别企业能生产 H 级耐温等级的浇注型干式配电变压器。鉴于上述原因，目前已有部分企业在发展敞开通风干式 H 级配电变压器。

（一）变压器的基本形式

变压器的最基本形式，包括两组绕有导线的线圈，并且彼此以电感方式联结一起。当一交流电流（具有某一已知频率）流于其中之一组线圈时，于另一组线圈中将感应出具有相同频率之交流电压，而感应的电压大小取决于两线圈耦合及磁交链之程度。

一般指连接交流电源的线圈称之为一次线圈；而基于此线圈的电压称之为一次电压。在二次线圈的感应电压可能大于或小于一次电压，是由一次线圈与二次线圈间的匝数比所决定的。因此，变压器区分为升压与降压变压器两种。

大部分的变压器均有固定的铁芯，其上绕有一次与二次的线圈。基于铁材的高导磁性，大部分磁通量局限在铁芯里，因此，两组线圈借此可以获得相当高程度之磁耦合。在一些变压器中，线圈与铁芯二者间紧密地结合，其一次与二次电压的比值几乎与二者之线圈匝数比相同。因此，变压器之匝数比，一般可作为变压器升压或降压的参考指标。由于此项升压与降压的功能，使得变压器已成为现代化电力系统之一重要附属物，提升输电电压使得长途输送电力更为经济，至于降压变压器，它使得电力运用方面更加多元化，可以这样说，没有变压器，现代工业实无法达到目前发展的现状。

变压器又有其做试验而用的，称之为试验变压器，分别可以分为充气式，油浸式，干式等试验变压器，是发电厂、供电局及科研单位等广大用户的用来做交流耐压试验的基本试验设备，通过了国家质量监督局的标准，用于对各种电气产品、电器元件、绝缘材料等进行规定电压下的绝缘强度试验。

（二）运行维护

1. 防止变压器过载运行：如果长期过载运行，会引起线圈发热，使绝缘逐渐老化，造成匣间短路、相间短路或对地短路及油的分解；

2. 防止变压器铁芯绝缘老化损坏：铁芯绝缘老化或夹紧螺栓套管损坏，会使铁芯产生很大的涡流，引起铁芯长期发热造成绝缘老化；

3. 防止检修不慎破坏绝缘：变压器检修吊芯时，应注意保护线圈或绝缘套管，如果发现有擦破损伤，应及时处理。

（三）成分结构

变压器组成部件包括器身（铁芯、绕组、绝缘、引线）、变压器油、油箱和冷却装置、调压装置、保护装置（吸湿器、安全气道、气体继电器、储油柜及测温装置等）和出线套管。

1. 铁芯

铁芯是变压器中主要的磁路部分。通常由含硅量较高，厚度分别为 0.35mm\0.3mm\0.27mm，由表面涂有绝缘漆的热轧或冷轧硅钢片叠装而成。

铁芯分为铁芯柱和横片两部分，铁芯柱套有绕组；横片是闭合磁路之用。

铁芯结构的基本形式有心式和壳式两种。

2. 绕组

绕组是变压器的电路部分，它是用双丝包绝缘扁线或漆包圆线绕成。

（四）变压器的结构

1. 铁芯

铁芯是变压器中主要的磁路部分。通常由含硅量较高，厚度分别为 0.35mm\0.3mm\0.27mm，表面涂有绝缘漆的热轧或冷轧硅钢片叠装而成铁心分为铁心柱和横片两部分，铁心柱套有绕组；横片是闭合磁路之用铁心结构的基本形式有心式和壳式两种；

2. 绕组

绕组是变压器的电路部分，它是用双丝包绝缘扁线或漆包圆线绕成变压器的基本原理是电磁感应原理，现以单相双绕组变压器为例说明其基本工作原理：当一次侧绕组上加上电压 $\acute{U}1$ 时，流过电流 $\acute{I}1$，在铁芯中就产生交变磁通 $\emptyset 1$，这些磁通称为主磁通，在它作用下，两侧绕组分别感应电势 E1，E2，感应电势公式为：$E=4.44fN\emptyset m$，式中：E-- 感应电势有效值；f-- 频率；N-- 匝数；$\emptyset$ 主磁通最大值由于二次绕组与一次绕组匝数不同，感应电势 E1 和 E2 大小也不同，当略去内阻抗压降后，电压 U1 和 U2 大小也就不同。

当变压器二次侧空载时，一次侧仅流过主磁通的电流（I0），这个电流称为激磁电流。当二次侧加负载流过负载电流 I2 时，也在铁芯中产生磁通，力图改变主磁通，但一次电压不变时，主磁通是不变的，一次侧就要流过两部分电流，一部分为激磁电流I0，一部分为用来平衡I2，所以这部分电流随着I2变化而变化。当电流乘以匝数时，就是磁势。

上述的平衡作用实质上是磁势平衡作用，变压器就是通过磁势平衡作用实现了一、二次侧的能量传递。

变压器技术参数对不同类型的变压器都有相应的技术要求，可用相应的技术参数表示.如电源变压器的主要技术参数有：额定功率、额定电压和电压比、额定频率、工作温度等级、温升、电压调整率、绝缘性能和防潮性能，对于一般低频变压器的主要技术参数是：变压比、频率特性、非线性失真、磁屏蔽和静电屏蔽、效率等。

3. 电压比

变压器两组线圈圈数分别为N1和N2，N1为初级，N2为次级，在初级线圈上加一交流电压，在次级线圈两端就会产生感应电动势，当N2＞N1时，其感应电动势要比初级所加的电压还要高，这种变压器称为升压变压器：当N2U1/U2=N1/N2；式中n称为电压比（圈数比），当n<1时，则N1>N2，U1>U2，该变压器为降压变压器，反之则为升压变压器。

另有电流之比I1/I2=N2/N1；电功率P1=P2，注意上面的式子只在理想变压器只有一个副线圈时成立，当有两个副线圈时P1=P2+P3，U1/N1=U2/N2=U3/N3，电流则须利用电功率的关系式去求，有多个时依此类推。

4. 变压器的效率

在额定功率时，变压器的输出功率和输入功率的比值，叫作变压器的效率，即 η=（P2÷P1）x100%，式中 η 为变压器的效率；P1 为输入功率，P2 为输出功率。

当变压器的输出功率P2等于输入功率P1时，效率 η 等于100%，变压器将不产生任何损耗。但实际上这种变压器是没有的，变压器传输电能时总要产生损耗，这种损耗主要有铜损和铁损。

铜损是指变压器线圈电阻所引起的损耗，当电流通过线圈电阻发热时，一部分电能就转变为热能而损耗，由于线圈一般都由带绝缘的铜线缠绕而成，因此称为铜损。

变压器的铁损包括两个方面，一是磁滞损耗，当交流电流通过变压器时，通过变压器硅钢片的磁力线其方向和大小随之变化，使得硅钢片内部分子相互摩擦，放出热能，从而损耗了一部分电能，这便是磁滞损耗，另一是涡流损耗，当变压器工作时，铁芯中有磁力线穿过，在与磁力线垂直的平面上就会产生感应电流，由于此电流自成闭合回路形成环流，且成旋涡状，故称为涡流，涡流的存在使铁芯发热，消耗能量，这种损耗称为涡流损耗。

变压器的效率与变压器的功率等级有密切关系，通常功率越大，损耗与输出功率就越小，效率也就越高。反之，功率越小，效率也就越低。

5. 变压器的功率

变压器铁芯磁通和施加的电压有关。在电流中励磁电流不会随着负载的增加而增加。虽然负载增加铁心不会饱和，将使线圈的电阻损耗增加，超过额定容量由于线圈产生的热量不能及时的散出，线圈会损坏，假如你用的线圈是由超导材料组成，电流增大不会引起发热，但变压器内部还有漏磁引起的阻抗，但电流增大，输出电压会下降，电流越大，输出电压越低，所以变压器输出功率不可能是无限的。假如你又说了，变压器没有阻抗，那么当变压器流过电流时会产生特别大电动力，很容易使变压器线圈损坏，虽然你有了一台功率无限的变压器但不能用。只能这样说，随着超导材料和铁心材料的发展，相同体积或重量的变压器输出功率会增大，但不是无限大。

功率的估算

电源变压器传输功率的大小，取决于铁芯的材料和横截面积。所谓横截面积，不论是 E 型壳式结构，或是 E 型芯式结构（包括 C 型结构），均是指绕组所包裹的那段芯柱的横断面（矩形）面积。在测得铁芯截面积 S 之后，即可按 $P = S2/1.5$ 估算出变压器的功率 P，式中 S 的单位是 cm^2。

例如：测得某电源变压器的铁芯截面积 $S=7cm^2$，估算其功率，得 $P=S2/1.5=33w$，剔除各种误差外，实际标称功率是 30w。

6. 判别参数

电源变压器标称功率、电压、电流等参数的标记，日久会脱落或消失。有的市售变压器根本不标注任何参数。这给使用带来极大不便。下面介绍无标记电源变压器参数的判别方法。此方法对选购电源变压器也有参考价值。

（1）识别电源变压器

1）从外形识别

常用电源变压器的铁芯有 E 型和 C 型两种。E 形铁芯变压器呈壳式结构（铁芯包裹线圈），采用 D41、D42 优质硅钢片作铁芯，应用广泛。C 型铁芯变压器用冷轧硅钢带作铁芯，磁漏小，体积小，呈芯式结构（线圈包裹铁芯）。

2）从绕组引出端子数识别

电源变压器常见的有两个绕组，即一个初级和一个次级绕组，因此有四个引出端。有的电源变压器为防止交流声及其他干扰，初、次级绕组间往往加一屏蔽层，其屏蔽层是接地端。因此，电源变压器接线端子至少是 4 个。

3）从硅钢片的叠片方式识别

E 型电源变压器的硅钢片是交插入的，E 片和 I 片间不留空气隙，整个铁芯严丝合缝。音频输入、输出变压器的 E 片和 I 片之间留有一定的空气隙，这是区别电源和音频变压器的最直观方法。至于 C 型变压器，一般都是电源变压器。

（2）各绕组电压的测量

要使一个没有标记的电源变压器利用起来，找出初级的绕组，并区分次级绕组的输出电压是最基本的任务。现以一实例说明判断方法。

例：已知一电源变压器，共10个接线端子。试判断各绕组电压。

第一步：分清绕组的组数，画出电路图。

用万用表R×1挡测量，凡相通的端子即为一个绕组。现测得，两两相通的有3组，三个相通的有1组，还有一个端子与其他任何端子都不通。照上述测量结果，画出电路图，并编号。

从测量可知，该变压器有4个绕组，其中标号⑤、⑥、⑦的是一带抽头的绕组，⑩号端子与任一绕组均不相通，是屏蔽层引出端子。

第二步：确定初级绕组

对于降压式电源变压器，初级绕组的线径较细，匝数也比次级绕组多。因此，这样的降压变压器，其电阻最大的是初级绕组。

第三步：确定所有次级绕组的电压

在初级绕组上通过调压器接入交流电，缓缓升压直至220v。依次测量各绕组的空载电压，标注在各输出端。如果变压器在空载状态下较长时间不发热，说明变压器性能基本完好，也进一步验证了判定的初级绕组是正确的。

（3）各次级绕组最大电流的确定

变压器次级绕组输出电流取决于该绕组漆包线的直径D。漆包线的直径可从引线端子处直接测得。测出直径后，依据公式$I=2D^2$，可求出该绕组的最大输出电流。式中D的单位是mm。

（五）主要分类

一般常用变压器的分类可归纳如下：

1. 按相数分：

1）单相变压器：用于单相负荷和三相变压器组。

2）三相变压器：用于三相系统的升、降电压。

2. 按冷却方式分：

1）干式变压器：依靠空气对流进行自然冷却或增加风机冷却，多用于高层建筑、高速收费站点用电及局部照明、电子线路等小容量变压器。

2）油浸式变压器：依靠油作冷却介质、如油浸自冷、油浸风冷、油浸水冷、强迫油循环等。

3. 按用途分：

1）电力变压器：用于输配电系统的升、降电压。

2）仪用变压器：如电压互感器、电流互感器、用于测量仪表和继电保护装置。

3）试验变压器：能产生高压，对电气设备进行高压试验。

4）特种变压器：如电炉变压器、整流变压器、调整变压器、电容式变压器、移相变压器等。

4. 按绕组形式分：

1）双绕组变压器：用于连接电力系统中的两个电压等级。

2）三绕组变压器：一般用于电力系统区域变电站中，连接三个电压等级。

3）自耦变电器：用于连接不同电压的电力系统。也可作为普通的升压或降后变压器用。

5. 按铁芯形式分：

1）芯式变压器：用于高压的电力变压器。

2）非晶合金变压器：非晶合金铁芯变压器是用新型导磁材料，空载电流下降约80%，是目前节能效果较理想的配电变压器，特别适用于农村电网和发展中地区等负载率较低的地方。

3）壳式变压器：用于大电流的特殊变压器，如电炉变压器、电焊变压器；或用于电子仪器及电视、收音机等的电源变压器。

（六）相关功能

变压器的功能主要有：电压变换；电流变换，阻抗变换；隔离；稳压（磁饱和变压器）；自耦变压器；高压变压器（干式和油浸式）等，变压器常用的铁芯形状一般有 E 型和 C 型铁芯，XED 型，ED 型 CD 型。

变压器的最基本形式，包括两组绕有导线的线圈，并且彼此以电感方式联结一起。当一交流电流（具有某一已知频率）流于其中之一组线圈时，于另一组线圈中将感应出具有相同频率之交流电压，而感应的电压大小取决于两线圈耦合及磁交链之程度。

一般指连接交流电源的线圈称之为"一次线圈"（Primary coil）；而跨于此线圈的电压称之为"一次电压"。在二次线圈的感应电压可能大于或小于一次电压，是由一次线圈与二次线圈问的"匝数比"所决定的。因此，变压器区分为升压与降压变压器两种。

大部分的变压器均有固定的铁芯，其上绕有一次与二次的线圈。基于铁材的高导磁性，大部分磁通量局限在铁芯里，因此，两组线圈借此可以获得相当高程度之磁耦合。在一些变压器中，线圈与铁芯二者间紧密地结合，其一次与二次电压的比值几乎与二者之线圈匝数比相同。因此，变压器之匝数比，一般可作为变压器升压或降压的参考指标。由于此项升压与降压的功能，使得变压器已成为现代化电力系统之一重要附属物，提升输电电压使得长途输送电力更为经济，至于降压变压器，它使得电力运用方面更加多元化，可以说倘无变压器，则现代工业实无法达到目前发展的现况。

电子变压器除了体积较小外，在电力变压器与电子变压器二者之间，并没有明确的分界线。一般提供 60Hz 电力网络之电源均非常庞大，它可能是涵盖有半个洲地区那般大的容量。电子装置的电力限制，通常受限于整流、放大，与系统其他组件的能力，其中有些部分属放大电力者，但如与电力系统发电能力相比较，它仍然归属于小电力之范围。

各种电子装备常用到变压器，理由是：提供各种电压阶层确保系统正常操作；提供系统中以不同电位操作部分得以电气隔离；对交流电流提供高阻抗，但对直流则提供低的阻抗；在不同的电位下，维持或修饰波形与频率响应。"阻抗"其中之一项重要概念，亦即电子学特性之一，其乃预设一种设备，即当电路组件阻抗系从一阶层改变到另外的一个阶层时，其间即使用到一种设备——变压器。

（七）相关参数

1. 技术

对不同类型的变压器都有相应的技术要求，可用相应的技术参数表示。如电源变压器的主要技术参数有：额定功率、额定电压和电压比、额定频率、工作温度等级、温升、电压调整率、绝缘性能和防潮性能，对于一般低频变压器的主要技术参数是：变压比、频率特性、非线性失真、磁屏蔽、静电屏蔽、效率等。

2. 电压比

变压器两组线圈圈数分别为 N1 和 N2，N1 为初级，N2 为次级。在初级线圈上加一交流电压，在次级线圈两端就会产生感应电动势．当 N2＞N1 时，其感应电动势要比初级所加的电压还要高，这种变压器称为升压变压器：当 N2U1/U2=N1/N2，式中 n 称为电压比（圈数比），当 n<1 时，则 N1>N2，U1>U2，该变压器为降压变压器。反之则为升压变压器。另有电流之比 I1/I2=N2/N1；电功率 P1=P2；注意：上面的式子，只在理想变压器只有一个副线圈时成立。当有两个副线圈时，P1=P2+P3，U1/N1=U2/N2=U3/N3，电流则须利用电功率的关系式去求，有多个时，依此类推。

3. 效率

在额定功率时，变压器的输出功率和输入功率的比值，叫作变压器的效率，即：η＝（P2÷P1）×100%，式中，η 为变压器的效率；P1 为输入功率，P2 为输出功率。当变压器的输出功率 P2 等于输入功率 P1 时，效率 η 等于 100%，变压器将不产生任何损耗。但实际上这种变压器是没有的。变压器传输电能时总要产生损耗，这种损耗主要有铜损和铁损。

铜损是指变压器线圈电阻所引起的损耗．当电流通过线圈电阻发热时，一部分电能就转变为热能而损耗。由于线圈一般都由带绝缘的铜线缠绕而成，因此称为铜损。

变压器的铁损包括两个方面：一是磁滞损耗，当交流电流通过变压器时，通过变压器硅钢片的磁力线其方向和大小随之变化，使得硅钢片内部分子相互摩擦，放出热能，从而损耗了一部分电能，这便是磁滞损耗。另一是涡流损耗，当变压器工作时，铁芯中有磁力线穿过，在与磁力线垂直的平面上就会产生感应电流，由于此电流自成闭合回路形成环流，且成旋涡状，故称为涡流。涡流的存在使铁芯发热，消耗能量，这种损耗称为涡流损耗。

变压器的效率与变压器的功率等级有密切关系，通常功率越大，损耗与输出功率就越小，效率也就越高。反之，功率越小，效率也就越低。

4. 参数判别

电源变压器标称功率、电压、电流等参数的标记，日久会脱落或消失。有的市售变压器根本不标注任何参数。这给使用带来极大不便。下面介绍无标记电源变压器参数的判别方法。此方法对选购电源变压器也有参考价值。

（1）识别电源变压器

1）从外形识别：常用电源变压器的铁芯有 E 形和 C 形两种。E 形铁芯变压器呈壳式结构（铁芯包裹线圈），采用 D41.D42 优质硅钢片作铁芯，应用广泛。C 形铁芯变压器用冷轧硅钢带作铁芯，磁漏小，体积小，呈芯式结构（线圈包裹铁芯）。

2）从绕组引出端子数识别：电源变压器常见的有两个绕组，即一个初级和一个次级绕组，因此有四个引出端。有的电源变压器为防止交流声及其他干扰，初、次级绕组间往往加一屏蔽层，其屏蔽层是接地端。因此，电源变压器接线端子至少是 4 个。

3）从硅钢片的叠片方式识别：E 型电源变压器的硅钢片是交叉插入的，E 片和 I 片间不留空气隙，整个铁芯严丝合缝。音频输入、输出变压器的 E 片和 I 片之间留有一定的空气隙，这是区别电源和音频变压器的最直观方法。至于 C 形变压器，一般都是电源变压器。

（2）功率的估算

电源变压器传输功率的大小，取决于铁芯的材料和横截面积。所谓横截面积，不论是 E 型壳式结构，或是 E 型芯式结构（包括 C 形结构），均是指绕组所包裹的那段芯柱的横断面（矩形）面积。在测得铁芯截面积 S 之后，即可按 $P=S2/1.5$ 估算出变压器的功率 P。式中 S 的单位是 cm^2。

（3）各绕组电压的测量

要使一个没有标记的电源变压器利用起来，找出初级的绕组，并区分次级绕组的输出电压是最基本的任务。

（八）变压器的损耗

1. 空载损耗计算方法

空载损耗包括铁芯中磁滞和涡流损耗及空载电流在初级线圈电阻上的损耗，前者称为铁损后者称为铜损。由于空载电流很小，后者可以略去不计，因此，空载损耗基本上就是铁损。

空载损耗：当变压器二次绕组开路，一次绕组施加额定频率正弦波形的额定电压时，所消耗的有功功率称空载损耗。算法如下：

空载损耗 = 空载损耗工艺系数 × 单位损耗 × 铁心重量

负载损耗：当变压器二次绕组短路（稳态），一次绕组流通额定电流时所消耗的有功功率称为负载损耗。算法如下：

负载损耗＝最大的一对绕组的电阻损耗＋附加损耗；

附加损耗＝绕组涡流损耗＋并绕导线的环流损耗＋杂散损耗＋引线损耗；

阻抗电压：当变压器二次绕组短路（稳态），一次绕组流通额定电流而施加的电压称阻抗电压 UZ。通常 UZ 以额定电压的百分数表示，即 UZ＝（UZ/U1n）*100%；

匝电势：u=4.44*f*B*At，V；

其中：B—铁心中的磁密，T；

At—铁心有效截面积，平方米；

可以转化为变压器设计计算常用的公式：

当 f=50Hz 时：u=B*At/450*10^5，V；

当 f=60Hz 时：u=B*At/375*10^5，V；

如果你已知道相电压和匝数，匝电势等于相电压除以匝数变压器空载损耗计算 - 变压器的空载损耗组成。

影响变压器空载损耗铁损的因素很多，以数学式表示，则式中 N、W—表示磁滞损耗和涡流损耗，kn、kw—常数，f—变压器外施电压的频率赫，m—铁芯中最大磁通密度韦 / m²，n——什捷因麦兹常数，对常用的硅钢片，当 m=（1.0-1.6）韦 / 米 2 时，n≈2，对目前使用的方向性硅钢片，取 2.5-3.5。

根据变压器的理论分析，假定初级感应电势为 E1（伏），则：

E1=BM（2）；K 为比例常数，由初级匝数及铁芯截面积而定，则铁损为：

由于初级漏阻抗压降很小，若忽略不计，另外，环保部于 2008 年 10 月 1 日实施的《GB22337-2008 社会生活环境噪声排放标准》中对室内噪声排放限值做了更严格的规定，其中对结构传播噪声的规定如下：

在社会生活噪声排放源位于噪声敏感建筑物内情况下，噪声通过建筑物结构传播至噪声敏感建筑物室内时，噪声敏感建筑物室内等效声级不得超过相关数据规定的限值。

对于在噪声测量期间发生非稳态噪声（如电梯噪声、水泵噪声）的情况，最大声级超过限值的幅度不得高于 10dB（A）。

除了环保部的两个关于噪声排放的标准外，建设部 2006 年 3 月 1 日施行的强制标准《GB 50368-2005 住宅建筑规范》中对住宅噪声和隔声有如下规定：

住宅应在平面布置和建筑构造上采取防噪声措施。卧室、起居室在关窗状态下的白天允许噪声级为 50dB（A 声级），夜间允许噪声级为 40dB（A 声级）。电梯不应与卧室、起居室紧邻布置。受条件限制需要紧邻布置时，必须采取有效的隔声和减振措施。管道井、水泵房、变压器房、风机房应采取有效的隔声措施，水泵、变压器、风机应采取减振措施。

另外，中国城乡建设环境保护部发布的《GBJ 118-1988 民用建筑隔声设计规范》中 3.1.1 条规定住宅内卧室、书房与起居室的允许噪声级应该符合规范的限值。

既然有了这么多的国家标准对变压器噪声进行规范，为什么我们生活周围还是经常发生业主与开发商间有关变压器噪声纠纷的事情呢？其中很大一部分原因应该归结于建筑验收的不完善。我们可以从建筑验收备案里面发现，很多建筑的验收证明验收的只是施工部分，一些验收证明的备注里面明确说明供水供电不在验收之列。正是因为建筑施工和验收中存在某些不规范、不完善的地方，才会引起交房后的变压器噪声纠纷。

在英国标准 BS 661（与声学有关的名词术语）中，已经用标准定义对噪声的主观性进行了强调。即对于噪声的接收者而言，噪声是令人生厌的。因此，可以容易理解为什么人们在舞会上感到音乐和喧闹是一种享受，而当人想入睡时，即使同样的声音也会感到是一种干扰和烦恼。变压器噪声不仅是连续的，而且绝大部分是属于中等音频，对人的听觉危害是最小的，不存在固有的有害性，这意味着变压器噪声引起人们的烦恼程度大概与变压器的视在音量有关，解决这一问题的最好办法是确定各种形式和规格的变压器所发出的视在响度。

SIMOVERT MASTERDRIVES 西门子工程变频器；

SIMOVERT MASTERDRIVES Compact PLUS；

SIMOVERT MASTERDRIVES 超紧凑型；

SIMOVERT MASTERDRIVES 是交流变频器。它们可将交流电机转变为高精度可变速驱动器。此系列驱动器在全球范围内通用，适用于 230-690 V 范围内的全部供电电压，并且进行了全球范围的认证。

SIMOVERT MASTERDRIVES 是一个变频器系统。它们是一种模块化的单元系列，可精确满足每一种应用要求，并可在所有工业领域内使用。它们拥有可满足各种要求的最佳闭环控制：SIMOVERT MASTERDRIVES VC 采用频率控制和矢量控制，而 SIMOVERT MASTERDRIVES MC 采用适用于极高动态性能的伺服控制。极为节省空间的电源。

西门子具有超紧凑设计的 SIMOVERT MASTERDRIVES 系列变频器完美适合需要在极小空间内提供极高额定功率的所有应用。这个变频器系统现已通过逆变器（直流转交流装置）进行扩展，功率高达 37 kW（50 HP）。

SIMOVERT MASTERDRIVES 经过设计，已进行彻底的统一：它们拥有统一的操作员控制方式，可根据需要进行组合，甚至可带有具有不同控制方式的单元，并且在设计上也是统一的。不管是单个驱动器还是多电机驱动器，它们始终会以系统模块的形式提供最佳解决方案。

2. 功能特点

可进行模块化扩展：使用操作员控制面板、终端扩展模块、制动模块、输入和输出滤波器；

转速和转矩精度较高；

具有优异的动态性能；

在低转速下具有极平稳的运行特性；

具有较高过载能力；

具有较高功率密度；

具有最佳性价比；

可使用 PATH 方便、友好地进行组态；

输出范围：0.55-710 kW SIMOVERT MASTERDRIVES MC（400V），

2.2-6000 kW SIMOVERT MASTERDRIVES VC

（九）变压器使用安全

1. 岗位安全职责

（1）负责电力变压器安装前的检查和保养，并做好检查和保养的记录。

（2）负责安装过程中的变压器的完好无损。

（3）严格按安全技术交底和操作规程实施作业。

2. 岗位任职条件

（1）接受过专门的专业安全技术及技能培训。

（2）有统一配发的变配电设备安装上岗证，持证上岗。

3. 上岗作业准备

（1）接受安全技术交底，清楚其内容，具体包括：变压器的安装高度、一次高压引下线、二次出线、配电箱安装等。

（2）施工前，检查电力变压器规格型号是否满足设计要求。

（3）施工前，施工负责人必须亲自检查现场布置情况，作业人员应认真检查各自操作项目的现场布置情况。

4. 安全操作规程

（1）大型油浸变压器安装前必须依据安装使用说明书编写安全施工措施。

（2）充氮变压器未经充分排氮（其气体含氧密度＞18%），严禁工作人员入内。充氮变压器注油时，任何人不得在排气孔处停留。

（3）大型油浸变压器在放油及滤油过程中，外壳及各侧绕组必须可靠接地。

（4）变压器吊芯检查时，不得将芯子叠放在油箱上，应放在事先准备好的干净支垫物上。在放松起吊绳索前，不得在芯子上进行任何工作。

（5）变压器吊罩检查时，应移开外罩并放置干净垫木上，再开始芯部检查工作。吊罩时四周均应设专人监护，严禁外罩碰及芯部任何部位。

（6）变压器吊芯或吊罩时必须起落平稳。

（7）进行变压器内部检查时，通风和照明必须良好，并设专人监护；工作人员应穿无纽扣、无口袋的工作服、耐油防滑靴，带入的工具必须拴绳、登记、清点，严防工具及杂物遗留在气体内。

（8）外罩法兰螺栓必须对称均匀地松紧。

（9）检查大型变压器芯子时，应搭设脚手架，严禁攀登引线木架上下。

（10）储油和油处理现场必须配备足够可靠的消防器材，必须制定明确的消防责任制，场地应平整、清洁，10m范围内不得有火种及易燃易爆物品。

（11）变压器附件有缺陷需要进行焊接处理时，应放尽残油，除净表面油污，运至安全地点后进行。

（12）变压器引线焊接不良需在现场进行补焊时，应采取绝热和隔离措施。

（13）对已充油的变压器微小渗漏允许补焊。

（14）变压器的顶部应有开启的孔洞。

（15）焊接部位必须在油面以下。

（16）严禁火焊，应采用断续的电焊。

（17）焊点周围油污应清理干净。

（18）应有妥善的安全防火措施，并对参加人员进行安全技术交底。

（19）变压器进行干燥前应制定安全技术措施及必要的管理制度。

（20）干燥变压器使用的电源及导线应经计算，电路中应有过负荷自动切断装置及过热报警装置。

（21）干燥变压器时，应根据干燥的方式，在铁芯、绕组或上层油面上装设温度计，但严禁使用水银温度计。

（22）干燥变压器应设值班人员。值班人员应经常巡视各部位温度有无过热及异常情况，并做好记录。值班人员不得擅自离开干燥现场。

（23）采用短路干燥时，短路线应连接牢固。采用涡流干燥时，应使用绝缘线；使用裸线时必须用低压电源，并应有可靠的绝缘措施。

（24）使用外接电源进行干燥时，变压器外壳应接地。

（25）使用真空热油循环进行干燥时，其外壳及各侧绕组必须可靠接地。

（26）干燥变压器现场不得放置易燃物品，并应准备足够的消防器材。

5. 其他注意事项

（1）在电力变压器安装过程中，应由经验丰富的设备安装负责人现场指挥。

（2）非施工人员不得进入作业区。

（3）夜间施工时，作业区应有良好的照明。

（十）检查保养

◆变压器检查

1. 日常巡视每天应至少一次，夜间巡视每周应至少一次。

2. 下列情况应增加巡视检查次数：

1）首次投运或检修、改造后投运 72h 内；

2）气象突变（如雷雨、大风、大雾、大雪、冰雹、寒潮等）时；

3）高温季节、高峰负载期间；

4）变压器过载运行时。

3. 变压器日常巡视检查应包括以下内容：

1）油温应正常，应无渗油、漏油，储油、油位应与温度相对应；

2）套管油位应正常，套管外部应无破损裂纹、无严重油污、无放电痕迹及其他异常现象；

3）变压器音响应正常；

4）散热器各部位手感温度应相近，散热附件工作应正常；

5）吸湿器应完好，吸附剂应干燥；

6）引线接头、电缆、母线应无发热迹象；

7）压力释放器、安全气道及防爆膜应完好无损；

8）分接开关的分界位置及电源指示应正常；

9）气体继电器内应无气体；

10）各控制箱和二次端子箱应关严，无受潮；

11）干式变压器的外表应无积污；

12）变压器室不漏水，门、窗、照明应完好，通风良好，温度正常；

13）变压器外壳及各部件应保持清洁。

4. 检测

（1）中周变压器的检测：

1）将万用表拨至 R×1 挡，按照中周变压器的各绕组引脚排列规律，逐一检查各绕组的通断情况，进而判断其是否正常。

2）检测绝缘性能：将万用表置于 R×10k 挡，做如下几种状态测试：

A 初级绕组与次级绕组之间的电阻值；

B 初级绕组与外壳之间的电阻值；

C 次级绕组与外壳之间的电阻值。

上述测试结果分出现三种情况：

A 阻值为无穷大：正常；

B 阻值为零：有短路性故障；

C 阻值小于无穷大，但大于零：有漏电性故障。

（2）电源变压器的检测：

1）通过观察变压器的外貌来检查其是否有明显异常现象

如线圈引线是否断裂，脱焊，绝缘材料是否有烧焦痕迹，铁芯紧固螺杆是否有松动，硅钢片有无锈蚀，绕组线圈是否有外露等。

2）绝缘性测试

用万用表 R×10k 档分别测量铁芯与初级，初级与各次级、铁芯与各次级、静电屏蔽层与衩次级、次级各绕组间的电阻值，万用表指针均应指在无穷大位置不动。否则，说明变压器绝缘性能不良。

3）线圈通断的检测

将万用表置于 R×1 档，测试中，若某个绕组的电阻值为无穷大，则说明此绕组有断路性故障。

4）判别初、次级线圈

电源变压器初级引脚和次级引脚一般都是分别从两侧引出的，并且初级绕组多标有220V 字样，次级绕组则标出额定电压值，如 15V、24V、35V 等。再根据这些标记进行识别。

5）空载电流的检测。

A 直接测量法

将次级所有绕组全部开路，把万用表置于交流电流档 500mA，串入初级绕组。当初级绕组的插头插入 220V 交流市电时，万用表所指示的便是空载电流值。此值不应大于变压器满载电流的 10% -20%。一般常见电子设备电源变压器的正常空载电流应在 100mA 左右。如果超出太多，则说明变压器有短路性故障。

B 间接测量法

在变压器的初级绕组中串联一个 10/5W 的电阻，次级仍全部空载。把万用表拨至交流电压档。加电后，用两表笔测出电阻 R 两端的电压降 U，然后用欧姆定律算出空载电流I 空，即 I 空 =U/R。

C 空载电压的检测

将电源变压器的初级接 220V 市电，用万用表交流电压接依次测出各绕组的空载电压值（U21、U22、U23、U24）应符合要求值，允许误差范围一般为：高压绕组 ≤± 10%，低压绕组 ≤± 5%，带中心抽头的两组对称绕组的电压差应 ≤± 2%。

D 一般小功率电源变压器允许温升为 40℃ -50℃，如果所用绝缘材料质量较好，允许温升还可提高。

E 检测判别各绕组的同名端

在使用电源变压器时，有时为了得到所需的次级电压，可将两个或多个次级绕组串联起来使用。采用串联法使用电源变压器时，参加串联的各绕组的同名端必须正确连接，不能搞错。否则，变压器不能正常工作。I. 电源变压器短路性故障的综合检测判别。电源变压器发生短路性故障后的主要症状是发热严重和次级绕组输出电压失常。通常，线圈内部匝间短路点越多，短路电流就越大，而变压器发热就越严重。检测判断电源变压器是否有短路性故障的简单方法是测量空载电流（测试方法前面已经介绍）。存在短路故障的变压器，其空载电流值将远大于满载电流的 10%。当短路严重时，变压器在空载加电后几十秒钟之内便会迅速发热，用手触摸铁芯会有烫手的感觉。此时不用测量空载电流便可断定变压器有短路点存在。

国内四大变压器制造厂商为：沈阳变压器厂（2004年被特变电工股份有限公司兼并），西安变压器厂，保定变压器厂，特变电工股份有限公司，国外有名的公司有西门子，ABB等。

（3）磁屏蔽

人造卫星远离地面几千至几万千米，为了使各种资料正确无误发回地球，应避免卫星上的各种仪器间的相互干扰和宇宙磁场的影响；在电信技术中，有些通信设备的线圈会产生互感；各种精密仪器仪表，为保持精确，必须避免杂散磁场和地磁场的影响，这一切必须用到磁屏蔽。怎样进行磁屏蔽？可以先做一个简单实验研究一下。

拿1块铜板（或1张厚纸板）放在1块永久磁铁下面一定距离处，桌上放一根铁针，使永久磁铁和铜板（或厚纸板）一起慢慢往下移动，当永久磁铁离桌面一定高度时，铁针就被吸到铜板（或厚纸板）上，记下这个高度。

将铜板换成铁板，重复上述实验，这时永久磁铁必须放得离铁针更近时才能把铁针吸到铁板上，这表明铁板挡住了一部分磁感线。如果用的是纯铁板，永久磁铁必须放得更近才能吸起铁针。这表明纯铁板挡住了更多的磁感线。

如用纯铁罩把永久磁铁完全包围起来，互相不接触，即使铁针再靠近一些纯铁罩，也不能被吸起来。这是因为铜板或厚纸板是非磁性材料，磁感线可以毫无阻挡地穿过它们，所以铁针很容易吸起来。铁板是磁性材料，它的磁导率较大，有良好的导磁作用，凡进入铁板的磁感线大部分集中在铁板里了。将纯铁做成屏蔽罩，把永久磁铁封闭起来，永久磁铁的磁感线绝大部分都集中在纯铁屏蔽罩内。屏蔽罩较厚，屏蔽效果越好。如果永久磁铁或其他能够产生磁场的物体置于纯铁屏蔽罩外面，则罩外的磁感线也基本上不能进入罩内，对于罩内的物体同样可以免受罩外磁场的影响，从而达到了屏蔽目的。

对于高频交变磁场，情况就迥然不同了。铜和铝等导电性能良好的金属反而是理想的磁屏蔽材料。铜罩之所以能够屏蔽高频交变磁场，其原因在于高频交变磁场能在铜罩上引起很大的涡流，由于涡流的去磁作用，铜罩处的磁场大大减弱，以致罩内的高频交变磁场不能穿出罩外。同样道理，罩外的高频交变磁场也不能穿入罩内，从而达到磁屏蔽的目的。通常金属的电阻率越小，引起的涡流越大，用这种金属做成的屏蔽罩屏蔽效果越好。铁等磁性材料的电阻率一般都较大，引起的涡流就小，去磁作用就小；另一方面，磁性材料的高频功率损耗大，屏蔽效果差，因此屏蔽高频交变磁场时不采用磁性材料。

屏蔽的原理是相同的。但是在高频情况下，目前还没有磁导率很高的材料用于屏蔽。在低频状态下磁导率很高的材料，到了高频状态，磁导率就变得很低了。即使专用的高频铁氧体，也很难超过100，与低频下硅钢片或者纯铁数千上万的磁导率相比差得很多，不能有效地聚集磁场。同时，这些材料都是一次性成型材料，烧制完成以后不能二次加工以适应不同的需要。因此，才不得不使用涡流损耗、反电动势产生反向磁场的方式来实现屏蔽。而产生涡流最好的材料，就是如纯铜、纯铝等低电阻率的材料。

◆日常保养

1. 允许温度

变压器运行时，它的线圈和铁芯产生铜损和铁损，这些损耗变为热能，使变压器的铁芯和线圈温度上升。若温度长时间超过允许值会使绝缘渐渐失去机械弹性而使绝缘老化。

变压器运行时各部分的温度是不相同的，线圈的温度最高，其次是铁芯的温度，绝缘油温度低于线圈和铁芯的温度。变压器的上部油温高于下部油温。变压器运行中的允许温度按上层油温来检查。对于 A 级绝缘的变压器在正常运行中，当周围空气温度最高为400℃时，变压器绕组的极限工作温度是 1050℃。由于绕组的温度比油温度高 100℃，为防止油质劣化，规定变压器上层油温最高不超过 950℃，而在正常情况下，为防止绝缘油过速氧化，上层油温不应超过 850℃。对于采用强迫油循环水冷却和风冷的变压器，上层油温不宜经常超过 750℃。

2. 允许温升

只监视变压器运行中的上层油温，还不能保证变压器的安全运行，还必须监视上层油温与冷却空气的温差—即温升。变压器温度与周围空气温度的差值，称为变压器的温升。对 A 级绝缘的变压器，当周围最高温度为 400C 时，国家标准规定绕组的温升 650C，上层油温的允许温升为 550C。只要变压器温升不超过规定值，就能保证变压器在额定负荷下规定的运行年限内安全运行。（变压器在正常运行时带额定负荷可连续运行 20 年）。

3. 合理容量

在正常运行时，应使变压器承受的用电负荷在变压器额定容量的 75—90% 左右。

4. 变压器低压最大不平衡电流不得超过额定值的 25%；变压器电源电压变化允许范围为额定电压的正负 5%。

如果超过这一范围应采用分接开关进行调整，使电压达到规定范围。通常是改变一次绕组分接抽头的位置实现调压的，连接及切换分接抽头位置的装置叫分接开关，它是通过改变变压器高压绕组的匝数来调整变比的。电压低对变压器本身无影响，只降低一些触力，但对用电设备有影响；电压增高，磁通增加，铁芯饱和，铁芯损耗增加，变压器温度升高。

5. 过负荷

过负荷分正常过负荷和事故过负荷两种情况。正常过负荷是在正常供电情况下，用户用电量增加而引起的。它将使变压器温度升高，导致变压器绝缘加速老化，使用寿命降低，因此，一般情况下不允许过负荷运行。特殊情况变压器可在短时间内过负荷运行，但在冬季不得超过额定负荷 30%，夏季不得超过额定负荷的 15%。此外，应根据变压器的温升与制造厂规定来确定变压器的过负荷能力。

当电力系统或用户变电站发生事故时，为保证对重要设备的连续供电，故允许变压器短时间过负荷运行，即事故过负荷，事故过负荷时会引起线圈温度超过允许值，因此对绝缘来讲比正常条件老化要快。但事故过负荷的机会少，在一般情况下变压器又是欠负荷运行，所以短时的过负荷致使损坏变压器的绝缘。事故过负荷的时间及倍数应根据制造厂规定执行。

二、变压器保护

（一）绝缘保护

变压器的纵绝缘包括匝间绝缘、层间绝缘以及段间绝缘这三个部分。纵绝缘设计时我们需要考虑的是作用在纵绝缘上的各种电压及其梯度分布；变压器的绕组制造的过程中的工艺度；特殊的情况下绕组间的相互影响；纵绝缘对主绝缘的影响，段间油隙大小对散热的影响等等。我们也要从这几方面考虑：（1）匝间绝缘。油式变压器的绕组一般是采用电缆纸包线绕制。因为采用纸作为变压器绕组的匝绝缘，是因为纸的介电常数与油相差不大，所以，可以使得电场分布的比较均匀，但是我们也要注意，不能按油隙完全击穿的数据来选择匝的绝缘厚度，我们还要保留足够的度才行。（2）层间和段间的绝缘。层间绝缘主要适用于圆筒式绕组。当两层间工作电压较高的时候，其层间绝缘就一定较厚，这样既使变压器绕组轴向尺寸增大，又不利于散热，使变压器绕组温度升高。（3）油式变压器的纵绝缘结构：三十五千伏及以下变压器；一百一十千伏以上的变压器的总绝缘。据了解，国内外的变压器的绝缘技术的不断发展，对变压器绕组的段间油道已经向六毫米以下不断延伸了，是变压器的绕组高度降低，并相应地提高了变压器的技术经济指标。

1.测量变压器的绝缘电阻

测量变压器绕组绝缘电阻的目的是检查绝缘状态,确定绝缘是否受潮和有无局部缺陷。由于同一设备在相同的电压作用下，其绝缘体内通过的电流随时间的衰减快慢与绝缘状况有关。干燥良好的绝缘，电流随时间衰减的幅值较大，也就是绝缘电阻随时间变化较大，一般60s时测得的绝缘电阻值与15s时所测得的绝缘电阻值之比值，即吸收比均在1.3以上；当绝缘受潮或出现缺陷时，电流随时间衰减缓慢，也就是15s以后绝缘电阻没有多大变化，此时吸收比接近于1。因此，根据吸收比的变化，可以判断绝缘受潮的情况，尤其是对电容量大的高压设备，如大型变压器的绝缘状况，应以吸收比的变化作为判断的依据。如果吸收比明显下降，说明绝缘已受潮或油质劣化。变压器的绝缘强度下降的原因最常见的有以下三种：

（1）变压器未投入运行前，潮气浸入而使绝缘受潮；变压器所在场所潮气过大，湿度过高。

（2）绝缘老化。一些年久失修的变压器最易出现这种现象。

（3）油质劣化。如油的绝缘特性丧失。

若是第一种原因，应对变压器进行加热干燥；若是后两种原因，应对变压器进行检修和换油。

2. 测量变压器的绝缘电阻和吸收比的方法和注意事项

测量时，首先断开变压器所有的连接线，将非被试绕组以及绝缘电阻表的接地极接地，然后驱动绝缘电阻表的手摇发电机，待表针稳定在"无穷大"的位置后，用绝缘工具将火线端立即接至被试绕组上，同时记录时间，并分别读取 15s 和 60s 时的绝缘电阻值。读书后应先断开火线端的接线，然后停止绝缘电阻表的转动。测得 60s 时的绝缘电阻 R60 代表该绕组的绝缘电阻值，而 R60 与 15s 时测得的绝缘电阻值 R15 之比值就是被绕组的吸收比。在测量过程中应注意以下几点：

（1）断开被测变压器的电源及对外的一切连线后，应先将所要测的变压器接地放电，尤其对电容量变压器，更应充分放电。

（2）测量前应用布擦去套管表面的污垢，以减少对测量的影响。

（3）绝缘电阻表要水平放置，驱动绝缘电阻表要达到规定转速。测量前，先空试绝缘电阻表。在火线端开路时，指针应指向"无穷大"，如指示正常后，就可以进行测量。如果被试品绝缘表明泄露较大或对重要的设备进行测试，为了避免表面对其测量结果的影响，应加以屏蔽。屏蔽线应采用软铜线，在靠近火线端的绝缘表面上紧缠绕几圈作为屏蔽。屏蔽线不要靠近地线端，因为绝缘电阻表的屏蔽端是直接从发电机的负极抽出，而 L 端线也是从负极先经过绝缘电阻表的电流线圈后抽出的，屏蔽线与火线之间电位差很小，如果屏蔽线接近地线，当表面泄露较大时，会造成绝缘电阻表的发电机过载。

（4）读取绝缘电阻后，应先断开被试品的火线端，然后停止驱动绝缘电阻表，以免被变压器电容在测量时所充的电荷经绝缘电阻表的线圈放电而损坏绝缘电阻表。对测量大电容量变压器时更应注意这一点。

（5）测量中要记录 15s 和 60s 时的绝缘电阻值，同时还要记录测量时的温度和湿度。

（6）每测量一次绝缘电阻后，应将被试品进行充分放电，以免影响测量精度。

（7）测量时不可以用手触摸带电导体或拆、接绝缘电阻表线，以防止触电。

3. 测量变压器的绝缘性能时注意的技术问题

（1）变压器绝缘要求数值对同一变压器内的高中低绕组应相同。

（2）绝缘电阻值应以注油并静放到规定时间后的测试值为准。

（3）用绝缘电阻表测试绕组对地或绕组间的绝缘电阻时，未测试绕组应接地，被测绕组在测试前应先接地放电 2min 后再开始测试。

（4）绝缘电阻表测绝缘的时间按手柄开始转动时算起。

（5）对还未加热的变压器取其上层油的温度作为绝缘温度。

（6）采取加热措施的变压器，可以根据高压绕组直流电阻算出的平均温度作为绝缘温度，对于 110kv 以下的变压器加热时，允许按上层油温减去 15% 作为绝缘温度。

（7）若从油箱下部取出的油样温度低于 10℃时，须加热到 10℃，并继续加热 3h 后再进行绝缘测试。

（8）使用绝缘电阻表的规定：电压为 35kv 及以下，容量为 1800kVA 以下的变压器，用 1000-2500V 绝缘电阻表测试绝缘电阻；电压为 35kv 及以下，容量为 1800kVA 以上的变压器，用 2500V 绝缘电阻表或量程不小于 2500MΩ 的 1000V 绝缘电阻表测试绝缘电阻；电压为 110kv 及以上的变压器，用 2500V 绝缘电阻表测试绝缘电阻。铁芯夹件绝缘要用 1000V 绝缘电阻表测试。一般地，额定电压在 1000V 以下的绕组，用 1000V 绝缘电阻表测试；额定电压在 1000V 以上绕组，用 2500V 绝缘电阻表测试。

4. 正确选择修理变压器用的绝缘材料

绝缘材料的好坏直接影响变压器绝缘性能的优劣，因此，在修理变压器时，要选用符合性能要求的绝缘材料，选用绝缘材料应注意以下 4 个方面：

（1）耐热性能。应按原设计的绝缘等级来选用绝缘材料，不可以用 A 级绝缘材料取代 B 级绝缘材料，否则，将大大缩短变压器的使用寿命；反之，若用 B 级绝缘材料代替 A 级绝缘材料，则得不到充分利用而造成浪费。

（2）绝缘性能。要注意材料的绝缘性能，电缆纸、电容纸、绝缘纸板的绝缘强度都不相同。其中以电容纸的绝缘强度最高，电缆纸次之。若规定用电容纸，不得用相等厚度的电缆纸代替；若规定用两张 1mm 厚的纸板，不得用一张厚 2mm 的纸板代替。这是因为这两项中前者的绝缘强度高于后者。材料代用的前提是绝缘强度必须相同。

（3）力学性能。绝缘材料一旦失去机械强度，也就失去了绝缘强度。考虑到机械强度，要求层间绝缘纸不得少于两张。制作绝缘筒一般要用两张厚 1.5mm 的纸板。

（4）压缩系数。纸板吸潮后厚度增加，干燥后厚度减小。修理变压器时，应考虑纸板的增厚和收缩。

（二）变压器综合保护

变压器综合保护专用于电力变压器中性点，以实现变压器中性点接地运行或不接地运行两种不同的运行方式；从而避免由于系统故障，引发变压器中性点电压升高造成对变压器的损害。本产品广泛应用于电力、冶金、石化、建筑、环保等领域。

（三）变压器差动保护

变压器的差动保护是变压器的主保护，是按循环电流原理装设的。主要用来保护双绕组或三绕组变压器绕组内部及其引出线上发生的各种相间短路故障，同时也可以用来保护变压器单相匝间短路故障。在绕组变压器的两侧均装设电流互感器，其二次侧按循环电流法接线，即如果两侧电流互感器的同级性端都朝向母线侧，则将同级性端子相连，并在两接线之间并联接入电流继电器。在继电器线圈中流过的电流是两侧电流互感器的二次电流差，也就是说差动继电器是接在差动回路的。从理论上讲，正常运行及外部故障时，差动回路电流为零。实际上由于两侧电流互感器的特性不可能完全一致等原因，在正常运行和外部短路时，差动回路中仍有不平衡电流 Dumb 流过，此时流过继电器的电流 IK 为

1K=I1-I2=Dumb 要求不平衡点流应尽量的小，以确保继电器不会误动。当变压器内部发生相间短路故障时，在差动回路中由于 I2 改变了方向或等于零（无电源侧），这是流过继电器的电流为 I1 与 I2 之和，即 1K=I1+I2=Dumb 能使继电器可靠动作。变压器差动保护的范围是构成变压器差动保护的电流互感器之间的电气设备、以及连接这些设备的导线。由于差动保护对保护区外故障不会动作，因此差动保护不需要与保护区外相邻元件保护在动作值和动作时限上相互配合，所以在区内故障时，可以瞬时动作。

（四）变压器保护装置

变压器保护装置是集保护、监视、控制、通信等多种功能于一体的电力自动化高新技术产品，是构成智能化开关柜的理想电器单元。该产品内置一个由二十多个标准保护程序构成的保护库，具有对一次设备电压电流模拟量和开关量的完整强大的采集功能（电流测量通过保护 CT 实现）。

三、稳压器与变压器的区别

稳压器与变压器是相对的，变压器是改变交流电压的装置，主要构件是初级线圈、次级线圈和铁心（磁芯）。

变压器在电器设备和无线电路中，常用作升降电压、匹配阻抗，安全隔离等。

而稳压器由调压电路、控制电路及伺服电机等组成，当输入电压或负载变化时，控制电路进行取样、比较、放大，然后驱动伺服电机转动，使调压器碳刷的位置改变，通过自动调整线圈匝数比，从而保持输出电压的稳定。容量较大的稳压器，还采用电压补偿的原理工作。

（1）变压器的制作中，线圈的机器绕制和手工绕制各有什么优缺点？

机器绕制变压器的优点是效率高且外观成形漂亮，但绕制高个子小洞眼的环形变压器却比较麻烦，而且在绝缘处理工艺的可靠性方面反不如手工绕制到位。手工绕制可以将变压器的漏磁做得非常小，其在绕制过程中能针对线圈匝数的布局随时予以调整，所以真正的 Hi–END 变压器一定是纯手工绕制，纯手工绕制的唯一缺点是效率低、速度慢。

（2）环型、EI 型、R 型、C 型几种电源变压器比较

它们各有其优缺点而不存在谁最好之说，所以严格来讲哪一种变压器都可以做得最好。从结构上来讲，环型能够做到漏磁最小，但声音听感方面 EI 型则可以把中频密度感做得更好一些。单就磁饱和而言，EI 型要比环型强，但在效率上则环型又优于 EI 型。尽管如此，其问题的关键还是在于你能不能扬长避短而将它们各自的优点充分发挥出来，而这才是做好变压器的最根本。

目前的进口放大器中，环形变压器的应用仍然是主流，这基本说明了一个问题。发烧友对变压器的评价要客观公正，你不能拿一个没做好的东西做参考而说它不好。有人说环形变压器容易磁饱和，那你为什么不去想办法把它做到不容易磁饱和？而原本通过技术手

段是可以做到这一点的。不下足功夫或者一味地为了省成本，那它当然就容易磁饱和了。同理，只要你认真制作，EI 型变压器的效率也是能做到很高的。

变压器的品质好坏对声音的影响很大，因为变压器的传输能量与铁芯、线圈密切关联，其传递速率对声音的影响起决定性作用。像 EI 型变压器，人们通常觉得它的中频比较厚，高频则比较纤细，为什么呢？因为它的传输速度相对比较慢。而环型呢？低频比较猛，中高频则又稍弱一点，为什么？因为它传输速度比较快，但是如果通过有效的结构改变，你就可以把环型和 EI 型都做得非常完美，所以关键还是要看你怎么做。

不过至少可以肯定一点的是，R 型变压器不是太容易做好。用它来做小电流的前级功放和 CD 唱机电源还可以，如果用来做后级功放的电源，则有比较严重的缺陷。因为 R 型变压器本身的结构形式不太容易改变，而环型和 EI 型则相对容易通过改变结构来达到靓声目的。采用 R 型变压器制作的功率放大器电源，通常声音很板结而匮乏灵气，低频往往没有弹跳力而显得较硬。

（3）变压器铁芯的硅钢片含硅量

未见得，硅钢片含硅量的大小对变压器的质量影响不是很大，而有取向和无取向则和铁芯的型号有关系。其次，即使是同样型号的铁芯如果你工艺处理不好，那品质差别也是很大的，其差别有时甚至高达百分之四五十。

好的铁芯而同样的材料其热处理和线卷绕制工艺十分关键，良好的热处理只需很小的 10mA 激磁电流就能达到 15000 高斯，而不好的热处理则可能要 50mA 的激磁电流才能达到相应的 15000 高斯，这二者之间的悬殊差别是很大的。从专业的角度来判断铁芯的好与不好，主要是通过激磁电流、铁损耗、饱和参数几项指标来进行综合性评价。

（4）环形变压器的带式硅钢片若采用了拼接工艺还不能一概而论，但是拼接的断位头不易太多，因为多一个断位就多了一个漏磁点，所以接头点最好不要超过 2~3 个。制作工艺上凡断头拼接均要预先经过酸洗处理，但制造高档音响器材的环形变压器，严格来讲还是采用无拼接的硅钢片为最好，其工艺质量会更有保障。

（5）变压器中的硅钢片材料

由于硅钢在交变磁场中的损耗很小，所以变压器主要都是采用硅钢片来做磁性材料。硅钢片可分为热轧和冷轧两类，冷轧硅钢带由于具有较高的磁导率和较低的损耗，因此用来制作变压器具有体积小、重量轻、效率高的优势。热轧硅钢带的性能则略逊色于冷轧硅钢带。

普通的 EI 型变压器是将硅钢板冲制成 0.35–0.5mm 厚的 E 型和 I 型片子，经过热处理后再插入绕组线包内，这类铁芯以使用热轧硅钢片居多（含硅量很高的优质硅钢片型号为 D41、D42、D43、D301）。环型和 C 型变压器的铁芯则是采用冷轧硅钢带经卷绕而成形，其中 C 型变压器系经热处理浸漆后再切开制成。

变压器的漏电感是由未穿过初、次级线圈的磁通产生的，这些磁通穿过空气而自成闭合磁路。增强变压器初、次级间的耦合密度可以减小漏感。良好的变压器其漏感应不超过初级线圈电感的 1/100，高保真 Hi–EI 用的单机输出变压器则不应超过 1/500。

判断音响用变压器硅钢片质量高低的重要参数之一是硅钢片的最大磁力线密度。常用的几种优质硅钢片型号如下：D41–D42，最大磁力线密度（单位 –GS 高斯）10000–12000GS；D43，最大磁力线密度 11000–12000GS；D301，最大磁力线密度 12000–14000GS。

四、变压器的故障及处理

（一）接地

1. 铁心点接地

变压器铁芯有且只能有一点接地，出现两点及以上的接地，为多点接地。变压器铁芯多点接地运行将导致铁心出现故障，危及变压器的安全运行，应及时进行处理。

（1）直流电流冲击法。拆除变压器铁芯接地线，在变压器铁芯与油箱之间加直流电压进行短时大电流冲击，冲击 3-5 次，常能烧掉铁心的多余接地点，起到很好的消除铁心多点接地的效果。

（2）开箱检查。对安装后未将箱盖上定位销翻转或除去造成多点接地的，应将定位销翻转过来或除掉。

夹件垫脚与铁轭间的绝缘纸板脱落或破损者，应按绝缘规范要求，更换一定厚度的新纸板。

因夹件肢板距铁心太近，使翘起的叠片与其相碰，则应调整夹件肢板和扳直翘起的叠片，使两者间距离符合绝缘间隙标准。

清除油中的金属异物、金属颗粒及杂质，清除油箱各部的油泥，有条件则对变压器油进行真空干燥处理，清除水分。

2. 接头过热

（1）绝缘等级

变压器的绝缘等级，并不是绝缘强度的概念，而是允许的温升的标准，即绝缘等级是指其所用绝缘材料的耐热等级，分 A、E、B、F、H 级。绝缘的温度等级分为 A 级 E 级 B 级 F 级 H 级。各绝缘等级具体允许温升标准如下：

A：最高允许温度（℃）　105　　120　　130　　155　　180

B：绕组，温升限值（K）60　　75　　80　　100　　125

C：性能参考温度（℃）　80　　95　　100　　120　　145

D：移相方法

最简单的移相方法就是二次侧采用量、角联结的两个绕组，可以使整流电炉的脉波数提高一倍。

对于大功率整流设备，需要脉波数也较多，脉波数为18、24、36等应用的日益增多，这就必须在整流变压器一次侧设置移相绕组来进行移相。移相绕组与主绕组联结方式有三种，即曲折线、六边形和延边三角形。

用于电化学行业的整流变压器的调压范围比电炉变压器要大得多，对于化工食盐电解，整流变压器调压范围通常是56%--105%，对于铝电解来说，调压范围通常是5%--105%。常用的调压方式如电炉变压器一样有变磁通调压，串联变压器调压和自耦调压器调压。

另外，由于整流元件的特性，可以在整流电路的阀侧直接控制硅整流元件导通的相位角度，可以平滑的调整整流电压的平均值，这种调压方式称为相控调压。实现相控调压，一是采用晶阀管，二是采用自饱和电抗器，自饱和电抗器基本上是由一个铁心和两个绕组组成的，一个是工作绕组，它串联联结在整流变压器二次绕组与整流器之间，流过负载电流；另一个是直流控制绕组，是由另外的直流电源提供直流电流，其主要原理就是利用铁磁材料的非线性变化，使工作绕组电抗值有很大的变化。调节直流控制电流，即可调节相控角 α，从而调节整流电压平均值。

3. 保护问题

配电变压器保护存在的问题及解决方法 10 KV 配电变压器保护存在的问题 10 KV 配电变压器的保护配置主要有断路器、负荷开关或负荷开关加熔断器等。负荷开关投资省，但不能开断短路电流，很少采用；断路器技术性能好，但设备投资较高，使用复杂，广泛应用不现实；负荷开关加熔断器组合的保护配置方式，既可避免采用操作复杂、价格昂贵的断路器，弥补负荷开关不能开断短路电流的缺点，又可满足实际运行的需要，该配置可作为配电变压器的保护方式。但对于容量比较大的配电变压器，配备有瓦斯继电器，需要断路器可与瓦斯继电器相配合，才能对变压器进行有效的保护，必要时还应有零序保护，这些问题都是值得注意的问题。

解决办法无论在 10KV 环网供电单元，还是在终端用户高压配电单元中，采用负荷开关加高遮断容量后备式限流熔断器组合的保护配置，既可提供额定负荷电流，又可断开短路电流，并具备开合空载变压器的性能，能有效保护配电变压器。为此，推荐采用负荷开关加高遮断容量后备式限流熔断器组合的配置，作为配电变压器保护的保护方式。标准GB14285《继电保护和安全自动装置技术规程》规定，选择配电变压器的保护设备时，当容量等于或大于 800KVA，应选用带继电保护装置的断路器。对于这个规定，可以理解为基于以下两方面的需要。配电变压器容量达到 800KVA 及以上时，过去大多使用油浸变压器，并配备有瓦斯继电器，使用断路器可与瓦斯继电器相配合，从而对变压器进行有效的保护。对于装置容量大于 800kVA 的用户，因种种原因引起单相接地故障导致零序保护动作，从而使断路器跳闸，分隔故障，不至于引起变电所的馈线断路器动作，影响其他用户的正常供电。标准还明确规定，即使单台变压器未达到此容量，但如果用户的配电变压器的总容量达到 800KVA 时，亦要符合此要求。

（二）干燥与渗漏

1.干燥处理

（1）感应加热法

这种方法是将器身放在油箱内，外绕组线圈通以工频电流，利用油箱壁中涡流损耗的发热来干燥。此时箱壁的温度不应超过115-120℃，器身温度不应超过90-95℃。为了缠绕线圈的方便，尽可能使线圈的匝数少些或电流小些，一般电流选150A，导线可有用35-50mm2的导线。油箱壁上可垫石棉条多根，导线绕在石棉条上。

（2）热风干燥法

这种方法是将器身放在干燥室内通热风进行干燥。进口热风温度应逐渐上升，最高温度不应超过95℃，在热风进口处应装设过滤器以防止火星和灰尘进入。热风不要直接吹向器身，尽可能从器身下面均匀地吹向各个方向，使潮气由箱盖通气孔放出。

2.渗漏问题

变压器的渗漏是变压器故障的常见问题，特别是一些运行年限已久的变压器更为普遍，轻者污染设备外表影响美观，重者威胁设备安全运行甚至人员生命，变压器的渗漏包括进出空气（正常经吸湿器进入的空气除外）和渗漏油。

（1）原因

造成渗漏的原因主要有两个方面：一方面是在变压器设计及制造工艺过程中潜伏下来的；另一方面是由于变压器的安装和维护不当引起的。变压器主要渗漏部位经常出现在散热器接口、平面碟阀帽子、套管、瓷瓶、焊缝、砂眼、法兰等部位。

（2）渗漏油的分类

变压器的渗漏油可分为内漏和外漏两种，而外漏又可分为焊缝渗漏和密封面渗漏两种。

1）内漏：内漏最普遍的就是充油套管中的油以及有载调压装置切换开关油室的油向变压器本体渗漏。

2）外漏：外漏分为焊缝渗漏和密封面渗漏两种：

1）焊缝渗漏：焊缝渗漏是由于钢板焊接部位存在砂眼所造成的。

2）密封面渗漏：密封面渗漏情况比较复杂，要具体问题具体分析。在变压器大修或安装过程中应把防止密封面渗漏作为一项重要工作。

（三）漏油

1.漏油的原因分析

（1）橡胶密封件失效和焊缝开裂

变压器的焊点多、焊缝长，而油浸式变压器是以钢板焊接壳体为基础的多种焊接和连接的集合体。一台31500kVA变压器的总焊点达70余处，焊缝总长近20m左右，因此渗漏途径可能较多。直接渗漏的原因是橡胶密封件失效和焊缝开裂、气孔、夹渣等。

（2）密封胶件老化、龟裂、变形

变压器渗漏多发生在连接处，而95%以上主要是由密封胶件引起的。密封胶件质量的好坏主要取决于它的耐油性能，耐油性能较差的，老化速度就较快，特别是在高温下，其老化速度就更快，极易引起密封件老化、龟裂，变质、变形，以至失效，造成变压器渗漏油。

（3）变压器的制造质量

变压器在制造过程中，油箱焊点多、焊缝长、焊接难、焊接材料、焊接规范、工艺、技术等都会影响焊接质量，造成气孔、砂眼、虚焊、脱焊现象从而使变压器渗漏油。

（4）板式蝶阀质量欠佳

变压器另外一个经常发生渗漏的部位在板式蝶阀处，较早前生产的变压器，使用的普通板式蝶阀连接面比较粗糙、单薄，单层密封，属淘汰产品，极易引起变压器渗漏油。

（5）安装方法不当

法兰连接处不平，安装时密封垫四周不能均匀受力，人为造成密封垫四周螺栓非均匀受力；法兰接头变形错位，使密封垫一侧受力偏大，一侧受力偏小，受力偏小的一侧密封垫因压缩量不足就容易引起渗漏。此现象多发生在瓦斯继电器连接处及散热器与本体连接处；还有一点就是密封垫安装时，其压缩量不足或过大，压缩量不足时，变压器运行温度升高油变稀，造成变压器渗油，压缩量偏大，密封垫变形严重，老化加速使用寿命缩短。

（6）托运不当

托运及施工运输过程中零部件发生碰撞以及不正确吊装运输，造成部件撞伤变形、焊口开焊、出现裂纹等，引起渗漏。

2. 故障分析解决方案

（1）焊接处渗漏油

主要是焊接质量不良，存在虚焊，脱焊，焊缝中存在针孔，砂眼等缺陷，变压器出厂时因有焊药和油漆覆盖，运行后隐患便暴露出来，另外由于电磁振动会使焊接振裂，造成渗漏。对于已经出现渗漏现象的，首先找出渗漏点，不可遗漏。针对渗漏严重部位可采用扁铲或尖冲子等金属工具将渗漏点铆死，控制渗漏量后将治理表面清理干净，目前多采用高分子复合材料进行固化，固化后即可达到长期治理渗漏的目的。

（2）密封件渗漏油

密封不良原因，通常箱沿与箱盖的密封是采用耐油橡胶棒或橡胶垫密封的，如果其接头处处理不好会造成渗漏油故障，有的是用塑料带绑扎，有的直接将两个端头压在一起，由于安装时滚动，接口不能被压牢，起不到密封作用，仍是渗漏油。可用福世蓝材料进行粘接，使接头形成整体，渗漏油现象得到很大的控制；若操作方便，也可以同时将金属壳体进行粘接，达到渗漏治理目的。

（3）法兰连接处渗漏油

法兰表面不平，紧固螺栓松动，安装工艺不正确，使螺栓紧固不好，而造成渗漏油。先将松动的螺栓进行紧固后，对法兰实施密封处理，并针对可能渗漏的螺栓也进行处理，达到完全治理目的。对松动的螺栓进行紧固，必须严格按照操作工艺进行操作。

（4）铸铁件渗漏油

渗漏油主要原因是铸铁件有砂眼及裂纹所致。针对裂纹渗漏，钻止裂孔是消除应力避免延伸的最佳方法。治理时可根据裂纹的情况，在漏点上打入铅丝或用手锤铆死。然后用丙酮将渗漏点清洗干净，用材料进行密封。铸造砂眼可直接用材料进行密封。

（5）螺栓或管子螺纹渗漏油

出厂时加工粗糙，密封不良，变压器密封一段时间后便产生渗漏油故障。采用高分子材料将螺栓进行密封处理，达到治理渗漏的目的。另一种办法是将螺栓（螺母）旋出，表面涂抹福世蓝脱模剂后，再在表面涂抹材料后进行紧固，固化后即可达到治理目的。

（6）散热器渗漏油

散热器的散热管通常是用有缝钢管压扁后经冲压制成在散热管弯曲部分和焊接部分常产生渗漏油，这是因为冲压散热管时，管的外壁受张力，其内壁受压力，存在残余应力所致。将散热器上下平板阀门（蝶阀）关闭，使散热器中油与箱体内油隔断，降低压力及渗漏量。确定渗漏部位后进行适当的表面处理，然后采用福世蓝材料进行密封治理。

（7）瓷瓶及玻璃油标渗漏油

通常是因为安装不当或密封失效所制。高分子复合材料可以很好地将金属、陶瓷、玻璃等材质进行粘接，从而达到渗漏油的根本治理。

（8）其他部位渗漏油

除上述渗漏形式外，变压器渗漏有时呈部件渗漏。

电力变压器是一种改变交流电压大小静止的电力设备，是电力系统中核心设备之一，在电能的传输和配送过程中，电力变压器是能量转换、传输的核心，是国民经济各行各业和千家万户能量来源的必经之路。如果变压器发生故障，将影响电力系统的安全稳定运行电力系统中很重要的设备，一旦发生事故，将造成很大的经济损失。分析各种电力变压器事故，找出原因，总结出处理事故的办法，把事故损失控制在最小范围内，尽量减少对系统的损害。

由于每台变压器负荷大小、冷却条件及季节不同，运行中不仅要以上层油温允许值为依据，还应根据以往运行经验及在上述情况下与上次的油温比较。如油温突然增高，则应检查冷却装置是否正常，油循环是否破坏等，来判断变压器内部是否有故障。

变压器的安全运行管理工作是我们日常工作的重点，通过对变压器的异常运行情况、常见故障分析的经验总结，将有利于及时、准确判断故障原因、性质，及时采取有效措施，确保设备的安全运行变压器是输配电系统中极其重要的电器设备，根据运行维护管理规定变压器必须定期进行检查，以便及时了解和掌握变压器的运行情况，及时采取有效措施，力争把故障消除在萌芽状态之中，从而保障变压器的安全运行。现根据对变压器的运行、维护管理经验。

第二节　不同变压器的分析

一、电力自耦变压器

电力自耦变压器与普通变压器相比，具有明显的经济效益，因此在 330KV 及以上电压等级的超高压电网中，自耦变压器在许多场合得到了广泛的应用。

自耦变压器的结构和工作原理与普通变压器相比，有着本质的差别，具有功率传导容易、体积小等特点。自耦变压器在不同的运行方式下，公共绕组流过的电流与同处一个铁心的串联绕组有所不同。本文从分析自耦变压器的电流流向入手，导出公共绕组过负荷特征，对过负荷保护及第三侧无功容量与公共绕组容量的关系进行了必要的讨论，以便供设计与运行人员参考。

1. 自耦变压器在不同运行方式下的电流流向

（1）自耦变压器常见的几种使用形式

1）按电压等级分，第三侧有 35kV 和 10kV 两种；

2）按与系统连接形式分，第三侧有：

①直接向用户供电；

②直接向用户供电且安装无功补偿装置；

③不直接向用户供电，只接无功补偿装置；

④不直接向用户供电，亦不接无功补偿装置，只作为平衡绕组使用。

2. 各种不同运行方式下的自耦变压器电流流向及过负荷分析

降压变电站使用的自耦变压器，其运行方式可归纳为两大类型，一类是高压向中压（或低压）或者是同时向中低压低电，如上述接入系统方式中的 a、b 两种；另一类是高压和低压同时向中压供电，如上述接入系统方式中的 b、c 两种。

为直观起见，举例来加以分析，假设某一变压器变量为 120MVA，电压比为 220/110/10kV，容量比为 100/100/50，通常设计公共绕组的容量等于自耦变压器的计算容量，所以该变压器的公共绕组容量为：

MVA（K12 为高压侧与中压侧的变比）。

由此可知，高压侧额定电流为，高压侧额定电流即等于串联绕组的额定电流 ICU；

中压侧额定电流为 $I2e = 120000/（31/2 \times 110）=630A$；

低压侧额定电流为 $I3e = 60000/（31/2 \times 10）=3464A$；

公共绕组额定电流为ＩＧe＝计算容量／（31/2×110）=60000（31/2×110）=315A。

降压变电站使用的自耦变压器第一类运行方式又可分为三种情形。

（1）高压侧单独向中压侧供电

此时I3=0。该运行方式即为自耦变压器的自耦运行方式。高压侧以自耦方式向中压侧供电，有S1=S2。根据铁心中磁势平衡原理，有：

其中：I1、I2、I3分别为高压侧、中压侧、低压侧的电流；IAB、IDB分别为自耦方式运行时串联绕组、公共绕组的电流；IB为高、低压侧之间以变压器方式（电磁感应）运行时高压侧的电流；WAB、WCD、W3分别为串联绕组、公共绕组、低压绕组的匝数。

当自耦变压器在额定负荷下运行时，即S2=120MVA，U1＝220kV，K12＝2，可得：IC=315A；

可见，在这种运行方式下，若变压器未过负荷，则公共绕组不会过负荷，所以此时自耦变压器的过负荷保护可按普通变压器的方式装设。

（2）高压侧单独向低压侧供电

此时I2=0。该运行方式即为双绕组普通变压器的工作方式，高压侧以普通变压器方式向低压侧供电，有S1=S3。

当自耦变压器在额定负荷下运行时，即S3=60MVA，U1＝220KV，可得：IG=IB=157.5A；

可见，在这种运行方式下，即使变压器低压侧满负荷，则公共绕组中的电流也未达到额定值，所以，此时自耦变压器的过负荷保护可按普通变压器的方式装设。

（3）高压侧同时向中低压侧供电方式的电流流向

这种方式可看作上面两种方式的叠加，高压侧输入容量分为两部分：

为高压侧以自耦方式传递给中压侧的容量，等于中压侧的输出容量，此时相当于高压侧单独向中压侧供电，高—中压绕组间自耦方式供电，IAB、IDB为串联绕组、公共绕组中流过的电流。

为高压侧以高、低压绕组间以变压器（电磁感应）方式传递的容量，等于低压侧的输出容量，S相当于高压侧单独向低压侧供电，高—低压绕组间以电磁感应方式供电，IB为高压侧电流。

公共绕组中有两个电流：IDB和IB，且两电流方向相反，所以公共绕组中的电流为：IG=I DB IB；

当低压侧满负荷运行时，即本例中的S3=60MVA，则S2＝60MVA，且有U1=220kV，K12＝2，可以求得：公共绕组中的电流。

当中压侧满负荷运行时，即S2=120MVA，则S3=0MVA，将其代入相关公式，同理，可求得：IDB＝315A；IB=0A，所以，此时公共绕组的电流为：IG=IDBIB=315A；

从上述分析可知，这种运行方式下，若变压器未过负荷，则公共绕组中的电流将会在0-315A的范围内，而不会超过额定值，所以，此时自耦变压器的公共绕组不会过负荷，可不装设过负荷保护。

高低压侧同时向中压侧供电时中压的输出容量由、两部分组成。

为高压侧以自耦方式传递给中压侧的容量，等于中压侧的输出容量，S2，此时相当于高压侧单独向中压侧供电，高一中压绕组间可以自耦方式供电，IAB、IDB 为串联绕组、公共绕组中流过的电流。

为高压侧以变压器方式（电磁感应）方式传递的容量，等于低压侧的输出容量，S3，相当于高压侧单独向低压侧供电，IB 为高压侧流过的电流。

在这种运行方式下，公共绕组中的电流为：IG=IDB+IB，其中，IDB 可求得。

IB 为低压侧通过变压器方式感应到中压侧的电流，则有：

当高压侧满负荷运行时，上面的算例中有 S1=120MVA，且 U1 = 220kV，K12=2，代入公式，可得：IDB=I G e=315A；可见，此时为了不使公共绕组过负荷，必须使低压侧的输出电流 IB=0A。

当低压侧满负荷运行时，有 S2 = 60MVA，代入公式，可得：IB=I Ge=315A；

由上式可知，此时要想不使公共绕组过负荷，则必须使电流 IDB=0。

从以上分析可以看出，在这种运行方式下，若变压器高压侧满负荷运行，则低压侧不能向中压侧供电，否则公共绕组会过负荷，即高压侧传递容量较多时，会限制低压侧容量的输出；若变压器低压侧满负荷运行时，则高压侧不能向中压侧供电，否则公共绕组会过负荷。需要注意的是，在后一种情况下，变压器的输出还未达到额定负载，其输出为60MVA，仅为额定功率的一半。

3. 公共绕组的容量与第三侧接入无功补偿装置容量之间的关系

从上面的分析可知，当降压变电站第三侧接入无功补偿装置时，则会出现高低压侧同时向中压侧供电，若低压侧传输容量达到计算容量，为了不使公共绕组过负荷，在不计变压器本身无功损耗时，高压侧就不能再向中压侧供电。

在电力系统中，高压侧向中压侧传送功率，低压侧进行无功功率补偿是常见的运行方式。为了能不影响高压侧以额定容量向中压侧系统供电，又能充分利用第三侧接入的无功补偿装置，必须搞清公共绕组的容量与第三侧接入的无功补偿容量的关系。

（1）不考虑变压器无功损耗时，必须增加公共绕组的容量

此时有：中压侧的输出容量为 S2=S1e+S3e=S1+S3，则公共绕组的通过容量为SG=SJS+S3（SJS 为自耦变压器的计算容量）。

因为低压侧连接无功补偿装置，所以其输入仅为无功，即 S3=JD。

S3 = OD 总是画在 +IQ 轴正方。以 D 为圆心，DC 和 DG 为半径作两个圆，DC=SJS，DG=S1，因为 SG=SJS+S3，S2=S3+S1，所以 OC=SG，OG=S2，即公共绕组的"必须容量"（必须容量——绕组可能通过最大容量所必须满足的容量要求），此时中压侧的输出容量向量 OG 所定义的幅值，且公共绕组的"必须容量"和中压侧输出容量与高压侧的功率因数有密切关系，它将随功率因数的减小而增大。当高、低压侧同时向中压侧传送

功率时，公共绕组中的负荷计算公式为：

对于一台额定容量为 120MVA 的自耦变压器，高压侧功率因数假定为 0.9 时，当第三侧需要接入 60MVAR 的无功补偿装置时，按照公式可求出公共绕组容量为：

（2）当考虑变压器本身的无功损耗，且第三侧要求补偿无功容量不大时，可以不增加公共绕组容量；

根据相关公式可以算出，对于一台额定容量为 120MVA 的自耦变压器，第三侧接入无功补偿容量不超过 15MVAR 时，公共绕组可不加大容量，通常不会出现过载现象。但此时公共绕组需增设过负荷保护，以防止在特殊运行方式下有可能出现的过负荷情况。

从上述分析可见，自耦变压器的电流流向与普通三绕组变压器不同，在自耦变压器的公共绕组上，会出现变压器还未达到额定运行时，公共绕组已有过负荷的现象，从而导致了自耦变压器与普通变压器在过负荷保护方面的不同：当自耦变压器的第三侧接有电源（在降压变电站中也可为无功补偿设备），自耦变压器除了一般的三侧均装过负荷保护外，还必须在公共绕组处装设过负荷保护。另外，在第三侧接入无功补偿装置时，还必须研究是否需要增加公共绕组容量的问题。

二、弧焊变压器

（一）弧焊变压器的工作原理

弧焊变压器都是具有下降特性的交流弧焊电源，它是通过增大主回路电感量来获得下降特性的。其构造有两种形式：

一种是在变压器的电路内做成独立的铁心线圈电感，与正常漏磁式主变压器串联称为串联电抗器动铁式弧焊变压器；

另一种是增强变压器本身的漏磁，形成漏磁感抗称为增强漏磁类动圈式弧焊变压器。

弧焊变压器中可调感抗的作用，不仅是用来获得下降待性，同时还用来稳定焊接电弧和调节焊接电流。

（二）弧焊变压器并联运行的目的

当一台焊机的输出电流不够用时，可将两台焊机并联运行，此时总的焊接电流为两台焊机输出电流之和。

并联的方法是将两台弧焊变压器的一次绕组接在网络的同一相，二次绕组也必须同相连。连接后必须进行检查，否则将并联接成串联，空载电压相加，非常危险。

检查方法是先将两台弧焊变压器的二次绕组任意两个接线端相连，然后用电压表接其他两接线端，若电压表指示为零，则接法正确。

1.注意事项：

1）空载电压相同的焊机，不论容量、型号是否相同；

2)并联运行中的弧焊变压器要注意负载电流协调分配,最好两台焊机的输出电流相同。

2. 弧焊变压器的维护保养方法

弧焊变压器的维护保养方法如下：

1）使用新焊机或起用长久未用的焊机之前，应事先检查焊机有无损坏之处，并按产品说明书和有关技术要求（JB807—80）进行检验。

2）焊机一次、二次的绝缘电阻值应分别在 0.5MΩ 和 0.2MΩ 以上。若低于此值，应作干燥处理，损坏处需要修复。

3）从焊机连接到焊件上的焊接电缆应采用橡胶绝缘多股软电缆。

4）焊机离焊件超过 10m 时，必须适当加粗两根焊接电缆截面，使焊接电缆通过焊接电流时的电压降不超过 4V，否则引弧及电弧燃烧的稳定性会受到影响。

5）不允许用角钢、铁板搭接来接长焊接电缆，否则将因接触不良或电压降过大而使电弧燃烧不稳定，影响焊接质量。

6）在焊机与电缆的接头处必须拧紧，否则不良的接触不但会造成电能消耗，还会导致焊机过热，甚至将接线板烧坏。目前可采用电缆连接器进行连接。

7）使用中应经常注意焊机的声音、温升是否正常，发现异常应及时进行修理。

8）经常清扫焊机内部，不要有灰尘、铁屑等积累。

（三）分体动铁式弧焊变压器的构造

分体动铁式弧焊变压器的变压器和电抗器是各自独立的，这类弧焊变压器目前有两种形式一种是用于钨极氩弧焊的 BX10-100 和 BX10-500 型焊机。

所用的电抗器为磁饱和式电抗器，在电抗器铁心的中间铁心柱上有直流控制绕组，调节控制绕组中的控制电流便可细调焊接电流。

另一种分体动铁式弧焊变压器为多站式，其型号为 BP-3X500，主变压器是一台正常漏磁三相变压器，附 12 台电抗器，每相接 4 台，可同时供 12 名手弧焊工使用，每台电抗器的焊接电流调节范围为 25-210A。结构中间为活动铁心，活动铁芯下部与磁扼之间的间隙可调节，间隙 5 增大，焊接电流增大；反之，焊接电流减小。

（四）同体动铁式弧焊变压器的构造

同体动铁式弧焊变压器的工作原理与分体动铁式相同，只是电抗器和主变压器共用一个自轭。电抗器有一活动铁心，调节活动铁心的间隙便可调焊接电流。

同体式弧焊变压器多用作大功率的埋弧焊电源，其型号有 BX1-1600，BX2-1000，BX2-2000 等。又设置了 79，80，81、82 各端点，用以调节电网电压对空载电压的影响。

（五）动圈式弧焊变压器的构造

动圈式弧焊变压器的构造，属增强漏磁式。一次绕组 M 固定不动，二次绕组 L2 可用丝杠上、下均匀移动，两个绕组之间形成漏磁磁路，其间隙越大，则漏磁感抗越大，焊接电流越小。

动圈式弧焊变压器的接线图，转换开关 I 时为小电流档，此时空载电压高，有利于稳弧；转换开关 II 时为大电流档，其外特性曲线。

动圈式弧焊变压器的振动小，但调焊接电流时 L2 的移动距离长，因此铁心尺寸高，消耗电机金属材料多。主要型号有 BX3-120、BX3-300.BX3-500，用作手弧焊电源；BX3L-400、BX3-1-500，空载电压略高，用作钨极氩弧焊电源。

（六）动铁心式弧焊变压器的构造

动铁心式弧焊变压器的构造。属增强漏磁式。一次、二次绕组 L1、L2 都是固定绕组，在其中间放上一个活动铁心 II 作为 M、L2 间的漏磁分路，它可以在垂直纸面方向移动，用以调节焊接电流。

动铁心式弧焊变压器结构紧凑，节省电机金属材料，振动小，焊接电流调节均匀，常用作手弧焊电源，产品型号有 BX1-300、BX1-400、BX1-500 等。

（七）抽头式弧焊变压器的构造

抽头式弧焊变压器的构造，其铁心有二心柱式和三心柱式两种，一次绕组 L1 分为 L11 与 L12 两部分，二次绕组也分为 L21、L22 两部分，两绕组分开以增强漏磁，其基本工作原理与动圈式弧焊变压器相似，属增强漏磁式。

抽头式弧焊变压器结构紧凑，无活动部分故而无振动，焊接电流通过绕组抽头进行有级调节，不能细调，常做成小参数的作为手弧焊电源，主要产品型号有 BX6-120、BX6、160、BX6-300 等。

（八）弧焊变压器使用过程中的常见故障

1. 焊机线圈过热，焊机过栽变苗器的绕组短路，按规定，负载持续率，下允许的焊接电流值使用重绕绕组或更换绝缘材料；

2. 焊机铁心过热，电源电压超过额定值，铁心硅藻片短路夹紧铁心的蟆杆绝缘，检查电源电压并对照焊机铭牌上的规定数值；

3. 清洗硅钢片，重染绝缘漆

4. 更换绝缘材料

铜丝经常烧，断路或接地，一次，二次绕组短路，检查电线，消除断路检查绕组情况，更换绝缘材料或重绕绕组；

焊机外壳带电，电源线或焊接电浇碰到外壳绕组磁外壳焊机外壳来接地或接触不良，检查电髁引线和电细与接线板连接情况，用兆欧表检查绕组的绝缘电阻。

5. 接妥焊机机壳的地线

焊机的振动和噪声过大，传动铁心和传动绕组的机构有故障；

可动铁心上的供杆和拉紧弹簧松动或脱落；

6. 绕组电路

检修，传动机构，加固动铁心及拉紧弹簧更换绝缘，重绕绕组，焊接电流过小，焊接电缆太长，电压降太大，焊接电缠卷成盘状，电抗大，减短电缆长度或加大电缆直径，散开电缆，不使它卷成盘状，悍接电流忽大忽小，焊接回路连接处接触不良，可动铁心随焊机的振动而移动，检查焊接回路的接面处，使之接触良好加固可动铁心，使之不发生移动。

第二章　电力电容器与无功补偿

第一节　电力调度无功补偿技术

一、无功补偿技术的概述

（一）无功补偿技术的含义

无功补偿技术，是指在电子供电系统中起到提升电网的功率因数的作用，它可以在一定程度上降低供电变压器及输送线路的损耗，提升供电效率及改善供电环境。在大的供电系统中，无功补偿可以用于调整电网电压及提升电网的稳定性；而在小的电力系统中，无功补偿主要被用于调整三相不平衡电流。

（二）无功补偿的工作原理

电力系统的供电功率可以分为有功功率和无功功率两种，其中无功功率不能进行远距离的传输，为此对于一些下属用电和配电变压器的无功功率可以进行就地补偿。无功补偿是通过在供电系统中安装无功补偿装置的方式进行的，无功补偿设备可以与电路中的用电设备以及配电变压器等相互抵消无功功率，提高功率因数，以达到从整体上减少无功功率的目的。它主要是把感性功率负荷与容性功率负荷装置两者连接在同一电路，使能量在两种不同的负荷中间进行相互交换，进而使得容性负荷输出的无功功率补偿感性负荷需要的无功功率。

（三）无功补偿的方法

1. 分散补偿方式

将电容器安装在无功比较密集的线路上，主要补偿线路所消耗的无功及非灌溉季节用户无功负荷。一般安装在农村配网 10kV 主干线上，采用自动投切装置，在轻负荷时电压不致生得过高。自动投切装置的控制器根据检测到的功率因数，分组投切电容器，使电网功率因数接近 1。

2. 随机补偿

将低压电容器组与电动机并接，通过控制、保护装置与电机同时投切。

随机补偿适用于补偿电动机的无功消耗，以补励磁无功为主，可较好地限制农网无功峰荷。用电设备运行时，无功补偿投入；用电设备停运时，补偿设备退出，而且不需频繁调整补偿容量。同时还具有投资少、占位小、安装容易、配置方便灵活、维护简单、事故率低等特点。对于安装了电容器的电动机（如排灌电动机），为防止电动机退出运行时电容器放电产生自激过电压，补偿容量应不大于电动机的空载无功 ?Q 通常推荐电容器补偿容量为 Q=0.95-0.98；

随器补偿将低压电容器通过低压保险接在配电变压器二次侧，以补偿配电变压器空载无功的补偿方式。

配变在轻载或空载时的无功负荷主要是变压器的空载励磁无功，配变空载无功是农网无功负荷的主要部分。对于轻负载的配变而言，这部分损耗占供电量的比例很大，从而导致电费单价的增加，不利于电费的同网同价。随器补偿的优点是接线简单，维护管理方便，能有效地补偿配变空载无功，限制农网无功基荷，使该部分无功就地平衡，从而提高配变利用率，降低无功网损，具有较高的经济性，是目前补偿无功最有效的手段之一。10kV/400V 配电变压器的二次侧都装有电容器，用以补偿配变的空载无功 Q。如果补偿容量大于空载无功，则在配变接近空载时会造成无功倒送。这种情况下，当出现配变非全相运行时，易产生铁磁谐振。因此，推荐选用补偿容量为 Q=0.95-0.98?Q4 结束语农网无功补偿，不但可以提高有功功率输出，而且降低线路损耗，改善负荷端的供电电压，从而增强供电可靠性。

二、目前我国电网中常见的无功补偿方式分类及其特点

（一）按补偿方式进行分类

（1）在变电站集中补偿：在高低压配电线路中安装并联电容器组，用以补偿主变的空载无功损耗并适当补偿输电线路的无功功率损耗，以改善输电网的功率因数，提高终端变电站电压；（2）随线补偿：在高压配电线路上分散安装并联电容器，主要补偿配电线路的无功功率，以提高配电网功率因数，达到降损升压的目的；（3）随器补偿和随机补偿：在配电变压器低压侧和用户车间配电屏或电动机上直接安装并联补偿电容器，接线简单，投资少，安装容易，配置方便灵活，维护简单，事故率低，但易产生铁磁谐振；（4）低压集中补偿：在用户专用变压器及农网中广泛采用，但在公用变压器上由于管理、维护问题，容易成为生产安全隐患而难以采用，而且无法减少低压线路上的无功传输；（5）低压分散补偿：在节能降损、改善电压质量、提高线路供电能力方面效果明显，但容易造成补偿容量和地点较难选择，电容器在轻载时闲置，使设备利用率不高；（6）单台电动机就地补偿：在单台电动机处安装并联电容器等无功补偿设备，不仅可使功率消耗小，功

率因数提高，还可以充分挖掘设备输送功率的潜力。

（二）按补偿设备进行分类

（1）同步调相机：同步调相机实质是一种不带机械负载的同步电动机，它在过激运行时向系统供应感性无功功率，欠励运行时从系统吸收感性无功功率，对提高电力系统的稳定性有很大好处；（2）静止补偿装置：该装置主要由并联电容器和饱和电抗器组成，能平滑无级地调节无功功率和电压，可实现在几个周波内进行快速调节；（3）同步电动机：同步电动机过激运行时向系统供应感性无功功率，欠励运行时从系统吸收感性无功功率，能明显改善系统的功率因数，但设备投资成本高，维护工作量大；（4）移相电容器：移相电容器设备投资少，有功损耗小，维护工作量小，不会增大系统的短路容量，但只能分级补偿，不能吸收无功功率，且对环境温度及运行电压要求较高。

三、无功补偿技术在电气自动化中的应用与分析

（一）无功功率补偿技术的原理及作用

在交流电路中，有功功率将电能转换为机械能、光能、热能；无功功率则用于电路内电场与磁场的交换，并用来在电气设备中建立和维持磁场。凡是有电磁线圈的电气设备，要建立磁场就要消耗无功功率。无功功率绝不是无用功率，它的用处很大，电动机需要建立和维持旋转磁场，使转子转动，从而带动机械运动，电动机的转子磁场就是靠从电源取得无功功率建立的；变压器也同样需要无功功率，才能使变压器的一次线圈产生磁场，在二次线圈感应出电压，如果没有无功功率电动机就不会转动，变压器也不能变压，交流接触器不会吸合。

无功补偿电压的调整：

1）电容器投入对变压器负载侧电压的调整：在电容器投入前变压器负载侧功率因数为 $\cos\psi o$，负载侧电压值为偏，而当电容器投入后负载功率因数提高为 $\cos\psi$，则电容器投入后负载侧电压值增加为 U20。

2）电容器切除对变压器负载侧电压值的调整：在电容器切除前变压器负载侧功率因数为 $\cos c\psi o$，负载侧电压值为 U20，而当电容器切除后负载侧功率因数下降为 $\cos\psi o$，则电容器切除后负载侧电压值下降为 U1，则电容器切除后负载侧电压值下降为 U2。

（二）应用无功功率补偿技术的必要性

无功功率补偿的主要目的是为了提高功率因数，常用电气设备的功率因数除白炽灯、电热器等接近 1 外，电动机、变压器、架空线及电气仪表的功率因数均小于 1，如交流异步电动机，在空载时的功率因数只有 0.2-0.3；在轻载时均为 0.5；在额定负载时均为 0.7-0.89。负载时功率因数低对供用电设备会产生一定的不良影响，具体为：（1）降低发电机有功功率的输出；（2）降低输、变电输电线路供给的无功功率，使得供电质量降低；（3）

造成线路电压损失增大和电力系统电能损耗的增加；（4）造成低功率因数运行和电压下降，使电力系统和用电企业的电气设备不能被充分利用。对电力系统输配电线路来说，当输送同样大小的有功功率 $P=IU\cos\varphi$ 准时，功率因数 $\cos$ 准越低，输电线路中的电流 $I=P/U\cos\varphi$ 准就越大，势必造成线路中电压降增大，这将导致线路末端的电压降低，所以在电网中要设置一些无功补偿装置来提高功率因数是非常必要的，这样可保证用电设备在额定电压下工作及用户对无功功率的需求，不仅提高电力系统和用电企业设备的利用率，减小电能损耗，也是提高用电质量、节约用电的一项很重要的技术措施。

（三）电力系统无功补偿技术的现状和策略

在电力系统中一个非常重要的评价标准是电能质量，而电压是电能质量的最核心的影响因素。近些年，我国对电气自动化中的无功补偿技术做了很多深入的研究，采用的无功补偿技术主要有：（1）真空断路投切电容器；（2）可控饱和电抗器；（3）有源滤波器；（4）固定滤波器、电容器和电抗器的调压；（5）有源滤波器和无源滤波器等，应用在变电站方面居多，一般的 220kV 变电站有较多的无功调节功能，其调节的容量根据地区的不同而有所不同，负荷功率因数在最高峰时可以达到 0.98 左右，要根据实际情况来对变压器合理地进行调整和补偿，还需要有具体细化的应用方案来提升无功补偿的应用效果。我国的电气化铁路对无功补偿的应用主要方式是 AT 供电方式，用的是 SCOTT 变压器，用晶闸管电子开关来控制电容的投切，这个策略在我国铁路的现状上来看，能够很大程度地降低较长辐射线路上存在的负序问题，既降低了资源浪费的可能性，也提高了电气自动化系统的安全性。

四、无功补偿技术在供电系统中的应用

（一）变电站

无功补偿技术变电站是一个供电区域的供电中心，用不同电压等级的配电线路向用户供电。按照"分级补偿，就地平衡"的原则，配电线路和电力用户应该基本达到无功功率平衡，不向变电站索取无功电力。容性无功补偿装置以补偿主变压器无功损耗为主，并适当兼顾负荷侧的无功补偿。容性无功补偿装置的容量可根据主变压器容量来确定，可按主变压器容量的 10%～30% 配置，并满足 220～500kV 主变压器最大负荷时，其高压侧功率因数不低于 0.95 的要求。当主变压器单台容量为 40MVA 及以上时，每台主变压器应配置不少于两组的容性无功补偿装置。变压器为建立并维持交变磁场所需消耗的无功功率约占 30%，一般约为其额定容量 10%～15%，他的空载无功功率约为满载时的 1/3。变压器的无功功率损耗由两部分组成，励磁支路的无功功率损耗和绕组漏抗中的无功功率损耗。励磁支路的无功功率损耗与变压器所施加的电压有关，绕组漏抗中的无功功率损耗与变压器的通过功率成比例。无功功率不宜长距离输送，所以一般在超高压枢纽变电站主变压器低压侧安装无功补偿装置来满足无功功率的就地平衡，使其平衡在系统额定电压运行水平。

（二）配电线路的无功补偿

（1）以分支线路所带配电变压器的空载无功损耗来确定分组补偿容量；（2）选择负荷较大的分支线确定补偿点；（3）小分支和个别配电变压器，可视为主干线上的近似均匀分佈负荷，可按需要确定补偿点和补偿容量；（4）所有配电变压器的负载无功损耗均以用户自主补偿为主，如果用户未进行补偿或补偿容量不足，仍需向主干线索取无功。从以上分析可见，线路的补偿容量是按配电变压器的空载无功损耗来确定的。带上负载以后，如果用户补偿设备投入不足，线路就会处于欠补偿状态。这虽然不是最优补偿方式，但可以达到补偿无功需求量 70% 左右的水平，对于目前我国的配电线路来讲，能做到也不容易了。研究表明，输电线路的无功过剩部分应在本线路的两端等量补偿，即在本线两端等量动态就地平衡。无功就地动态平衡指的是哪里有无功负荷就在哪里补偿，有多少无功负荷就补偿多少，什么时候用就什么时候补偿。

（三）电力用户的无功补偿

用户无功补偿目的主要有两个：一是通过无功补偿，使用户内部供电网络的无功线损降到最低限度，以求获得最大的降损节电效益；二是通过补偿，达到国家规定的功率因数标准，并争取获得更多的电费奖励。加强用户侧无功补偿的管理和节能降损宣传力度，使用户认识到即使是未进行功率考核的小容量用户，加强无功补偿可以减少内部因传输和分配无功功率造成的有功功率损耗，因而相应可以减少电费的支出。因此在确定该单位应达到的功率因数最佳水平后，应分析并确定采用的最佳补偿方式和最优补偿容量电力用户的无功补偿方式，根据用户的供电规模和供电方式，分为三种形式：集中补偿、分组补偿和个别补偿。

第二节　无功补偿

随着社会的不断进步与发展加强对电力客户的无功管理变得越来越重要，但是长期以来，许多客户单位没有从自身实际情况出发正确的管理分析无功补偿的意义，所以本文对无功管理的意义行业原则进行简要的探讨，了解功率因数，同时采取一些自然改善的办法以及低压无功补偿配置的一般原则和方法来对电力功率因数进行提高。

对于电气设备而言衡量功率高低的一个系数就是功率因数，同时功率因数在一定程度上能够反映客户用电设备合理使用的情况、电能利用程度以及用电管理的水平。对功率因数进行相应的提高，可以更好地减少功率的损耗、对电力设备的容量进行降低、提高电压质量和输电能力、能够加强电力系统的稳定性和运行效率，从而能够更好地提高客户的经济效益，这能够实现客户和供电企业的双赢。

一、提高功率因数的方法

（一）对功率因数进行影响的主要因素

首先，是用电设备的影响：比如无功功率的主要消耗对象是异步电动机，在空载的情况下所消耗的无功在电动机总无功中占到了 60%~70%，在空载的时候效率和功率因数都是很低的，所以要做到尽量防止电动机的空载运行，从而能够更好地提高负载率。其次，就是运行变压器的影响：对于变压器来说一般所能消耗的无功功率大约是额定容量的 10%~15%，同时其空载的无功功率大约占满载功率的三分之一。因此从这方面来说变压器不应该进行空载运行或者进行长期的负载运行。所以，提高自然功率因数和加装无功补偿装置是提高用电功率因数的两种方法。

（二）对自然功率因数进行提高的方法

自然功率因数一般指的是用电设备在没有进行无功补偿时的功率因数。对自然功率因数的提高就是不采用任何的补偿设备，在管理和技术上来对变电、用电设备所消耗的无功功率进行降级，同时也是提高功率因数最为经济的方法。

二、无功补偿的意义

（一）无功补偿的意义

在电网中对无功功率进行补偿可以有效地增加有功功率的比例常数；可以有效地降低线损；能够对发电和供电设计容量进行相应地降低，从而更好地减少投资。

（二）要做到合理的对电容器进行补偿

如果电容器补的太少，就会起不到太大的作用，所以需要从网上吸收无功，功率因数会很低，无功电表计费时会"走字"，对正向无功进行记录；如果电容器补的太多，同样也要向网上送无功，然而网上也是不需要的，同时无功电能表计费也要"走字"，记录下的是反向无功；然而供电企业在月底进行电费计算时，是将正向和反向无功一块加起来算总的无功的。因此，一定要合理地进行电容器的补偿，从而能够更好地提高功率因数，使得客户的电费支出能够相应的减少。

三、低压网进行无功补偿的方法

一般来说客户端无功补偿装置会设在变压器的低压侧，这样一方面可以对变压器的无功进行补偿，另一方面在电容器发生一些故障时，就算电容器保护装置拒动，上一级后备保护仍然能起到作用，从而在一定程度上提高了其安全性。

（1）对于低压无功补偿来说，我们一般会采取集中补偿和分散补偿相结合的方法，所以要简单的了解这两种方法的使用范围以及其优缺点才行。

（2）对于集中补偿的优点，就是利用率相对较高，在一定程度上能够很好地减少变电系统的无功损耗；但是这种方法的缺点就是不能对出线的无功负荷进行减少。

（3）对于分散补偿来说，可以分为两个方面，一个是个别补偿，一个是分组补偿。个别补偿是对电容器组和用电设备并接进行降低，通过相应的保护、控制装置来和电机进行同时投砌。这样的优点就是能够对干线和分支线的无功负荷进行减少，补偿的很彻底。其缺点就是利用率很低，投资很大。分组补偿的优点就是能够对少线路和变压器的无功负荷进行减少，利用率很高，同时运作方式很灵活，可以根据负荷进行投入和切除；其缺点就是对少线路和变压器的无功负荷不能减少，并且有较为复杂的控制保护装置。通过上述了解到了三种补偿方式的优缺点，所以我们能够从中看出在客户端变电所中进行分散补偿和集中补偿方式的结合，并且以分散补偿为主，从而更好地实现节能和经济效益的最大化。

四、无功补偿装置的应用

（一）对电容器容量的选择

对于电容器的安装容量，根据客户的自然功率因数来进行计算后确定。

（二）了解无功补偿装置

对于无功补偿装置来说一般所采用的是成套的装置，低压无功补偿柜，应该应用智能型免维护无用自动补偿装置，同时具备分相补偿、进行自动过零投砌等功能。

（三）对功率因数的管理

首先，对于用电检查人员来说要做到能够按时进行一些日常巡视，对于更换故障电容器要对客户进行相应的督促。其次，对于那些功率因数不符合《供电营业规则》规定的新用户来说可以进行接电的拒绝。最后，对于那些已经送电的客户，要做到帮助和督促用户采取措施，对功率因数进行提高，对于那些在规定时间内没有采取相应措施而达到要求的客户，可以对供电进行限制或者是中止。

采取加装无功补偿装置和自然改善的办法，在一定程度上能够对功率因数进行提高、减少相应的电费支出，同时对用电资源进行了合理的管理，更好的增强了电网的安全运行和电压的质量。所以，我们要做到对有功资源的节约和对无功资源的珍惜，不断的加强对无功客户端的控制，从而对全社会的用电经济效益和社会效益进行提高。

第三节　无功补偿分析应用

电力客户功率因数的高低不仅影响其自身的能耗、电费支出，同时更对电网的无功平衡造成一定影响，因此，加强客户侧无功就地平衡的管理，从而提高电力客户的功率因数是供电企业用电管理中不可忽视的工作重点。电力客户中很多都用到矿热炉，矿热炉是一种耗电量巨大的工业电炉，由于矿热炉的结构特点以及工作特点，矿热炉的自然功率因数很难达到 0.85 以上，为了解决矿热炉功率因数低下的问题，目前一般采用电容补偿的方式来解决。以电石行业为例，补偿方式如下。

一、无功补偿装置分类

（一）低压无功补偿装置

补偿点安装在矿热炉短网上，补偿系统设备全部为低压电器；在短网端进行补偿能够大幅提高短网端的功率因数，降低电耗，针对炉变低压侧短网的大量无功消耗和不平衡性，兼顾有效提高功率因数而实施无功就地补偿技术改造，从技术上来讲是可靠、成熟的，从经济上来讲，投入和产出是成正比的。在矿热炉低压侧针对短网无功消耗和其布置长度不一致导致的三相不平衡现象而实施的无功就地补偿，无论在提高功率因数、吸收谐波，还是在增产、降耗上，都有着高压补偿无法比拟的优势。

（二）中压无功补偿装置

补偿点安装在矿热炉变压器中压侧，补偿系统设备全部为中压电器；对提高矿热炉功率因数有重要作用，对节约电能、增加电石产量有较小作用。此种补偿方式如不严格执行操作规程，将增大烧毁矿热炉变压器的概率。

（三）高压无功补偿装置

补偿点安装在矿热炉变压器上级电网，补偿系统设备全部为高压电器；对提高矿热炉功率因数有重要作用，对节约电能、增加电石产量有较小作用。对稳定电石厂供电系统运行有较大作用。

（四）升压无功补偿装置

补偿点安装在矿热炉短网上，补偿系统设备由低压短网＋升压变压器＋高压电抗器、电容器组成；对提高矿热炉功率因数有重要作用，节约电能、增加电石产量有较大作用，自身损耗较大。

二、无功补偿装置的应用情况

（一）单独投入低压无功补偿装置的情况

1. 优点

1）低压无功补偿装置对矿热炉低压短网的电压有适当抬高作用，投入低压无功补偿装置比不投高 3V-5V；对于大功率设备而言，适当提高电压对保证设备按额定电流、额定功率工作有积极作用。

2）低压无功补偿装置能够有效抑制单台矿热炉生产时低压侧产生的谐波电流，将低压短网的部分无功能量转换为有功能量，减少矿热炉单相变压器、低压短网和电极设备的无功损耗（自身损耗），从而起到提高矿热炉单相变功率因数、延长矿热炉短网和电极设备寿命以及减少电石生产电耗、增加电石产量的积极作用。

2. 不足

1）对炉变高压侧供电系统的谐波仅有轻微滤除作用，不能有效抑制炉变高压侧供电系统的谐波电流。

2）如果该电石厂负荷较大时，该厂220kV或110kV系统、35kV系统、10kV系统、400V系统的电压将全面降低；而低压无功补偿装置只能适当提高矿热炉低压短网电压，对整个供电系统却没有太大帮助。

3）由于低压无功补偿对高压供电系统的谐波电流的抑制作用和供电系统的电压的升高作用均很小，当整个供电系统不稳定时必然会波及上级电网，到时上级电网势必要求该电石厂降负荷限产，该电石厂用电将受很大约束。

（二）单独投入高压无功补偿装置的情况

1. 优点

对供电系统的二次、三次、五次、七次……谐波进行滤除，对该供电系统本级和上级的安全稳定运行起到积极作用。

当该供电系统负荷较大时，投入高压无功补偿装置将有效提高整个供电系统电压和功率因数，解决关键问题、起到低补无可替代的关键作用。

2. 不足

高压无功补偿装置安装地理位置与矿热炉本体较远，起不到就地补偿作用，对单台矿热炉没有明显补偿作用，对矿热炉节电、增产没有太大作用。

高压无功补偿装置仅在系统负荷较大、电压过低时投入；如在供电系统负荷较小时投入，将会导致系统电压提升至供电系统额定电压以上，长时间过压运行会减短设备使用寿命、无法保证设备长期稳定运行。

（三）单独投入中压压无功补偿装置的情况

中压无功补偿—补偿变压器调压侧线圈的方式，此种方式对提高矿热炉功率因数无显著作用，而且在炉变停电时，如果操作顺序错误，烧毁炉变可能性会很大。此种方式，由于不能保证生产设备的安全，目前已在电石行业禁用。使用过的厂家，基本上都烧毁过矿热炉变压器。

（四）单独投入升压无功补偿装置的情况

利用在矿热炉低压短网侧安装升压变压器，在变压器上安装高压电容器进行补偿。该种补偿方式虽然降低了矿热炉短网和变压器损耗，提高了矿热炉变压器的有功出力，提高了产量，但由于安装了升压变压器和增加了短网而增加了很大损耗，整体装置运行起来起不到节能的效果。同时此种方式，由于补偿效果略低于低压无功补偿装置，而造价略高于低压无功补偿装置，故在电石行业中应用较少。

三、企业应用

（一）低压补偿企业

矿热炉为例，根据现场实际情况和电力行业标准计算：额定容量 33 000kVA，未投低补时功率因数仅为 0.53-0.64，年产电石约 50 000t，年耗电约 16 500 万 kW·h，年电费 7 920 万元；投入低补后功率因数可达 0.83-0.94（功率因数的高低与矿热炉短网、电极等设备的质量和工艺操作人员的技能水平有很大关系），补偿容量 19 440Kvar，年节电 6% 左右，有功出力增加 20% 左右，每年节约电费约 470 万元，增加产量约 10 000t；如果按每吨利润为 200 元，则投入低补将从产量上增加利润 200 万元，总利润将增加 670 万元。而 1 台炉低压无功补偿的投资为：设备 200~300 万元、土建 5 万元左右。即 1 年就可收回投资并增加较大利润。本计算考虑的是生产稳定时的状况，产量和电耗可能比目前 4# 炉现有值稍大，但不影响低补的作用。尤其在电石价格低迷时，节电和增产显得更为重要。

（二）高压补偿

（1）对该企业 35kV 电力系统的二次、三次、五次、七次……谐波进行滤除，对其 35kV 电力系统、220kV 电力系统的安全稳定运行起到关键作用，对地区电网的安全稳定运行具有积极作用。

（2）当该企业负荷达到 180 000kVA 及以上时，大负荷势必会造成其 220kV 系统、35kV 系统、10kV 系统、400V 系统的电压全面降低，导致整个企业范围内所有设备功率因数降低。此时，上级电网对该企业的电力系统将无能为力并且会要求该企业降负荷（线路总长达 16km），此时投入 35kV 高压无功补偿装置将有效提高该企业供电系统电压和功率因数。

（3）由以上 2 条可以看出，35kV 高压无功补偿装置安装的必要性。但是，35kV 高压静态无功补偿装置在该企业负荷较小时（相对总装容量 480000kVA 而言）投入运行，提高系统电压却成为弊端，电压过高会造成设备损坏。也就是说 35kV 高压静态无功补偿装置仅在系统负荷较大、电压过低时投入。

根据某企业电石厂供电系统结构，宜采用高压补偿、低压补偿并用。单台矿热炉以抵补为主，而整个供电系统以高补为主。只有电力客户无功就地平衡做得好，功率因数提高了，电网的无功才能趋向平衡。

第四节　农村电力网无功补偿

随着改革开放的发展和农民生活水平的提高，农村用电负荷迅速增长，其总用电量上升到 2286 亿 kW·h，乡、村通电率分别达到 96.4% 和 90%。无功需求亦不断加大。合理地进行无功补偿既解决无功不足，也是提高电压质量、减少线路损耗、加大电网有功出力和增强供电可靠性的主要措施。

一、农网现状

（1）农网无功负荷主要集中在电网末端，其中配电变压器和用电设备（主要是异步电动机）的无功消耗占总无功负荷的 95% 以上。这些变压器容量必须按农忙季节或防汛抗旱的要求进行配备，使得农网配变长时间处于低负荷运行状态，消耗大量农网无功；农网的另一个用电特点是用电负荷分散，供电半径过长，输电线路亦消耗大量无功功率。

（2）农网网架结构落后，设备陈旧，无功补偿设备配制不合理，线路运行多年损坏严重，导线截面过小导致电晕损耗和无功损耗加大。很多地方使用淘汰型高损耗变压器，使得电压质量差、线损大，减小了用电设备的有功出力。

二、农网改造的原则

根据国家电力公司制定的《农村电网建设与改造技术原则》，农网无功补偿必须坚持"全面规划、合理布局、分散补偿、就地平衡"及"集中补偿与分散补偿相结合，以分散补偿为主；高压补偿与低压补偿相结合，以低压补偿为主；调压与降损相结合，以降损为主"的原则。利用电容器在配电网进行无功补偿具有安装简单、维护方便、事故率低且降低线路无功效果显著的特点，在农网改造中是采用电容补偿方式。

三、对农村配电网进行无功补偿的必要性

配电网是电力系统中功率消耗的主要部分，实现配电网的节能降耗，对于提高供电企业的经济效益具有举足轻重的作用，对于降低能耗、减少温室气体排放也具有重要意义。作为连接电网与用户的重要桥梁，10kV 线路长度在电力网中占到 60% 的以上，其损失在电力网的总线损中占 80% 以上，因此 10kV 配电网的节能降耗对于电力系统的节能具有至关重要的作用。电网的功率损耗主要是变压器损耗和线路损耗，因此节能降耗的主要措施也围绕这两方面展开。

在农村地区，用电负荷的日益增长与配电网陈旧老化的矛盾已经严重地影响到农村的

日常生产与生活，加之供电线路比较长，高耗能的配电变压器也比较多，电压严重不足的现象较为显著。为了解决这个问题，我们一般通过使用无功补偿来降低农村配电网的供电线损。

所谓的无功补偿，就是一种通过在配电网络系统内安装补偿装置，运用该装置与系统网络中供电线路、配电变压器以及用电设备等相互抵消其无功功率，从而使整个系统减少无功功率，最终实现改善网络中电压的质量，提高系统供电能力，节能降损的目标的电力措施，在日常运行电网中的应用极为广泛，是一种高效节能的降损技术，可以很好地实现无功功率的就地平衡。

众所周知，无功补偿在配电网中对供电系统与负荷的运行有着非常深远的影响。在电力系统网络中，其元件的阻抗大部分都是电感性的，绝大多数的元件与负载都要消耗无功功率。这些无功功率如果都要经由发电机组进行长距离的传输肯定是不科学的，更合理更经济的方法就是在对消耗无功功率有需求的地方产生。显而易见，无功功率不但会影响到配电系统网络的电压质量，还会对系统线路、配变电的供电热量有所限制，极大地加深了配电系统中的供电线损。

四、对农村配电网进行无功补偿的几个注意要点

其一，在配电网的无功补偿方面：如果只需要在线路上取一点进行补偿，而补偿点又不是线路的首尾两端，我们就可以肯定在补偿点之前的各个无功电流段就会发生变化，其电能损耗也就会发生变化。最佳的补偿点处于首端方向起线路总长度的三分之二点，可以实现全补偿三分之二的补偿容量，此时的节电率可以达到90%；如果需要取多个点来进行无功补偿，因为供电线路的分支较多，这个线路较长，其负载的自然功率因数就会比较低，我们可以采取分支线分段方法进行补偿，其节电效率较高。

其二，在确定具体的补偿容量时，我们要把握好高功率因数。一方面，我们不能一味地追求高功率因数。我们实行无功补偿不是追求高的补偿度，而是要在综合考虑各种情况后，实现投资效益的最大化。一般的，在补偿后最理想的功率因数是 0.9 到 0.95 之间。另一方面，我们也要严防补偿过度。如果出现过度补偿，多余的无功功率会向系统网络倒送功，运行电压被抬高，进而使供电系统各个设备的安全运行受到威胁，也加大了网络的损耗，使无功补偿的节能效果大打折扣。因此，把握好无功补偿的度在农村配电网的无功补偿中是非常重要的。10kV 配电网功率损耗的主要原因是功率因数低，其原因是多方面的，如供电线路枝节多、线路长、辐射面广，受季节时段影响大等。功率因数的降低意味着同等电压情况下输电电流变大，不但会造成无功消耗，也会使有功功率损耗增大。加装电力电容器进行无功功率补偿是提高功率因数的有效方法。对于 10kV 配电网进行无功补偿，主要是对配电变压器进行补偿，配电变压器的空载电流一般为额定电流的 10% 左右，功率因数仅为 0.2，考虑到用户用电情况不稳定，如能将按照变压器容量 10% 进行补偿，则空载时功率因数提高到 0.8 上，在节能降耗方面的效果非常明显。此外，无功补偿对于保

障电压稳定，提高电能质量都具有重要意义。进行无功补偿时，应尽量进行分散补偿，从维持整个配电网的水平出发，保障足够的无功补偿容量，实行无功功率的分区就地平衡。在当前无功功率普遍不足的情况下，适当地进行无功补偿，是减少功率损耗最直接有效也是最经济的措施之一。同时，三相负荷不平衡，也会增加线路、变压器的损耗，最理想的情况是三相的功率完全平衡。但因为负荷的投切是有用户而非供电企业决定的，所以在实际中时难以做到三相平衡，因此供电企业应根据负荷的性质、重要性、用电量及用电时间，尽量做到在时间和功率上都趋于平衡，从而降低功率损耗。

其三，无功补偿的保护功能。因为在电网系统中，并联电容器的质量、相关保护装置的配置、电力网络运行的参数与状态等都与电力设备的安全可靠性和使用寿命等有着密切的关系，所以，我们对农村配电网进行无功补偿的装置一定要设置较为完善的保护功能。①当无功补偿装置的控制器存在控制程序混乱故障时，我们应该确保装置能在 1 秒内自动恢复期正常的功能，也不会导致错误输出。②一旦控制器的内部出现参数错误或者较为严重的故障，一定要确保补偿装置能实现动态的自检，自动闭锁。③当电压低于欠压设定值范围或者为零时，我们要能启动欠压保护，切除电容器并将之闭锁，一旦电压恢复到正常水平，要可以自动进入正常的控制。④现代使用较为普遍的电力电容器受到其耐受电压的限制，我们一定要遵从国际电工委员会的相关规定，当电压比过压设定值高，也达到设定时间时，一定要切锁电容器，待到电压恢复稳定后在实现正常的控制。⑤过电流时的保护，电容器电流可能是因为系统电压的波动、谐波以及短路故障等引起，因此一旦电容器的电流比电流设定值或者速断电流设定值高，就要及时切断电容器。

第五节　加强无功补偿管理降低电力网的线损

在配电网中进行无功补偿、提高功率因数和做好无功优化，是一项建设性的节能措施。本小节主要阐述了三种无功补偿的方法和两种无功功率补偿容量的选择方法以及无功补偿后的良性影响。在实际设计中，要具体问题具体分析，使无功补偿应用获得最大的效益。

一、企业无功补偿的功率

无功功率是产生电力网线损的重要形式，是电力企业必须控制的重点环节，传统的做法是通过无功补偿进行平衡，进而提高功率因数，达到电网线损降低的目的。在实际的电力企业工作中，特别在基层单位往往受到现实和客观因素的制约出现无功补偿方式不准确，原则应用不恰当，无功补偿位置错误，无功补偿相关配置出现问题，进而导致无功补偿出现功能性丧失，最终影响无功补偿的效果，即不能形成无功补偿的确切目标，也不能达到整体上降低线损，造成电力企业无功补偿工作的缺位，影响电力企业经济和管理工作的有效开展。应该电力企业功率因数的全面有效提升为切入点，在原则、方法、位置、配置等方面展开控制，真正降低电力企业的线损水平，为创建节能高效型电力企业服务。

二、电力企业无功补偿的原则

无功补偿应该以就近和就地为宜，应该在整体上全面规划的指导性，通过合理布局，达到分散和集中补偿相结合，进而达到对相关电网、电气的无功补偿，这也就是电力企业经常强调的电网无功就地就近补偿原则。

三、电力企业对不同电气的无功补偿

电力企业进行无功补偿工作应该针对不同的设备而采取不同的补偿方式，同时要控制无功补偿装置的位置，要尽量靠近电气，提高无功补偿的效率，具体应该做好如下电气设备的无功补偿工作。

（一）同步电机的无功补偿

功率因数可调是同步电机的一项优势，因此只要在工农生产中不需要速度变化的设备和电机应该选种同步电机进行拖地，常见的类型有：鼓风机、水泵，要积极对这类设备展开无功补偿，以控制电力企业线损。

（二）异步电动机的同步化无功补偿

异步电动机同步化是指线绕式异步电动机，在启动至额定转速后，将转子用直流励磁，使其作为同步电动机使用，在这种运行方式下，异步电动机如同电容器一样，从电网吸收无功功率。

四、企业无功补偿的方式

电力企业常见的无功补偿方法有三种：分散、集中和随机，也可以根据《电力系统电压和无功电力技术导则》的相关规定，将无功补偿划分为：高压、低压；调压、降损等多种方式。企业在无功补偿工作中要将这些方式和方法统一起来，针对不同电气而采用有针对地方法，应该以分散补偿、低压补偿、减损为主，辅助其他的手段和设备，真正降低电力网线损。

五、无功补偿容量的配置

（一）变电所无功补偿的确定

1. 变电所无功补偿的方式

变电所一般采用集中补偿和高压补偿相结合的方式。通常的做法是将电容器集中装在变电所高压母线侧，变电所无功补偿的优点在于可以弥补高压母线电压的不足，降低输电线路的无功负荷，有效控制变电所线损。但变电所无功补偿同时也存在很大的缺点，最为代表性的就是补偿效果不如分散补偿。

2. 变电所无功补偿的容量

确定补偿容量一般按变电所主变容量的 20%-30% 为标准，可以将集中补偿电容器以串联或并联的方式进行集群化运作，在电网负荷高峰的时候将集中补偿电容器投入到电网中，起到补偿的作用，而在电网负荷低谷的时候，有针对性地切除部分或全部基础补偿电容器，这样也可以起到降低变电所线损的目的。

（二）配电线路无功补偿的确定

配电线路是电力企业的神经和网络，是电网重要的骨干组成部分，由于配电线路路径长、受到外部干扰多，因此，常常出现线损过大的问题。

1. 配电线路无功补偿的方式

配电线路无功补偿的方式一般以自动补偿和分散补偿相结合的方式为主，即在配电线路上根据距离、电阻和负荷分散式地安装自动补偿装置。配电线路无功补偿的优点是可以显著降低配电网线损，对于提高功率因数的效果明显，同时配电线路无功补偿还存在投切不便利、安装过程复杂、补偿部位过多、电压适应多样的实际问题和缺点。

2. 配电线路无功补偿的容量确定

应按最大限度地降低无功损耗的原则来考虑，要根据无功负荷情况，采取分散补偿的方式进行补偿。

a. 当线路上只装一组电容器时，安装点宜选定在距 10kV 线路首端 2/3 处，并且要做好补偿总容量的控制。

b. 当线路上装置两组电容器时，第一组安装点宜定在距线路始端 2/5，第二组为 4/5 处，各组补偿容量为线路分散补偿总容量的一半。

c. 当线路上安装三组电容器时，第一组安装点宜定在距线路始端 2/7，第二组为 4/7 处，第二组为 6/7 处，各组补偿容量为线路分散补偿总容量的 1/3。应当说明，分散补偿的组数（或点数）多时的补偿效果比补偿组数（或点数）少时的补偿效果要好。但是，维护较方便，且增加了线路的故障点。因此，10kV 线路分散补偿点的多少及其补偿电容器安装地点是否合理，要酌情综合考虑。

（三）台区无功补偿

台区补偿一般采取随机补偿方式。就是分别把电容器直接并联在用电设备（如电动机）旁，或是将电容器分组装设在配电 380V 母线上。实践证明，变压器的损耗要占总损耗的 80% 以上，所以要加强台区的无功补偿。

通过基层电力企业的实践证明，以无功补偿的方式可以有效降低电网线损，不但可以有效提高电网电压质量，而且提升了电网功率因素，还实现了电网安全的可控性，这为电力企业继续发展、降低运营成本、提高管理和技术水平、实现内部潜力挖掘等工作提供了坚实的基础，在控制线损的基础上，全面提升电力企业的综合能力。

第三章　电力系统保护与通信系统

第一节　电力系统保护与控制

当今社会，电力是一个重要的能源，对人们生活水平的提高以及社会经济的发展起着极为重要的影响。现今的电力系统是一个比较大的系统，主要包含了电能的产生、分配、运输以及用电等环节。电力系统的不断发展，对继电保护提出了更高的需求。微机保护装置的普遍使用，且继电保护的二次系统自动化能力在不断地加强，现今有很多的数字信息是由人工处理的模拟信息转化而来的，并且技术管理人员而言，很多的资料以及试验文档等都必须用计算机来完成。

一、电力系统继电保护技术的发展

1. 计算机化、微机化发展：现今对电力系统对微机保护的要求越来越高，不但要具备基本的保护功能，还必须具备长期的数据储存空间以及较大的容量故障，且其数据处理功能迅速，通信能力强大。现今，计算机化、微机化是继电保护装置发展一种必然趋势，但是怎样更好地达到电力系统的需要，并更深层次的加强继电保护的可靠性，还必须人们进行不断地研究；

2. 网络化发展：21世纪是信息高速发展的时代，计算机以及网络技术在各个领域中得到广泛的运用，使得人们的生活与生产发展了翻天覆地的变化。它为工业领域的发展提供的有力的通信保障。要想实现继电保护系统就必须用计算机网络技术将系统中的各个设备的保护装置连接起来，也就是达到微机保护装置网络化的发展。在当前的技术条件下，要实现该系统的网络化是极有可能的。实现微机保护装置的网络化能够有效地改善其系统的可靠性与保护性能；

3. 智能化发展：人工智能化技术已经在电力系统中的各个领域中得到普遍的使用，且已经开始研究其在继电保护系统的运用，例如模糊逻辑、神经网络、进化规划以及遗传算法等技术。神经网络就是非线性的一种映射办法，使用神经网络能够有效且快速的解决一些难以求解的非线性问题。由此可见，在继电保护领域中使用人工智能技术是一种必然的趋势。

4. 自适应控制技术的发展：该技术就是依据电力系统的故障情况以及运行方式的变化，对其定值、保护性能进行实时改变的一种新型继电保护技术。自适应继电保护的基本的观点就是使其保护能够与电力系统中的改变相匹配，从而能够提高系统的保护性能。该技术在变压器的保护、输电线路的距离保护等方面有着极大的发展前景。

二、关于微机继电保护系统的优点

1. 对继电保护的动作性能以及特征起到改善与保护的作用，并改善动作的正确性。具体表现为能够获得在常规保护之下，无法轻易得到的特性；它具备极强的记忆功能，能够有效地完成故障的分量保护；能够引入比较先进的数学理论与相关技术，例如人工神经网络、模糊控制以及状态预测等等。它拥有较高的运行正确率，并且在实践当中得到证明；

2. 扩充辅助功能比较方便。例如波形分析以及故障录波，能够实现故障的测距、自动重合闸以及故障录波等辅助功能；

3. 具有较好的工艺结构条件。主要表现为硬件比较的通用，在制造的过程中，容易对其标准进行统一；此外拥有较小的装置体积，能够有效地降低含量以及功耗；

4. 容易加强其可靠性。这主要表现在数字元件的特性不会轻易受到温度、使用年限以及电源波动等因素的影响；同时还具备较强的自检与巡检功能，能够使用软件方法对主要的元部件的功能以及工况等进行检查。

三、确保继电保护可靠性的措施

继电系统保护装置中的配置、技术和质量以及正常运行的管理与维护是确保继电保护可靠性的重要影响因素。在没有继电保护的状态下，电力系统是不能进行运转的。目前微机保护系统已经得到广泛使用。但微机保护在特殊性方面还存在一些现场问题需要解决，因此，工作人员必须采取针对性的具体措施，从而将微机保护的误动作控制在一定范围内。注意继电保护装置在检查中存在的问题。通常情况下，检查继电保护装置时，最后应该进行的工作是电流回路升流以及整组的试验，在此之后，不能对定值、定值区以及二次回路的接线进行修改。关于定值区的问题。拥有多个定值区是微机保护中的一个优点，这便于改变在电网的运行方式以及代路状况的定值。现今，对电机工作而言，定值区的错误是一个极大的禁忌，因此，要求工作人员采用先进的技术以及管理办法保证定值区的准确性。具体的措施为：在对定值进行修改之后，应该将定值区号以及定值单等打印出来，并注意其中的设备名称、修改的工作人员以及时间等记录，尤其是在继电保护工作当中，对定值编号的记录。关于一般性的检查问题。不管是那种形式的保护，进行一般性的检查都是十分有必要的，但是在实际的工作中，一般性的检查很容易被忽视，或者是没有仔细的完成。一般性的检查主要包含：检查连接件的紧固情况、机械的特征、焊接点的焊接情况以及清洁等方面；此外，必须检查装置中全部的插件，拧紧全部的芯片以及螺丝，对虚焊点进行检查。在对装置进行检查的过程中，还必须落实各个元件、控制屏、保护屏以及端子箱的螺丝拧紧等工作。关于接地方面的问题。接地方面的问题在继电保护工作当中是十分突出的，可以将其分为两点进行说明：第一，对于，应该将保护屏当中的屏障以及装置机箱的接地情况接在屏中的铜排内，很多厂家在这方面已经做很好，现今对其进行仔细的检查即可；第二，在电流、电压回路接地在可靠性方面存在一定的问题，比如在端子箱上接地，其接地的可靠性是否存在问题，这对人身财产安全以及设备的安全都会产生一定的影响。

第二节　电力通信系统

通过引进处理能力更高的处理机技术、高性能传感器技术、快速大容量传送技术等进行多功能综合处理和广域数据集中处理，以便提高性能和可靠性，实现保护、控制功能的质的提高；通过软件检查目视化以及动作分析功能和故障探测功能，实现维护操作的质的提高，从而进一步推行装置智能化技术。

一、电力通信的重要作用

电力通信系统是电力不可缺少的重要组成部分，是电力调度自动化和管理现代化的基础，是确保电力安全、稳定、经济运行的重要手段。电力通信网络在保证电力安全稳定运行方面起了很大的作用，它保证了电力系统的正常运行。电力系统通信网是电力的重要组成部分，是确保电力安全优质、经济运行的重要手段，也是电力高度自动化和管理现代化的基础。是集传摘、交换、终端为一体的有多个环节构成的复杂系统，包括载波、微波、光纤、程控交换、图像监控、电源监控和录音等系统。

（一）构建数字化电力的重要平台

人类信息交流无论是古时代语言、文字、印刷、电报，还是到当今现代社会的电话以及多姿多彩的现代通信，都正向数字化、智能化、综合化、个人化迈进。最近几年，信息与网络技术已经成为一个国家综合国力的重要体现，信息技术正深刻地影响着社会生活的各个方面。电力系统通信网是集传摘、交换、终端为一体的有多个环节构成的复杂系统，包括载波、微波、光纤、程控交换、图像监控、电源监控和录音等系统。电力通信网承担的主要任务是传递各种电力生产和管理业务信息。随着通信智能化水平的提高和通信业务需求的增长，通信网规模越来越大，网络节点越来越多，网络功能越来越强，网络结构越来越复杂，对网络本身的管理要求越来越高，面对这样一个复杂的网络，必须建立具有综合业务功能的电力通信网综合管理系统。电力通信是构建数字化电力的重要平台。

（二）保障电力安全稳定运行的基础

一般说来，网络安全主要包括信息安全和控制安全。国际标准化组织定义信息安全："信息的完整性、可用性、保密性和可靠性"；控制安全就是包括身份认证、身份的不可否认性、授权以及访问控制。电力科技革命的发展，已经形成调度自动化实时通信技术系统的硬件平台，广泛应用于电力系统各个环节（电力生产控制、管理、经营等），是现代电力系统的有机组成部分。根据电力安全、优质运行的要求，把通信与现代电力调度自动化融合为一体具有现实意义。电力通信是实现电力系统管理现代化的基础，也领导电力行业经营可以有多种不同的选择。自动化的电力通信主要服务于电力，商业化操作和实现现代化管理。可靠和稳定运行的网络提高了电力、抵抗自然灾害的能力，减少了处理时间，降低了电源故障的出现。

二、电力通信的管理机制

建立完善的操作监控系统，每日检测通信网络管道，理解系统和设备运行状态，分析存在的问题并马上处理。加强执法通信调度命令，执行通信电路维护、中断、终止服务应用系统，避免任意事件中断电路，保证网络平稳工作。要加强通信技改工作，认真落实规划的实施计划，加强沟通和协调。为建设和新建的变电站通信应该以一个建设和运营为基础。近年来，电信行业得到迅速发展，但同时，在电信行业的快速发展过程中，因为它的技术和产品也在改变，所以越来越多的公司需要员工能快速应对新环境。在电力通信发展过程中确保安全运行，高素质的技术人员和管理人员是一个关键因素。通过组织讲座、函授、演习、自学和入校学习等方式，同时掌握军事、通信、计算机、网络与信息技术等学科的相关知识，大力提高通信人员素质，以在市场竞争中打下良好的人力基础。结合职业安全意识教育，实现安全事故回顾。结语网络通信的相互性为我们的生活提供了越来越多的便利，网络通信系统在技术人员的协助下得以不断完善。电力通信在电力系统关系着电力的安全稳定运行，所以，必须以通信网络为出发点，为实现电力生产的安全、可靠运行提供一个一流的又好又快的强有力的支持。

三、电力通信现状分析

电力的主要通信手段：以发展光通信为主，卫星通信、公网通信作为应急或辅助通信。在此基础上，电力系统独有的电力载波，以语音交换网、视频会议系统、数据网、时钟同步网等发展起来。随着电力通信科技的发展，宽带通信技术如光纤、数据网络等发展成为主流。载带通信技术如微波、载波等逐步萎缩。目前，广泛推广新 EMS 系统等新的电力控制技术，许多电力普遍使用光通信技术，通信通道具有可靠性，跨区域的控制，跨系统的监视、分析可能成为现实。更加紧密，更加融合电流差动保护、电力通信与电力生产的一体化。然而，电力通信采用租用 GPRS/CDMA 公网无线通信资源，以解决大客户负控、配变监测、低压集抄等通信问题。并同时运用在接入办公互联网、传真、办公电话外线、移动电话等范围。由于面向社会大众，电力企业工业化控制和信息安全还没有制定，专门针对需要的技术服务。何况公网通信网络不稳定，使用中还存在不确切需求，故障处理滞后等技术和管理方面的问题。

四、通信的新需求

随着信息化的不断推进，计算机和网络技术得到飞速发展，也推动正在从半自动人工控制逐步向全智能控制现代电力的发展。因此，诞生了第四代自动化系统，它的基础条件具备诸多技术含量。特点具有调度自动化实时通信系统统一支撑平台，把实时通信子系统集成一个或多个应用。包括硬件平台、运行模式、通信协议集成、PMU 通信、通信网关等形成智能电力。网络管理系统是一个综合监控的通信传输网络和负载的网络管理。提升电力的智能化水平需要利用现代信息通信和控制等先进技术，多元化电力服务要求就是双向互动、适应的可再生能源接入等，为可持续电力提供安全可靠、经济高效的能源。智能电力实现的基础是依据电力通信网络，地理位置不同，智能化系统之间信息主要依靠通信手段实现沟通，那么智能调度和控制的技术，是保证高速、双向、实时、集成的通信系统。通信系统与电力应该形影不离，深入到千家万户，这样才能使输配电力和通信网络形紧密联系的网络，这才是智能电力的最终目标和主要特征。作为通信介质的光纤组成的多层结构的通信网络，层次间具有包含与被包含关系，其中包括广域网、局域网、家庭区域网的通信网络，组成智能电力通信网络架构。综合上述情况，智能电力需求是通信网络与电力同覆盖，具有泛在、双向、实时、互动的通信网络。是在现有电力通信网络的基础不断发展、完善。

第三节 电力电子技术在电力系统中的应用

电力半导体器件是构成各种电力电子电路的核心元件之一，器件性能的优劣可在很大程度上决定电力电子设备的技术经济指标。从 SO 年代初期，普通的整流器件已经获得应用。之后，反向阻断型可控硅 SCR（或称晶闸管）问世。到 SO 年代出现了可关断晶闸管 GTO，开关频率有了较大的提高。从总体来看，晶闸管类型的器件中多数为换流型器件，工作频率较低，脉宽调制等控制技术难以实现。到 70 年代出现了场效应晶体管等器件，工作频率有了大幅度的提高。80 年代研究出了场控自关断器件，如绝缘栅双极型晶体管 IGBT、静电感应晶体管和功率场效应晶体管等。它们都是集高频率、高电压和大电流于一体的高性能电压控制器件。这些新器件的出现，使电力电子学的发展进入了一个崭新的阶段，即现代电力电子技术发展阶段。随着技术的不断进步和研究的新进展，现代电力电子技术将给电力系统带来新的活力。

一、现代电力电子器件的特点

（一）器件高频化

目前，电力电子器件在结构和生产工艺上都有了长足的进展，工作频率大为提高，如工业应用级绝缘栅双极型晶体管 IGBT 和 MOS 栅控晶体管 MCT 的工作频率都超过了 20chZ。高频技术的应用不仅可以节约电能、降低损耗，而且控制规律易于实现，可以有效地提高电力电子装置的性能。

（二）高耐压水平

现代电力电子器件多采用 PW — PW4 层结构，加之采用特殊的制造工艺，器件耐压水平大为提高，从而拓宽了器件的电力应用范围。目前，IGBT 器件的耐压水平已经达到 20O0V，MCT 器件的耐凡可高达 3000V。通过器件的组合可以使电力电子装置的工作电压范围大为提高。

（三）大工作电流

现代电力电子器件都采用多元集成结构，导通时饱和压降减小，器件的损耗降低，从而工作电流人为提高。如 1200V，300A 的 IGBT 器件的饱和压降仅为 3 — 4V。目前，IGBT 器件的最大持续工作电流已经达到 1200A，MCT 器件的最高电流可达到 1000A。现代电力电子器件的高频化、高电压和大电流等特点使得高频技术在大容量电能变换和频率变换等领域的应用得以实现，从而为现代电力电子技术在电力系统的无功补偿、柔性交流输电和高质量供电等方面的应用创造了条件。

二、在电力系统无功补偿中的应用

用了电力系统无功功率补偿的典型装置是静止无功补偿器 SVC。SVC 装置的主要类型有固定电容器加晶闸管控制电抗器（FC + TCR）和晶闸管投切电容器（TSC）等。SVC 装置为补偿 0-100％ 容量变化范围的无功功率，几乎需要 100％ 容量的电容器和超过 lOO％ 容量的晶闸管控制电抗器，铜和铁的材料消耗很大。从技术的发展和经济角度来看，这种类型的静补装置已经落后。目前的发展趋势是采用 GTO、IGBT 等自关断器件构成的逆变器，通常称为静止无功功率发生器（SVC）或静止调相机（STATCON）。它既可提供滞后的无功功率，又可提供超前的无功功率。其中，直流电容器 Cd 作为电压源，其充电能量和电路的损耗可以由直流电源提供，也可由交流电源供给。为了减小补偿电流中的谐波分量，可以采用现代电力电子技术中的脉宽调制控制方法。若控制方法得当，SVG 在补偿无功功率的同时还可对系统中的谐波电流进行补偿。在稳态情况下，SVG 的直流侧和交流侧之间没有有功功率交换，无功功率在三相之间流动，因此，直流侧只需较小容量的电容器。此外，SVG 装置所用铜和铁消耗较少，具有优良的补偿特性，是新一代电力电子无功补偿装置的代表，有很大的发展前途。

三、在柔性交流输电中的应用

柔性交流输电系统（FACTS）的概念是 1986 年提出的。其主要内容是应用现代电力电子技术最新发展成就和现代控制技术，实现对交流输电系统的参数甚至网络结构的灵活快速压制，从而合理分配输送功率，降低功率损耗，并大幅度提高系统的稳定性和可靠性。对于传统的交流系统，线路的传输能力变静稳定的制约远远达不到其热稳定极限，并月交流系统的潮流不可控制。现代电力电子技术、控制理论和通信技术的发展为 FACTS 的发展提供了条件。采用 IGBT 等可关断器件组成的 FACTS 元件可以快速、平滑地调节系统参数，从而灵活、迅速地改变系统的潮流分布。例如，统一潮流控制器（UPFC）是 FACTS 中的典型潮流控制元件。UPFC 可以从电源母线获得直流电压，也可以由其他直流电源供电。输出端产生三相交流电压，然后经串联变压器在交流系统中产生附加电压源。UPFC 元件的核心是由 IGBT 等可关断器件组成的逆变器，根据系统的实际运行情况控制逆变器的触发信号，达到控制系统潮流的目的。

四、在高质量供电方面的应用

随着经济的发展和技术的进步，对电力质量要求越来越高的用户逐渐增多。为适应这一发展趋势，美国电力研究协会（EPRI）的研究人员首先提出了定制电力（Custom Power）的新概念和新技术。日本北海道大学和茨城大学：J＝1996 年提出了与定制电力相似的柔性化智能电量供给系统的新概念。其实质是将现代电力电子技术和配电自动化技术综合起来，实现对不同用户以不同电能质量供电的新一代柔性配电系统。采用电力电子新技术形成的各种高效控制元件是这种配电系统的重要组成部分，它可以对供电电压、频率、波形质量和供电可靠性进行监视和控制。该类控制元件的基本构成包括由电力电子器件组成的双向能量传输转换系统、供电质量监视控制中心和储能系统等。即使配电网发生故障，储能系统依靠双向能量传输转换系统向配电网送电，也能够保证定制优质电力用户的供电可靠性。

第四章　电网技术

第一节　微电网

最近，世界各国立足于本国电力系统的实际问题与国家的可持续发展能源目标，纷纷开展微电网技术的研究。这种新兴的电网技术具有潜在的巨大的利益，如降低延缓或暂缓输配电网的更新扩展周期、弥补新增电能需求、减少传输系统的堵塞、提供本地电压支持、环境友好等。

一、微电网概述

（一）微电网提出的背景

近年来，为适应快速发展的经济需要，电力部门以及发电企业逐年加大发电侧的投入，建设内容主要集中在火电、水电等大型发电厂上。因此，能源供需与环境的矛盾日益突显。同时国家电网也启动了智能电网和特高压的建设，电网规模不断扩大，现已逐步发展成集中发电、远距离输电的超大互联网络系统。但随着远距离输电的不断增大、使得受端电网对外来电力的依赖程度不断提高，电网运行的稳定性和安全性趋于下降，而且难于满足多样化供电需求。

分布式发电技术具有低污染、高能源利用率等优点，但其控制困难、单机接入成本高，大量接入可能会对电网造成冲击，影响电能质量和系统的安全稳定等特点也极大地影响了分布式电源的应用。大电网往往采取限制、隔离的方式来调度分布式电源，以期减小其对大电网的冲击，并对分布式电源的入网标准做了规定，当电力系统发生故障时，往往都在第一时间将分布式电源退出运行，大大限制了分布式发电技术的充分发挥。

为协调大电网与分布式电源（DG）的矛盾，充分挖掘 DG 的价值和效益，在 21 世纪初，学者们提出了一个解决方法，即将 DG 及负荷一起作为公共配网的一个单一可控的子系统——微电网，以充分挖掘分布式发电的价值和效益。

（二）微电网的主要特点和优势

微电网是相对传统大电网的一个概念。从微观看，微电网可以看成是小型的电力系统，它具备完整的发输配电功能，可以实现局部的功率平衡与能量优化，它与带有负荷的分布式发电系统的本质区别在于同时具有并网和独立运行能力。从宏观看，微电网又可以认为是配电网中的一个"虚拟"的电源或负荷，相对于外部大电网表现为单一的受控单元，并可同时满足用户对电能质量和供电安全等的要求。

通过微电网的结构和定义可知，微电网技术是新型电力电子技术和分布式发电、可再生能源发电技术和储能技术的有机结合。具有以下主要特点：

（1）微网提供了一个有效集成应用 DG 的方式，继承拥有了所有单独 DG 系统所具有的优点。

（2）微网作为一个独立的整体模块，不会对大电网产生不利影响，不需要对大电网的运行策略进行修改。

（3）微网可以以灵活的方式将 DG 接入或断开，即 DG 具有"即插即用"的能力。

（4）多个 DG 联网的微网增加了系统容量，并有相应的储能系统，使系统惯性增大，减弱电压波动和电压闪变现象，改善电能质量。

（5）微网在上级网络发生故障时可以孤立运行继续保障供电，提高供电可靠性。

（三）微电网的核心技术

从微电网整体来看，目前微电网的关键技术主要包括：新能源的接入、电力设施、控制技术、储能技术、并离网与运行控制等技术。

1. 并网技术方面。微电网有孤岛运行与并网运行两种方式。相对于孤岛模式，并网运行时微电源可以始终运行在最大功率点处，电源逆变器输出电能必须满足电网电压幅值、频率和相位一致。微电源并网发电既能最大限度合理地利用新能源，又能解决用户不断增长的用电需求。微电网与大电网并网之后，二者之间相互影响。微电网技术能够解决传统分布式电源的分散接入、单独并网所带来的整体不受控问题，有利于提升电网可控性。有利于在孤岛运行与并网运行之间平滑切换。并网逆变器在并网运行时起到了关键作用，保证了电力系统的稳定运行。并网稳定运行与控制成为微电网的核心甚至影响着了微电网的发展，将更加利于中国未来电力系统发展和超高压电网的建设需求。

2. 储能技术方面。储能是实现微电网可靠运行的重要手段。储能技术到目前为止国内的研究已经取得了重大突破。目前，从技术成熟度来看，铅酸蓄电池是目前最佳选择。

3. 优化调度方面。微电网是一个多对象、多目标的联合体。从需求侧方面，基于实际风光资源和微电网运行成本数据，采用模糊评价函数并以河北承德风力发展基地全年发电量数据为算例得出结论：在满足负荷需求和分布式电源出力限制的前提下，可提高了全网经济性和安全性。

（四）微电网目前面临的主要问题

1. 技术相对不成熟

目前微电网项目尚处于试验示范阶段，仅在极个别示范区、海岛有所应用，从规划设计、设备选型到投产运行等各方面均面临着诸多问题。很多微电网设备是新研制产品，不能满足实际需求，缺乏现场经验。微电网监控与能量管理系统目前尚处于研发阶段，功能不完善，无法满足运行管理要求。

2. 国家政策不完善

微电网的建设离不开国家政策的支持，虽然政策环境支持微电网并网，但对电网企业的合理补偿存在较大欠缺，电网企业利益无法得到保证。关于微电网建设、运营模式，政府相关政策尚不清晰。

3. 标准规范不完善

目前，分布式电源已有相应的国际标准，国内标准正在制定及完善中，但对于微电网接入、规划设计、建设运行和设备制造等环节缺乏相应的国家层面的技术标准、管理规范。

4. 投资及运维成本高

为满足微电网孤网运行要求，实现自身电力电量平衡，要求配置的储能装置容量占总容量的 80% 以上，但目前储能系统建设投资成本较高。微电网监控平台及能量管理系统目前尚处于开发试运行阶段，投资成本高。微电网运行维护需培训专门的微网运行维护人员，承担微网所有设备的运行维护责任，尤其对于偏远地区或孤立海岛的微电网，相较一般电网运维成本高。

（五）微电网发展前景

1. 保证微电网的经济运行

经济性问题是当前发展微电网需要解决的首要问题。微电网的建设势必将会引起人们对微电网的成本及收益的思考。有研究表明，微电网后期发电成本会以每年 6% 至 10% 的趋势下降。所以前期应主要通过财政补助来实现微电网成本回收。

2. 新型电动汽车与微电网结合

电动汽车在接入微电网时具有两方面作用：首先，充电时可作为是负载；其次，也可作为电源对微电网进行供电。

电动汽车不仅减少了微电网投资费用，而且提高了供电的可靠性。

3. 积极加大新能源微电网的建设

新能源微电网代表了未来能源发展趋势，是能源生产和消费革命的重要措施，是推进能源发展及经营管理方式变革的重要载体，是"互联网+"在能源领域的创新性应用，对推进节能减排和实现能源可持续发展具有重要意义。同时，新能源微电网是电网配售侧向社会主体放开的一种具体方式，符合电力体制改革的方向，可为新能源创造巨大发展空间。风、光、天然气等各类分布式能源多能互补，具备较高新能源电力接入比例，可通过能量存储和优化配置实现本地能源生产与用能负荷基本平衡，可根据需要与公共电网灵活互动且相对独立运行的智慧型能源综合利用局域网。

二、微电网与分布式发电

从产生时间来看，分布式发电早于微电网，它是为了利用环保、可再生能源，将分布式电源分散、灵活地建在居民小区、建筑物，甚至是每户家庭，它既可独立于公共电网直接为少量客户提供电能，也可将其接入配电网络，与公共电网一起共同为客户提供电能。微电网的出现最早是为解决分布式发电带来的相关问题，但它所带来的利益远远超过了其最初的设计，加强运行安全、提高供电可靠性、最大化能源利用效率、最小化投资运行费用和为不同客户提供个性化电能等已成为建立微电网的主要目的。微电网是从系统的观点去看问题，是以一种更分散的方式调节分布式电源及与其相连的负荷的电网体系，从而减少配电网的控制负担并保证配电网效益的充分发挥。从其构成来看，分布式发电有单独的分布式发电和混合的分布式发电。单独的分布式发电是一个与负荷相连的独立的分布式能源，能为负荷提供电能、热能或同时提供电能和热能。混合分布式发电包括两个或两个以上的分布式电源和能量存储设备，它们共同为同一负荷提供服务。它更强调的是分布式电源，不包括负荷、运输和配电线；微电网是由分布式电源、储能系统、负载、运输和配电线等构成的一个小型的低压电网络结构，它可由一个或多个单独的分布式发电、混合的分布式发电构成。从其特点来看，微电网不仅包含分布式发电的所有优点，且具有小型电网络的各种优点。如在供电模式上，分布式发电和微电网都具有非集中化的特点，可为高峰负荷时期或故障发生时提供不间断的电能供应，还能根据需要向电网"倒送电"；与传统的发电方式相比，分布式发电和微电网对环境的影响更小，通过对可再生能源的利用，可减少温室气体排放，缓解气候变化；在运行和投资方面，分布式发电和微电网通过缩短发电厂与负载间的距离，可提高系统的无功支持，消除输配电瓶颈，降低网损，减少或延迟对新的输配电项目和大规模电厂的建设投资；而微电网对分布式电源的有效利用及灵活、智能的控制特点可提高系统的稳定性，减少停电次数，达到最佳的供求关系。

三、微电网的结构

从硬件构成来看，微电网由微电源、控制设备、可控负荷、智能转换设备、通信设施及其他辅助设施综合构成。微电源：包括传统电源（如汽油机发电、柴油机发电、蓄电池等）和可再生能源（微风力发电、太阳能电池、燃料电池、生物质发电等）；控制设备：包括中央控制设备、本地控制设备（电存储设备、热存储设备等、电力电子装置）；负荷：

有普通负荷和特殊负荷，当有紧急事件发生时，微电网可以根据需要甩掉普通负荷，从而保证特殊负荷的用电供应；智能转换设备：有联络开关、断路器、静态开关等，通常用于微电网与配电系统、与其他微电网之间的连接点处或电源处，以控制各种电源转换功能（如电源转换、继电保护、测量仪表、通信）；通信设施：为了快速跟踪负荷变化，快速、灵活地协调控制各部件之间的协同运行，微电网通常需要安装智能通信基础设施。从连接线路来看，微电网一般由两条连接线路：一条是电气连接线路，另一条是通信控制线路。而从电能流动来看，微电网具有双向潮流，微电网可根据需要通过电力电子设备与配电网相连，在电能不足时从配电网获得电能，而电能充裕时可向电网倒送电。但是微电网的结构决定了微电网的性能及其运行的好坏，一般来说，一个成功的微电网应该是本地化的、分布式的、高度自动化的及环境友好的小型电网络体系。

四、微电网运行及控制

和传统电网一样，微电网也有稳态运行和暂态运行两种状态。其稳态运行包括并网运行模式和独立运行模式。当与配电网相连时，微电网处于并网模式运行，可向配电网输入或从中获得电能或提供辅助服务，但需要增加断路器、静态开关和电力电子逆变器等高度智能化设备。当发生紧急事件或计划维修时，微电网脱离配电网进入独立运行模式，利用本地电源提供电能，必要时可甩负荷。与两个稳定运行状态之间的相互转换相对应，微电网有两个暂态过程，即从并网运行到独立运行状态的转变和从独立运行到并网运行状态的转变，通常需要快速动作的储能装置，以保证潮流平衡。为了保证微电网在这四种状态下稳定运行，并满足配电网的要求（如有功、无功潮流及故障动作等），与传统的大电网相比，微电网的控制方案相对比较复杂，主要是因为：微电网中分布式电源种类多样，其发电容量和电能标准各异；发电容量较小，在独立运行模式下没有能源发电优势；对控制设备的快速反应要求较高，如果控制设备的反应跟不上要求会对电压或相角的稳定性产生不利影响，如电能质量急速下降，发生重大事故等。一般来说，微电网的稳定运行要求广泛使用电力电子智能控制设备，如在并网运行时可利用智能存储设备控制电能流入或注入配电网，在微电网独立运行时须增加协调微电网各组成部件运行的控制设备。此外，为了协调、提高各控制设备之间的运行及快速反应，应尽可能增加通信设施。微电网保持暂态过程稳定性的控制方式大致有三类：虚拟控制、中央控制和分布式控制。虚拟控制是一种利用通信技术采集微电网的状态变量并将其发送给所有微电源的控制器，进而对微电源的输出功率进行调节。中央控制是指有一个较大的中央硬件实体，如储能设备或发电机，通过它控制暂态潮流、设定电压等级、频率等，从而平衡运行在独立模式时的有功、无功潮流。分布式控制也称作本地控制，是根据当地的状态变量进行控制的方式，特别是对电压和频率的控制。

五、微电网应用及研究领域

微电网具有智能、灵活、可靠、经济、高效等特点，使其应用领域非常广阔，例如它可用于家庭、机关、企业等机构的配电以提高电能可靠性或获得相关的经济利益，也可用于传统电网所不能达到的偏远农村地区，从而实现偏远地区的电气化等。然而，微电网作为一种新兴的电网技术，目前技术还不成熟，在其成功的投入运行之前仍需要解决许多技术难题和进行相关的经济评价。研究和设计微电网中分布式电源的构成、多能互补发电方式下系统运行特性、微电网的可靠性评估。研究确保微电网安全、稳定、可靠和高效运行的控制策略，如故障诊断、故障隔离、动态稳定性、负荷及电源的快速调节等，并开发相应的控制设备及适用于微电网的新型继电保护装置。分析微电网独立运行，微电网与微电网相连，微电网与配电网相连运行时的稳定性及其相互转换时的暂态特性。研究微电网并网运行时配电网中潮流的变化特性对微电网的影响、微电网对配电网的影响、微电网之间的影响、微电网的接入标准。研究用于解决可再生能源不稳定性问题的储能设备及提高能源利用效率的热存储设备或综合储能装置。研究和开发微电网必需的智能通信设备和通信协议。从技术、经济角度评估和量化微电网运行性能及其环境利益。

在目前的技术条件下，发展微电网需要付出相当大的努力去解决许多经济、技术和商业难题。在我国，微电网研究尚处于起步探索阶段。借鉴国外技术、研究方法、经验是缩短与国外差距的必由之路。因此，本文对微电网的概念、与分布式发电的关系、运行和控制方式、分析工具等进行了系统、全面地描述，并给出了微电网可能的研究方向，希望能为我国开展微电网的研究及工程示范提供参考。

第二节 智能电网

近年来，随着国家电网结构的不断调整和电力市场的不断发展，智能电网调度技术也在电力系统中开始广泛应用，并受到了人们的关注。电网调度是智能电网中的重要环节，它能使智能电网在应用中实现对电能的智能分配，并有效地提高了能源资源的利用率，而且智能电网在实际应用中能使电网资源实现优化配置。

一、智能电网的概念

智能电网是一种新型的智能化电网，也被称为"电网2.0"，它是以新能源以及新技术为媒介，通过建立集成的、高速双向通信网络而形成的新型电网，智能电网利用新能源以及先进的通信技术、传感测量技术、计算机技术、信息技术和控制技术等对运行中的电网进行智能控制与监测，在整个智能监控的过程中它保证了电网在发展中经济、安全、高效，环境友好的功能，并给高压电网的发展营造了强的后盾。项目传统电网智能电网通信技术电网与用户之间没有通信，只有电网向用户单向传达控制信息，二者之间不能进行信息交互。电网与用户之间采用双向通信，亦可实施信息双向交互传感测量技术采用电磁表计及其读取系统，供电网络采用辐射状采用固态表计的双向通信技术，供电网络采用网状设备技术采用人工校验与核对，设备出现故障后将造成用户用电中断，再次供电需要人工干预。采用计算机监控，设备出现故障后，自己适应保护和孤岛化，供电自愈化恢复。控制技术采用集中发电的功率控制方式，控制方式单一，有发电侧流向供电侧。采用集中和分布发电的功率控制方式，控制方式多样化。

二、智能电网中电网调度的技术研究

与传统电网调度不同，智能电网调度发展可以实现安全可靠、环保清洁、经济高效。这对当前我国电网运营来说是有极大的好处。根据我国当前电网发展情况来看智能电网不仅要提高电网优化配置的能力，而且还要保障电网运行的高效稳定，实现远距离和大规模的电力传输，以便满足经济快速发展对电力的需求。因此智能电网调度系统必须对配电站、设备运行以及发电系统等进行监控，以保障电力系统的正常运行。而系统的正常运行必须依赖于智能电网调度的许多关键技术的完善。

（一）智能电网调度的电网预警和防御技术

目前各大电网在全国各地基本普及，地区之间的电网联系也越来越密切，电网的运行方式也越来越复杂，电网在管理中遇到了新的难题，国家电网全局化控制迫在眉睫，而智能调度中心又是整个智能电网正常运行的大脑。此外面向各数据管理和业务需求的智能化应用在智能调度建设中也显得尤为重要。在智能电网调度技术支持系统中实时监测对其起了关键作用，它主要是对电网在运行的实时状态中进行监测和预警，监测和预警主要是对系统中的发电厂、变电站等设备的安全性和稳定性进行智能化监控以及及时预警，在电网预警和防御中，智能电网运行操作和紧急事故的处理尤为重要，它不仅关乎特大电网的风险监控和安全运行能力的提高还要对电网进行实时、前瞻或者风险评估研究，以此来保证电网的抵御和运行能力，保持电网频率、电压、稳定限额等在正常范围内运行。特大电网调度动态监控技术是智能电网的安全防御系统，它能够快速、精准的测量感知自动适应智能决策技术，保证了特大电网的自动优化调度，降低的其运行风险，避免了电网在动态监测技术运用中发生安全隐患。

（二）智能电网调度的一体化智能应用支撑关键技术

智能电网调度的一体化智能应用支撑关键技术是智能电网调度的信息自动化、完整化、及时化，它主要是由一体化模型管理技术、可视化展示技术、海量信息处理技术等构成。信息和支撑关键技术是智能调度的基础。其中一体化模型管理技术能够为智能分析和决策应用提供可靠的基础信息和准确的调度信息，它能解决因数据不完整而导致一系列的问题，满足智能调度的需要。不仅如此，一体化模型管理技术还能够整合其他类型的模型，实现模型间的有效配置，及时处理由于模型不同而造成的其他问题。一体化模型不同于传统的监视模式它能够将智能化调度的人机展示方式可视化，其电网分析结果与电网辅助决策结构能够智能化地显示在人们眼前，对人们了解这种技术起到了直观的作用。智能可视化技术为智能电网调度建立了一个支撑的平台，它不仅让人们对传统的调度员监视模式有个全新的认识，而且在技术上实现了监视、预警和分析的智能化和可视化，还在电网正常运行中进行全方位的管理与预警。如果电网在运行过程中发生了安全事故，智能可视化展示技术会立即通过其前期的监视、中期的分析、后期的预警为可视化事故定位，将事故的发生状况完整直观地展示出来。当事故不可避免地发生之后，它又可以自动确立可视化解决方案，降低因事故带来的损失和影响，智能电网调度的建设，要求数据基础信息完整、准确、智能，因为智能调度的监视、分析、控制、预警和辅助决策都是以可靠的基础信息为保障。而强大的数据储存系统又可以为适应各级调度信息协同共享支撑环境使得智能电网在信息化结构中更加高效灵活。

（三）智能电网调度安全经济优化运行技术

智能电网中在建设中，电力调度系统需要对电网中母线的负荷进行准确的预测，只有准确的预测才能够确定出电网在运行中能源的支持方式。我国是能源资源大国，各地能源结构分布不均，又因为气候原因所以一些偏远地区利用基地优势大力发展风力发电、太阳能发电、潮汐能发电等，这就为智能电网的发展提出了新的难题。目前智能电网的建设核心就在于将现代化技术运用到新能源的采用中去以实现对配电网络运营的管理以及故障诊断。智能电网的应用是实现电网调度技术优化以及电网整合发展的重要途径。智能电网的建设能够适应国家能源政策和特大电网的发展要求。同时能够实现电网的稳定运行，适应我国节能、环保、经济、安全、优化调度的计划和控制要求，使能源利用率得到提高，运行成本得到有效控制，实现大范围的资源优化配置。

第三节　微型电网技术

随着智能电网调度技术的优化和完善，它在运行使用的过程中不仅满足了社会发展需求，而且促使电网系统更加自动化、信息化和一体化，智能调度当前的发展目标是适应新能源接入电网系统，建设坚强智能电网，这就智能电网调度建设必须具有国际领先水平，调度决策精细化，运行控制自动化，网厂协调最优化。只有这样智能电网才能够发挥其作用并提高智能电网调度特大电网的能力，保证我国电网在运行中能够更加合理/安全/可靠。

一、微型电网的定义

微型电网已经成为众多发展中国家更新电网建设的辅助手段。发达国家通过建设微型电网，达到减缓电力投资，增强电网稳定性和经济性的作用。微型电网概念的提出主要是解决分布式电源并网带来的技术、市场和政策上的问题，为了最大发挥分布式发电技术在经济、能源和环境中的优势。美国可靠性技术协会（CERTS）所提微型电网定义为：微网是有分布式电源和负荷以一定形式组织起来，并且能够同时提供电能和热能的新型系统；内部的微电源主要基于电力电子装置进行能量的转换，并进行灵活的控制；微电网相当于配电网中受控节点，并满足用户对供电的可靠性和安全性以及灵活性的需求。欧盟所提微型电网定义为：微网是容量范围从几百千瓦到几个兆瓦，主要有风电、太阳能、燃气轮机组成的小系统；微电网通过 PCC 节点接入配电网，配电网发生停电故障时，微型电网能够孤岛运行。同时，在合适的条件下，微型电网为了经济型和电能质量的考虑，也可以主动实施孤岛运行。综合以上定义可见，微网必须具备以下关键元素：以分布式发电技术为基础，融合储能装置、控制装置和保护装置的一体化单元；靠近用户终端负荷；接入电压等级是配电网。

二、微型电网的技术特点

一般认为，微型电网具有以下特点：有效解决分布式电源接入问题；提高电能质量（满足用户多样化需求、紧急备用）；通过分布式电源，解决海岛、山区供电问题。结合我国智能电网的发展要求和发展规划，我国微型电网的功能定义为：1）自治：作为小型能源网络，能够维持自身的能量平衡，可与主网脱离独立运行。2）稳定：通过协调不同形式的分布式发电但愿，能够实现实时功率平衡，保证安全稳定运行。3）灵活：能够提供不同质量的电能和方便用户电动汽车即插即用。微电网从表面上来看虽然具有采用分布式电源分散供电的形式，但是绝对不是电力系统发展初期孤立系统的形态。微电网通过采用大量的电力电子设备，实时协调出力不均匀的分布式电源，保证电能质量，同时确保微电网运行的可靠性和经济性。微电网是大电网的有效补充，但是微电网无法替代大电网的作用。微电网一大显著特点是提议提供电能的同时提供热能即冷热联产。冷热联产可以显著提高一次能源的使用效率，减少环境压力，提高经济效益。同时热负荷的采用，可以起到缓解电网负荷压力的作用，调度得当的话可以平滑负荷曲线。微电网还具有即插即用功能，即方便电动汽车充电和回馈电能。电动汽车是调控电力负荷曲线的重要手段，对于平滑负荷曲线具有重要作用。考虑电动汽车后，如果调度不当，不但得不到平滑负荷曲线的目的，甚至还会导致部分线路过负荷跳闸。因此，微电网充分考虑电动汽车充放电过程的随机性具有重要意义。微电网也具有本身的局限性。微电网存在突出的保护整定困难，传统保护方案无法满足微电网双向潮流和短路电路与运行工况有关两大问题。目前，国内外学者已经研究出适用于微电网的保护整定方案和相应的硬件设备，然而，仍然存在一定的问题需要进一步探究。另一方面，目前适应于微电网的电力电子设备普遍比较昂贵，另外分布式电源装置成本回收期长，经济效益不明显。分布式电源的广泛采用势必会加剧大电网的不确定性，增加大电网的风险等级。因此，微电网技术只是传统电网的有益补充，绝对替代不了传统电网的功能。

三、微型电网关键技术实现

智能微网涉及众多技术领域，这里主要从通信、传感与计量、能量管理、分析和设备五个方面进行总结。

1. 集成的通信体系：支持微网内协调通信需求和微网间以及微电网与大电网的通信协调需求。智能微网通信模块需要满足以下要求：普遍性：所有微型电网组成部分均能够满足各自的通信需求；标准化：所有通信技术基于统一技术标准；安全性：能抵御外来攻击，保障信息安全；扩展性：通信设施具有足够的带宽来支持未来的需要无线通信技术。

2. 高级传感与计量技术：分布式电源具有出力的不确定性，同时微电网具有自愈性能。高级传感和计量技术通过实时监控电网中元件的运行状态，促使微电网能量管理系统高效运行。先进量测技术的采用，有助于明确每种分布式电源的出力特征和效率，对于分析微电网运行具有重要意义。

3. 高级计量技术：高级读表体系（AMI）：能够实现电能计量、记录三表（电表、气表和水表）消费信息，并且具有实时读取数据的能力；用户端口技术（Consumer Portal）：在能源供应者和消费者之间建立通信端口提供能量服务功能，包括：①需求侧响应和实时定价；②损耗检测；③远程连接/断开；④支持配网运行；⑤电能质量监测；⑥完善用户信息。

4. 高级能量管理体系：微网能量管理系统与传统 EMS 的关键区别在于：由于微网内集成热负荷和电负荷，微网能量管理需要热电匹配；能够与配电系统进行互连，在微网发点不足时，配电网提供功率支撑的作用。

5. 高级分析技术：包括：系统性能监测与模拟；测量分析系统；综合预测系统；实时潮流分析；市场模拟系统。高级分析技术实现微型电网的管理功能，相当于电网的 EMS 系统。

6. 先进设备技术：高级电力电子技术、超导电力技术、新型储能技术。高级电力电子技术能够极大提高微网性能。超导电力技术是减小网损，提高电能质量和传输能力的关键技术，未来远距离输电是超导技术最经济的应用场景。储能技术是微网实现孤岛运行的重要条件，也是微型电网最具有实用价值的关键设备，储能技术的成熟度直接影响着微型电网的发展程度。总结微型电网技术是电力行业发展的新趋势。微型电网具有灵活、经济、可持续等特点，是电网发展的必然环节。微型电网技术融合了电力电子技术、新能源技术、新材料技术，具有节能环保等重要特征。

目前，制约微电网发展的主要因素是经济性不足，设备价格昂贵，成本回收期较长。

随着新能源和新材料技术的发展，微电网有望占据越来越大的发电比例。

第四节　电网消弧技术

随着系统规模的扩大和电缆应用的普及，单相接地电容电流逐渐增大。根据实际运行经验，单相接地是电网的主要故障形式。Look 系统单相接地电容电流大于 10A 时，电弧有可能不会自行熄灭，并极易发展为相间短路故障，当单相接地为间歇性弧光接地时，会引起幅值很高的弧光过压，易击穿系统内绝缘较薄弱的设备，引发严重的事故。国家电力部颁标准（DL 汀 620 1997）规定：Bioko 系统（含架空线路）单相接地故障电流大于 10A 而又需在接地故障条件下运行时，应用消弧线圈接地方式。本文以 10kV 系统为例对消弧线圈系统若干问题展开论述。

一、消弧线圈的伏安特性对补偿效果的影响

消弧线圈的伏安特性直接影响单相高阻接地的补偿效果，是消弧线圈极为重要的参数。目前实际运行中的消弧系统，投档原则是，不管单相接地时中性点电压 U 为多少，都按某档位额定补偿电流与额定电容电流基本相等的原则将消弧线圈调至该档位。此投档方式仅当消弧线圈伏安特性接近直线时可行，因此时消弧线圈某档位补偿电流与电容电流均与中性点电压成正比，保证了二者额定电流相等，同时也保证了其他中性点电压下二者基本相等。当消弧线圈伏安特性为非线性时，此投档方式仅在线路发生，单相金属性接地时较合理，因此时中性点电压接近消弧线圈的额定工作电压，与各档位电流实测条件相当；但当线路发生高阻接地时，此投档方式就不妥了。以某厂生产的消弧线圈（标称容量为 600kVA/10. SK）实测的伏安特性曲线数值为例，设某 10kV 电网额定零序电容电流为 98.8A，消弧线圈某档额定补偿电流为 98.8A，依据上述投档原则，无论中性点电压为何值，消弧线圈都会调到该档进行补偿。当发生单相金属性接地，中性点电压接近额定相电压时补偿较好，接地残流较小；但若接地时中性点电压为 3844V，消弧线圈提供的补偿电流为 71.SA，而此时电容电流为 I，62.7A（考虑电容电流与中性点电压成正比），因此仅因为消弧线圈非线性所带来的接地残流附加值为 8.8A，再考虑到级差电流、电容电流测试的不准确性和零序回路有功分量的影响，极易导致接地残流超过 10A。消弧线圈越是非线性，影响越大。实践表明，大多数（超过 90%）单相接地故障为弧光和高阻接地，使单相接地故障时的中性点电压（即消弧线圈上实际承受的电压）不是系统额定相电压。而实际接地残流受消弧线圈伏安特性的影响很大。

二、 消弧线圈的响应速度

当发生单相接地故障时，理想的对策是用快速响应的消弧线圈将弧光接地抑制在起弧的瞬间，这就要求消弧系统有极快的响应速度。同时，实际运行中（特别是在雷雨季节）常会连续发生相隔时间极短的多次单相接地故障，消弧线圈必须具有极快的响应速度，才能有效补偿并消除故障，保证系统的安全运行。用可控硅控制的消弧线圈，可在几毫秒内对单相接地迅速响应，是自动跟踪控制消弧线圈的发展方向。

三、 接地解除后消弧线圈补偿

状态的退出发生单相接地故障后，消弧线圈将马上投运，这时在等效零序回路中，消弧线圈与零序电容并联，达到了补偿的目的。大部分的单相接地故障在补偿后都能自动解除，这时消弧线圈与零序电容形成串联回路，如消弧线圈未能及时退出补偿，阻尼电阻还处于被短接的状态，这时消弧线圈就刚好与零序电容形成串联谐振，且谐振状态会一直维持下去，造成较长时间的工频过压，因此必须尽快结束该状态。但一般消弧系统均以中性点电压超过一定值作发生单相接地的判据而投消弧线圈，串联谐振时中性点电压也较高（达到了数千伏），导致系统误认为单相接地故障仍存在，所以系统将继续补偿，从而导致恶性循环。失谐度设定得越小，消弧线圈就越小。

以目前线圈启动电压设定得越低（如低于 2000V），消弧线圈系统补偿得越好，就越有可能出现这种情况。然而失谐度和消弧线圈启动电压又不能设得太高，前者太大，会导致残流过大，而后者设得太高，会导致有些高阻性接地故障时系统无法正常启动补偿。因此，消弧线圈的控制系统必须具备一定的状态识别功能，识别出系统处在单相接地状态还是谐振状态，确保单相接地故障解除后，消弧线圈能可靠地立即退出补偿状态。

四、残余电流

接地残流是经消弧线圈补偿后流经接地点的电流，等于系统零序电容电流与消弧线圈补偿电流的矢量之和。由于线路实际存在有功损耗及消弧线圈等设备的有功损耗的影响，使消弧线圈所补偿的电流和系统零序电容电流在接地点处并非严格反相。故残流并非简单的等于补偿电流与零序电容电流数值意义上的相减。1 套消弧线圈系统的残流指标地给出，首先应指出失谐度的设定值，再综合考虑本系统中直接接入零序回路的一次设备的有功损耗、控制系统零序电容电流的测量误差及消弧线圈伏安特性的非线性影响等因素。所以较准确地计算 1 套消弧系统的残流，最好进行现场人工接地试验（尤其是高阻接地试验）实测接地残流。

五、接地信息显示

接地时相应信息包括：单相接地时系统中性点的电压 U 及与其相应的零序电容电流、

消弧线圈实际的补偿电流、接地线号及日期时间等参量。其中，消弧线圈实际的补偿电流是重要的参数。若只提供接地发生时消弧线圈所调档位或档位的额定电流，则并不能反映出接地时消弧线圈所补偿的实际电流，甚至会造成误解，使残流的计算脱离实际太远。一般的中性点补偿系统都装设有中性点电压和电流互感器，使以上参数的测量成为可能。

六、接地变压器的选择

我国主变压器 10kV 侧绕组为 △ 接法，无中性点，要装设消弧线圈接地补偿装置，需设置人工的中性点。一种方法是利用 10kVY，n 联结的配电变压器的高压侧中性点，这种做法有多方面的不利因素；另一种方法是用 Zn，n 联结的专用接地变压器，这是一种较理想的方法。接地变压器零序磁通产生的附加损耗小，零序阻抗低，能保证单相接地时 95% 的相电压加到消弧线圈上，因此作为人工中性点接入消弧线圈非常合适。原边用 Z 形接线，以达到与消弧线圈配合的目的，副边用星形接线，可带一定的二次负荷，兼作所用变压器使用。这样，可使接地变压器与所用变压器合二为一，减少了损耗和建筑物面积，节省了投资。接地变压器的容量应与消弧线圈的容量相配合。系统单相接地时，流过接地变压器的电流是零序电流与二次负荷电流的矢量和。当接地变压器只带消弧线圈，无二次负载时，接地变压器的容量与消弧线圈的容量相等即可，当接地变压器除带消弧线圈外，还兼作所用变压器使用时，接地变压器的容量应大于消弧线圈的容量（具体可根据接地变压器二次侧的容量来定）。消弧线圈容量越大，要求接地变压器的零序阻抗越小，接地变压器零序阻抗越 21，造价越高。

七、阻尼电阻的选择

阻尼电阻串接于消弧线圈回路中，其目的主要是增大系统的阻尼，抑制谐振过压，确保系统正常运行时中性点长时间的位移电压不超过巧 % 相电压。它是保证整套装置安全有效运行的重要环节。阻尼电阻的阻值应根据系统参数及消弧线圈电抗值的调节范围(minx — maximal) 选取。实际应用时，阻尼电阻的阻值不宜选择太大，以增强自动调节器的抗干扰能力和灵敏度。当系统发生单相接地故障时，应尽快将阻尼电阻短接，否则会降低消弧线圈的出力或烧毁阻尼电阻；当系统恢复正常时，应确保阻尼电阻短接触点断开，使阻尼电阻正常串接在消弧线圈回路中，否则系统有可能因失去阻尼而出现谐振过压。阻尼电阻宜选择抗高温性能优良的不锈钢带电阻。

八、新型自动调谐（跟踪）消弧系统

中性点经消弧线圈接地的方式在国内外已有成功运行的经验，但大多数用手动调节式的消弧线圈接地补偿装置，其主要缺陷是：

（1）调节不方便，需装置退出运行才能调节分接头，不能随着电网参数变化而自动调整到最佳补偿状态，运行人员判断困难、操作复杂、补偿精度低。

（2）当系统发生单相接地故障时，由于接地点残流很小，且消弧线圈只能运行在过补偿状态，接地和非接地线路流过的零序电流方向相同，用常规的零序过流，零序方向保护无法检测出接地线路。自动调谐消弧线圈接地补偿装置能自动跟踪电网参数，根据电网电容量的变化控制有载调节开关来改变消弧线圈电感，调整补偿电流值，并可用微机控制，判线准确，保护功能齐全，有较好的应用前景。

第五章　高电压技术

第一节　高压电器

高压电器是在高压线路中用来实现关合、开断、保护、控制、调节、量测的设备。一般的高压电器包括开关电器、量测电器和限流、限压电器。

国际上公认的高低压电器的分界线交流是 1kV（直流则为 1500V）。为交流 1kV 以上为高压电器，1kV 及以下为低压电器。有时也把变压器列入高压电器。

在高压电器产品样本、图样、技术文件、出厂检验报告、型式试验报告、使用说明书及产品名牌中，常采用各种专业名词术语，它们表示产品的结构特征、技术性能和使用环境。了解和掌握这些名词术语可为工作带来许多便利，现将高压电器常用的名语术语作一介绍。

一、设备术语

1. 高压开关——额定电压 1kV 及以上主要用于开断和关合导电回路的电器。

2. 高压开关设备——高压开关与控制、测量、保护、调节装置以及附件、外壳和支持件等部件及其电气和机械的联结组成的总称。

3. 户内高压开关设备——不具有防风、雨、雪、冰和浓霜等性能，适于安装在建筑场所内使用的高压开关设备。

4. 户外高压开关设备——能承受风、雨、雪、污秽、凝露、冰和浓霜等作用，适于安装在露天使用的高压开关设备。

5. 金属封闭开关设备；开关柜——除进出线外，其余完全被接地金属外壳封闭的开关设备。

6. 铠装式金属封闭开关设备——主要组成部件（例如断路器、互感器、母线等）分别装在接地的金属隔板隔开的隔室中的金属封闭开关设备。

7. 间隔或金属封闭开关设备——与铠装式金属封闭开关设备一样，其某些元件也分装于单独的隔室内，但具有一个或多个符合一定防护等级的非金属隔板。

8. 箱式金属封闭开关设备——除铠装式、间隔式金属封闭开关设备以外的金属封闭开关设备。

9. 充气式金属封闭开关设备——金属封闭开关设备的隔室内具有下列压力系统之一用来保护气体压力的一种金属封闭开关设备。

a. 可控压力系统；b. 封闭压力系统；c. 密封压力系统。

10. 绝缘封闭开关设备——除进出线外，其余完全被绝缘外壳封闭的开关设备。

11. 组合电器——将两种或两种以上的高压电器，按电力系统主接线要求组成一个有机的整体而各电器仍保持原规定功能的装置。

12. 气体绝缘金属封闭开关设备——封闭式组合电器，至少有一部分采用高于大气压的气体作为绝缘介质的金属封闭开关设备。

13. 断路器——能关合、承载、开断运行回路正常电流，也能在规定时间内关合、承载及开断规定的过载电流（包括短路电流）的开关设备。

14. 六氟化硫断路器——触头在六氟化硫气体中关合、开断的断路器。

15. 真空断路器——触头在真空中关合、断开断路器。

16. 隔离开关——在分位置时，触头间符合规定要求的绝缘距离和明显的断开标志；在合位置时，能承载正常回路条件下的电流及规定时间内异常条件（例如短路）下的电流开关设备。

17. 接地开关——用于将回路接地的一种机械式开关装置。在异常条件如短路下，可在规定时间内承载规定的异常电流；在正常回路条件下，不要求承载电流。

18. 负荷开关——能在正常回路条件下关合、承载和开断电流以及在规定的异常回路条件（如短路条件）下，在规定的时间内承载电流的开关装置。

19. 接触器——手动操作除外，只有一个休止位置，能关合、承载及开断正常电流及规定的过载电流的开断和关合装置。

20. 熔断器——当电流超规定值一定时间后，以它本身产生的热量使熔化而开断电路的开关装置。

21. 限流式熔断器——在规定电流范围内动作时，以它本身所具备的功能将电流限制到低于预期电流峰值的一种熔断器。

22. 喷射式熔断器——由电弧能量产生气体的喷射而熄灭电弧的熔断器。

23. 跌落式熔断器——动作后载熔件自动跌落，形成断口的熔断器。

24. 避雷器——一种限制过电压的保护电器，它用来保护设备的绝缘，免受过电压的危害。

25. 无间隙金属氧化物避雷器——由非线性金属氧化物电阻片串联和（或）并联组成且无或串联放电间隙的避雷器。

26. 复合外套无间隙金属氧化物避雷器——由非线性金属氧化物电阻片和相应的零部件组成且其外套为复合绝缘材料的无间隙避雷器。

二、参量术语

1. 额定电压——在规定的使用和性能的条件下能连续运行的最高电压，并以它确定高压开关设备的有关试验条件。

2. 额定电流——在规定的正常使用和性能条件下，高压开关设备主回路能够连续承载的电流数值。

3. 额定频率——在规定的正常使用和性能条件下能连续运行的电网频率数值，并以它和额定电压、额定电流确定高压开关设备的有关试验条件。

4. 额定电流开断电流——在规定条件下，断路器能保证正常开断的最大短路电流。

5. 额定短路关合电流——在额定电压以及规定使用和性能条件下，开关能保证正常开断的最大短路峰值电流。

6. 额定短时耐受电流（额定热稳定电流）——在规定的使用和性能条件下，在确定的短时间内，开关在闭合位置所能承载的规定电流有效值。

7. 额定峰值耐受电流（额定热稳定电流）——在规定的使用和性能条件下，开关在闭合位置所能耐受的额定短时耐受电流第一个大半波的峰值电流。

8. 额定短路持续时间（额定动稳定时间）——开关在合位置所能承载额定短时耐受电流的时间间隔。

9. 温升——开关设备通过电流时各部位的温度与周围空气温度的差值。

10. 功率因数（回路的）——开关设备开合试验回路的等效回路，在工频下的电阻与感抗之比，不包括负荷的阻抗。

11. 额定短时工频耐受电压——按规定的条件和时间进行试验时，设备耐受的工频电压标准值（有效值）。

12. 额定操作（雷电）冲击耐受电压——在耐压试验时，设备绝缘能耐受的操作（雷电）冲击电压的标准值。

三、操作术语

1. 操作——动触头从一个位置转换至另一个位置的动作过程。

2. 分（闸）操作——开关闭合位置转换到分位置的操作。

3. 合（闸）操作——开关从分位置转换到合位置的操作。

4. "合分"操作——开关合后，无任何有意延时就立即进行分的操作。

5. 操作循环——从一个位置转换到另一个装置再返回到初始位置的连续操作；如有多位置，则需通过所有的其他位置。

6. 操作顺序——具有规定时间间隔和顺序的一连串操作。

7. 自动重合（闸）操作——开关闭合后经预定时间自动再次合的操作顺序。

8. 关合（接通）——用于建立回路通电状态的闭合操作。

9. 开断——在通电状态下，用于回路的分操作。

10. 自动重关合——在带电状态下的自动重合（闸）操作。

11. 开合——开断和关合的总称。

12. 短路开断——对短路故障电流的开断。

13. 短路关合——对短路故障电流的关合。

14. 近区故障开断——对近区故障短路电流的开断。

15. 触头开距——分位置时，开关的一极各触头之间或具连接的任何导电部分之间的总间隙。

16. 行程触头的——分、合操作中，开关动触头起始位置到任一位置的距离。

17. 超行程——合闸操作中，开关触头接触后动触头继续运动的距离。

18. 分闸速度——开关分（闸）过程中，动触头的运行速度。

19. 触头刚分速度——开关合（闸）运程中，动触头与静触头的分离瞬间运动速度。

20. 合闸速度——开关合（闸）过程中，动触头的运动速度。

21. 触头刚合速度——开关合（闸）过程中，动触头与静触头的接触瞬间运动速度。

22. 开断速度——开关在开断过程中，动触头的运动的速度。

23. 关合速度——开关在开断过程中，运触头的运动速度。

四、注意事项

高压电器设备使用中的安全注意事项：

1. 高压电器设备在检修时的质量控制

高压电器设备的检修人员须经专业训练，熟悉设备内部结构；使用单位的专业技术人员必须编制切合实际的检修工艺规程。高压电器设备解体检修，应在大气湿度低于 60% 的干燥天气进行，同时注意防止灰尘、杂质和水分侵入其内部，必要时不断地向检修的气室通入干燥的热空气，以保持内部干燥。

2. 异常声音分析判断

高压电器设备内部放电声类似小雨点落在金属壳上的声音，由于局部放电声频率比较低，且音质与其噪音也有不同之处，有时必须将耳朵贴在外壳上才能听到；如果是放电声微弱，分不清放电声来自电器内部还是外部，或者无法判断是否放电声，可通过局部放电测量、噪音分析方法，定期对设备进行检查。

3. 高压电器使用中的人身安全防护

（1）室内 SF6 高压电器，应注意与主控室之间作气密性隔离；

（2）SF6 设备室内必须装设通风设备，进入室内先通风；

六、新发展

90 初期，在中国大地上出现了一种无油、无气、无瓷的以氟塑料为内绝缘，以硅橡胶为外绝缘的完全不同于国内外传统结构的新型高压电器——高压穿墙套管。与传统的充油瓷套管不同，它的设计思想独特、结构新奇，它的某些技术特性已超过国际标准 IEC 和中国的国家标准 GB，而且被越来越多的用户所采用。至今，这种干式系列产品，包括穿墙套管、电流互感器和电缆终端头已经得到长足的进步和快速的发展。这种产品具有无油、无气、无瓷，体积小、重量轻、防火、防爆、防污闪等突出优点。自 1990 年至今，已有10000 多台上述产品在电力系统安全运行，没有发生一例事故。

众所周知，无论国内或国外市场上，66Kv 及以上的传统的高压穿墙套管、电缆终端头、电流互感器等大多使用充油瓷套管。它存在易渗漏、易燃、易爆、污闪、维护工作量多、体积大、质量重等一些潜在问题。随着环境的日益恶化，瓷表面的污闪也常有发生，闪络概率随着环境污秽程度而增大。过去都是用增大泄漏比距的办法来解决，但泄漏比距的增大是有限度的，泄漏比距越大，瓷套管的烧成合格率越低，为此，我们开发了一种具有新的结构设计和完全不同以往的材料的新一代产品。

干式高压穿墙套管的开发，90 初期，随着城网改造的发展，城市户内变电站很快地发展起来，对穿墙套管的需求越来越多。面对上述问题，我们必须走一条独具特色的用有机绝缘材料代替油瓷绝缘的新路。

1990 年，我们研制出第一批 STA 型的 9 只穿墙套管并运行于大连老虎滩变电站，随后，在东北和云南运行了 200 多只。但是，STA 穿墙套管还存在一些缺点。由于它是用交联聚乙烯电缆制成的，两端需要用支柱绝缘子支撑. 为此，我们于 1994 年研制成功 STB 型高压穿墙套管。至今已有 10000 多只 STB 套管在电网上运行，已经覆盖了从海南到大庆，从东海岸到新疆的二十几个省、市的地域。

七、高压电器与低压电器区别

高压电器与低压电器的区别：

1. 电压

低压电器: 交流 1200V、直流 1500V 及以下的电器。交流主要有以下几个常用电压等级: 交流 1140、660、380、220、36V；

高压电器: 额定电压在 3KV 以上的电器。国家标准: 中压: 3、6、10、（20）、35；高压: 66、110、220；超高压: 330、500、750.

2. 传电

从传电来说，电压够大的时候电阻会突然减小，于是传播电流的速度就会变快。

3. 危险性

从危险性来说，高压电器基本上是碰上了立刻就会死掉（我指的是碰上了导电中的高压电器的导线，没有保护的部分）。低压电器你碰到了里面的导线也有救活的可能，甚至没有多少伤害或没有伤害。

4. 外表

外表上来讲，高压电器一般来说有很多层防护。

第二节　高压电器设备绝缘试验技术与应用

对高压电器设备而言，如若绝缘工作做得不到位，极有可能引发停电甚至更大的用电事故，这将对经济社会生活带来突然的、不利的影响。可是，实际情况是，在有些情况下，由于电力系统运行的特殊要求，部分电力设备难以通过停电的方式完成预防性的试验，而这种主观或者客观上的超周期测试是不利于发现电力设备中的缺陷和安全隐患的。对电力设备的预防性试验而言，其周期相对较长，一般为一年。因此，当设备带电运行时，一旦产生了设备缺陷，极有可能引发设备故障，更大的事故与财产损失就有可能发生。此外，电力系统的预防性试验在通常情况下任务强度较大，无法保证对每台电力设备的全面试验与分析，也就难以就此做出科学的判断。而随着我国电力事业的不断发展，社会对电力的需求量和需求种类不断提高和丰富，各类高压电器设备不断呈现在工业生产等相关领域。而为了实现高压电器设备的顺利安全运行，对其进行安全试验是十分必要的，而绝缘试验便是电网工程建设中必不可少的重要环节，只有完成了试验操作的设备才能被用于实际的生产、生活之中。为此，本文首先阐述了高压电器设备绝缘试验的关键技术，然后对可能产生影响的因素进行分析，最后，从多个角度给出了高压电器设备实际应用中的注意事项。旨在通过本文的工作，为时下我国高压电器设备的绝缘试验与应用提供一定的可供借鉴的信息。

一、高压电器设备绝缘试验的关键技术

（一）诊断技术

不可否认，高压电器设备的性能对于电网运行的质量产生着直接的重大的影响，如果设备的性能得不到要求，或者存在一定的安全隐患，只要条件成熟，就极有可能引发安全事故。因此，在高压电器的绝缘试验中需要将监测和诊断技术引入其中，这样不但可以协助电力人员能够相对及时地掌握高压电器设备的运行情况，还能为此做出相应的预案，在维持高压电器设备正常运行的前提下，完成对仪器设备的安全监测。

（二）改造技术

在高压电器设备绝缘试验中，改造技术的实施往往发生在实验结束之后，这种于试验后才采取的技术方案主要用于对高压电器设备结构的优化与改进，使电力系统中的绝缘能力得到进一步的加强。倘若在绝缘试验中发现了高压电器设备正在超负荷运行，则极易引发安全事故，而在缺乏提前报警功能的情况下，电力设备的受损程度会不断扩大。为此，需要通过添加报警装置改造高压设备，以便及时感应到系统中的异常信号，并及时进行抢修处理。

（三）模拟技术

模拟技术指的是将计算机看作是整个试验工程的管理和控制中心，以此完成对绝缘试验操作秩序的科学规划与调配。这种技术能够适用于中小型的高压电器设备和大型的高压电器设备，在试验的过程中都可以通过这一技术对工程建造的过程进行演示和预试。这样一来，高压电器设备施工现场中可能存在的安全风险就有可能被提前预知，为高压电器设备的试验提供科学的指导。

（四）调试技术

调试技术指的是在高压电器设备正式运行之前，完成对该类设备运行流程的模拟操作和调试，目的在于通过模拟操作将设备元器件中存在的安全隐患及时的反馈出来。这是因为，高压电器开关等设备容易受到自然因素的影响，大风、持续的降雨，以及雪冰等自然灾害都会对其产生影响 [3]；此外，对户内和户外电器开关设备进行调试，还能发现不同产品性能的差异之处，得出一些开关设备抗寒和抗高温的性能特征，选择更加适合露天作业的产品。

二、高压电器设备绝缘的影响因素分析

（一）电压因素

这一因素对于高压电器绝缘试验的影响也是十分明显的———如果主绝缘严重受潮或者其中含有离子型杂质之时，互感器的介损值将会随着试验电压的不断升高而产生具有一定差异的变化情况。其中的原因在于，由于交流电压的存在，离子在纸层间和在油中的迁移过程被纤维所阻拦———在较低电压时，离子的运动速度相对较慢，产生的迁移较小；相反，电压升高之后，离子运动速度也会相应地加快，介损值也随之减小。

（二）温度因素

通常情况下，油纸电容绝缘的介损值并不会对温度的变化反应过分灵敏。并且，大量的试验结果也证实了这一点———介损测量值良好的绝缘实验是不用进行温度换算的。可是，如果绝缘干燥处理的效果欠佳，油纸电容绝缘的介损值将对温度变化表现出"积极"

的反应。而对于绝缘温度系数而言，其发挥作用的大小主要决定于绝缘本身的形式、大小与绝缘状况。而对于特定的电压等级与绝缘设计，因为绝缘劣化将会致使温度系数的增加，$tg\delta$ 值的温度非线性与灵敏度都会得到不同程度的增加。

（三）湿度因素

作为一个常识性的问题，大气湿度与表面污秽程度会对泄漏电流产生较大的影响，这一影响甚至会远远地超过避雷器的实际阻性电流。而高压电器设备的表面泄漏程度也会对介损测量产生影响，致使介损测试结果严重偏离正常水平。湿度和高压电器设备表面的污秽程度会对设备的泄漏电流产生直接的影响，甚至会在较高的电压下，产生破坏性的影响，直接关系到设备绝缘试验的正常进行。因此，在一般预防性试验中，要保持瓷套表面的干净和清洁，最好将相对湿度保持在 65% 之下，如果超过了这一温度，应该采取进一步的处理措施，降低危险发生的频率。

（四）误差因素

在高压电器设备的绝缘试验中，误差因素也是十分重要的。在介质损耗测量过程中，需要选择电压向量作为基准信号，基准信号需要施加在试验品两端的电压。在绝缘试验的过程中，一般要利用现场情况，在电压互感器的二次侧获取。而电压互感器的测量精度和二次侧负荷的高低关联。而随着变电站运行方式的差异，二次侧负荷也会产生变化，而这一定会导致角误差的改变。

三、高压电器设备绝缘试验技术的应用

在实际操作中，高压电器设备绝缘试验的操作人员不但要在试验环节采取先进的措施，还应该注意到高压电器设备在使用中的安全措施，最大限度的限制安全意外的发生。在实际应用中，安全事故注意事项一般体现在以下方面：人员保护、检修质量和异常响声：

（一）保护人员

按照交流和直流电压的差异，高压电器设备的电压范围较高，带点作业是容易引发安全意外事故的。因此，不论是户外还是室内操作，当接触高压电器时，一定要配备相应的安全防护工具，那些参与到高压设备检修人员，需要穿电绝缘服、绝缘帽和绝缘手套，使其避免和设备接触而触电；

（二）质量检修

控制检修质量是提高高压电器设备安全运行的基本前提。如果电气设备因检修不彻底，将会产生不同程度的安全隐患，极大的严重阻碍电网的供电和输电的作业。为此，需要在足够干燥的环境下进行拆装检修，防止杂质和水分进入设备；

（三）响声异常

如果设备在正常运行下出现了异常响声，将是某个元器件出现故障的前兆，此时应该引起电力施工人员的高度重视。其中，如果高压电器设备存在放电问题，且伴有异常细微声响，应该判断其响声来源，同时配合放电测量数据对其进行综合判断。

近几年来，高压电器设备的绝缘实验技术不断受到人们的重视。为了提高实验的有效性，准确地判断出设备的状态，除了要提高绝缘试验系统的精度、稳定性和抗干扰能力外，还应该对影响绝缘试验数据的因素进行深入的研究和分析，最大限度地减少人为的和客观的误差，通过要对难以减小的误差进行精确的估计和修正，以便得到可以反映高压电器设备的真实信息。

第六章 供用电

第一节 供用电管理在电网建设中的实现

供用电管理是电网建设的重要组成部分，是当前社会注重城市化建设的一项重要基础措施。供用电管理效果直接决定着当前电力系统效益，是我国实现电力系统完善的一项重要操作。在进行供用电管理的过程中，管理人员要对供用电环节进行整体了解，采取有效措施对供用电管理故障进行预防和消除，从根本上提高电网建设效果，提高供用电可靠性。

一、电网建设存在的问题

我国经济高速增长，城市化建设逐渐加快，对电网要求逐渐上升。但是，当前的电网整体管理效果较差，电网供用电效益低下，供用电矛盾突出。

（一）电网配电层次混乱

在进行电网建设的过程中，电网配电层次混乱已经成为影响供用电的一项突出问题。我国电网多为辐射网，电网的供电可靠性较低，在配电过程中，配电结构薄弱，多为单主变、单回路供电。变电之间转化能力差，保护装置较低，环网供电线路和装置层次结构混乱，直接导致我国供用电事故多发。

（二）管理效益低下

在当前的电网建设中，供用电管理效益低下已经成为建设的核心问题。在配电网中，供用电管理结构混乱，对管理监督和整改效益较低，导致我国电网建设中大量电力白白浪费，造成供电系统经济效益大打折扣。在进行管理中，一户一表模式直接导致企业和供电管理成本加大，造成经济和人力资源的浪费，增加了电网建设资金负担。除此之外，在管理过程中管理人员对电费标准制定缺乏充分分析也导致管理效果大幅降低，电网系统损失上升。

二、供用电管理模式

（一）10KV 专用变供电模式

10KV 专用变供电模式是一种常见的供电管理模式，主要应用与居民用户、机关事业单位自身供电中。这种供电模式主要可以降低电力部门抄表次数，减少传统的收电费环节，降低电网系统的供电成本。在当前的电网系统中，10KV 专用变供电模式可以有效降低开发商与物业管理问题，提高用电管理收益。

（二）先上专用变后无偿移交模式

先上专用变后无偿移交模式主要应用于大型房地产开发项目中。在开发过程中，房地产商一般选取先上专用变后无偿移交模式，根据供电营业规则规范，对电容量进行选取。在该过程中，一般先在临时基建过程中实现专变，基建完成后，实现一户一表专业改造。供电企业验收合格后，实现专变无偿移交供电至供电企业。先上专用变后无偿移交模式通过无偿移交，提高供电企业的固定资产，减少了物业维护及管理费用，实现了双赢。

（三）就近接公变电源模式

就近接公变电源模式主要指在小的房地产商开发项目根据一户一套标准将电力项目安装到位。在存在公变的新建住宅楼附近，进行一户一表安装用户电表，将用户立户费全部交由开发商全权负责。

三、供用电管理措施

未来的社会发展将越来越快，我国的城市化发展也越来越明显，城市中用户增多，为了使电力管理上服务更加贴心，执行收取住户的容量电费，不仅仅可以使管理更加专业，同时可以减轻电力企业的工作压力，提高电力服务质量。但是随着我国法制建设越来越完善，为了避免不必要的麻烦出现，我国可以在这方面制定并完善相关的法律法规，有了相关法律法规的规定制约，可以使电力管理方面更加专业，同时也具有合法性。

（一）新装用户收取配电费用

房地产开发商可以对新建商业区或者是住宅小区里的新增住户等，按照新增住户容量，根据一定的标准收取入网费等。而收取的费用则交予供电企业进行统一管理使用，全部用于住户电源建设的工程材料和工程施工费用。不论新增用户多少，其供电全部是供电企业公变低压供电。这样可以避免出现小区用户有的用电接公变，从而造成用电单价不同使用户反映客户享受待遇不平等的问题。

（二）扩大收取容量电价电费范围

目前我国只有大型工业等用户才执行容量电费，对于其他小型住宅用户等并没有执行容量电费。为了加强电力管理，同时吸取国外电力管理经验我国也开始逐步执行小型用户收取容量电费。在进行住户上门抄表收费时，并不知道哪些用户用了电，哪些用户在本月或是本季度内并没有用电，所以供电企业工作人员需要单对单进行上门抄表，但是上门抄表服务是付出代价的，是需要支付服务费的，因此我们以货币金钱的形式体现服务。对于用户收取的容量电费我们可以通过单个用户收取 2-5 元的容量电费。对于小中型城市，如果按照十万住户计算，那么每月就可以收取 20-50 万的容量电费，而收取的费用可以使供电企业聘请专业抄表服务公司进行抄表服务，这样可以减轻供电公司的抄表压力，同时使电力管理更加详细和专业。

（三）加强供用电设备管理

在进行电网改造的过程中，管理人员要对电网建设进行三级保护，实现总保险、分支保险、家用保险有效结合，实现在管理过程中的过流保护。要对电网进行熔断器保护，设置空气开关，住户用闸刀，除此之外，好要对电网建设进行接地保护等。管理过程中，管理人员要对整体进行总保险、分支保险定期检查，对电网建设中出现的整体严重氧化现象进行重新打磨，消除电网建设部分中的氧化层，确保电网供用电良好。管理人员要对电网各级变压器进行各级保护，对变压器进行管理。对电网建设过程中出现的问题及时进行处理，提高整体管理效果。

（四）加强供用电管理营销

在进行供用电管理的过程中，管理人员要加强营销管理水平，对供用电模式中用户进行营销管理，为用户提供优质服务，提高电网建设效果，确保我国电网建设又好又快发展。在管理中，相关人员要加强精细管理，提供扩销路径。管理人员要增强对线损的管理效果，重新修订线损管理办法，实现定期检查和整改，确保落实管理营销效果。要对供用电问题进行全面自查，采用计算机技术对电网建设中的问题进行处理，对电网营销问题进行分析，实现营销自动化核算，从本质上提高电网建设效果，实现我国电网建设的电算化发展，增强电网建设管理过程中的营销效益。

我国当前的电网建设中，建设人员要对供电管理模式进行有效选取和应用，降低供电损失，提高供用电经济效益。在管理的过程中，相关人员要加强科技管理效果，增强供用电管理的规范化和标准化，加大电网企业管理的资金投入，促进当前电网建设飞速发展。

第二节 企业供用电技术

一、供电企业营销管理的思想定位

首先应当明确的是，电力营销必须采取市场导向的管理模式，把电力营销定位为供电企业的核心业务，电力的生产经营活动应服从和服务于电力营销的需要。

其次，电力营销的开展应立足于"电网是基础，技术是支撑，服务和管理是保障"的原则。应当充分利用目前"两网"改造的有利时机逐步解决供配电网络的"瓶颈"，满足广大用户的用电需求，运用先进的通信、网络、计算机技术，为客户提供高效的、全方位的优质服务，以严格规范的管理对各项业务进行监控，才能实现企业的营销目标。

第三，基于买方市场的要求建立起新型电力营销理念。未来的电力营销市场是一个买方市场这是一个不争的事实。供电企业应当改变过去建立在卖方市场基础上的旧的供电管理模式，建立一个能适应市场需求，充满市场活力的市场营销体系和机制。

第四，进行商业化运营，法制化管理。政企分开后，电力企业仍然是一个接受政府监管的企业，因此，在实现商业化运作的同时，还要严格按照上级规定的市场营销政策和业务范围，从事电力市场的营销工作。

二、电力企业营销管理的总体策略

在电力经营体制的转变和电力供需矛盾缓和的新形势下，在国家关于可持续发展策略的引导下，可将电力营销总体策略定位为环保能源扩张策略，即：以国民经济可持续发展为依托，以环保、能源消费结构调整为契机，以市场需求为导向，以需求预测管理为手段，以优质服务为宗旨，以满足客户需求、引导客户消费为中心，以市政、商业、居民用电市场为主攻方向，以稳定工业市场用电为重点，积极开拓其他可替代能源市场，以提高电力在终端能源消费市场的比例为目标，实现社会效益和公司效益的同步提高。

以环保、调整能源消费结构为契机。电能是公认的最清洁、安全、高效的能源，大量煤炭直接燃烧造成了严重环境污染，它被替代已是必然趋势。依据我国现行的能源政策，调整并优化能源结构，提高电能在终端能源消费市场的占有率将成为一种必然，这为电力发展提供了很好的机遇。

以市场需求为导向。加强对市场需求预测的研究，搞好市场调查和市场预测，提高市场预测的及时性和准确性。做好市场变化的跟踪分析，开发并形成目标市场分析软件系统。努力开辟新的供电领域，积极引导广大用户对电力的消费，提高电力在能源消耗中的比例，提高电力企业的市场占有率，寻找电力企业新的效益增长点。

以需求侧管理为手段大力开展需求侧管理工作，借助经济、媒体宣传等手段，引导客户合理用电，提高用电效率，提高负荷率。积极推广有利于环保、节能的技术和产品的应用，开拓电力市场。

以优质服务为宗旨。转变观念，增强电力企业职工的服务意识，提高服务质量。为客户提供方便、快捷、优质的服务，来提高企业的信誉，增强企业的竞争力，进而扩大电力消费市场。同时通过加强电网建设，保障供电可靠性，提供优质电能。

以满足客户需求，引导客户消费为中心。不仅要根据客户的要求提供优质、可靠、价格合理的电力电量，还要做好全方位的服务。引导客户改变传统的用能观念，使用高效洁净的电能，提高生活水准。

以市政、商业、居民生活用电市场为主攻方向：现阶段开拓电力市场的对象应以潜力很大的市政、商业、居民为重点。建立电气化示范小区，组织各级部门参观电气化示范小区，通过现身说法的方式，增加可靠性，增强人们渴望生活电气化的欲望，推动生活电气化进程，进而推动电力消费。特别是随着农村生活城镇化的发展，在未来 10 年中农村居民生活用电量将有很大变动。

以稳定工业市场用电为重点，积极开拓其他可替代能源市场。工业用电比例近年虽有下降，但所占比例仍占一半左右，采用积极的措施来稳定这个市场是很重要的，能源替代重点在替代煤锅炉，目前燃煤锅炉很多，能源替代潜力很大，家用燃气热水器也是替代的一个方向。以提高电力在终端能源消费中的比重为目标，完成电力营销目标，以获取较大的社会效益和适当的经济效益。

总体策略具体化如下：

（一）环保能源的品牌宣传策略

清洁、高效、快捷是电能的优势，使用电能符合国家的环保能源政策，受到国家政策的支持，特别是在城区日益严重的环境污染使人们对清洁能源的应用越来越重视，以此为契机作为能源市场的切入口，在宣传和推广上打出环保能源的品牌，并成为形象设计的主要特点。

（二）销售市场的扩张策略

一是营销地域的扩张，随着电力体制改革的深入，必定会要逐步放开电力销售市场，打破现有的专营体制，抓住机遇，立足本地，辐射周边，实行销售市场的扩张策略，通过完善地区的电网架构建设，主动出击，以提供各项供电服务为手段，扩大电力营销市场。二是能源市场的扩张，搞好以电代煤，以电代油，以电代气的工作。

（三）优质可靠的产品策略

通过改善电网结构，提高供电可靠性，改善电能的质量，来提高对客户的吸引力。产品质量是营销的基础保证，要加大城网和农网的改造力度，加快一户一表的改造步伐，改善电网结构，提高供电可靠性。

（四）全方位提供的优质服务策略

未来的供电企业在服务市场上赢得并捍卫自己的一席之地，意味着在多层面上与他人竞争。因此，必须把不断提高优质服务水平作为促进电力的市场营销的自觉行为，并体现在整个生产经营的全过程和各个环节，使每一个部门，每一个员工都为企业的社会形象负责，真正树立全员营销的观点，与客户建立并保持一种共同发展的新型供用电关系。

（五）激励用电的价格策略

积极推行新的电价政策，到 2010 年前逐步取消各类价外加价，处理好电度电价和基本电价的比例关系，在电价中考虑供配电工程贴费的因素，建立灵活弹性的电价体系。

（六）气电联合的能源互补策略

气电联合是在对热电联产、冷热电联产和微型分散电源的研究的基础上，主动进行气电联合的能源互补，以求得协调发展。

（七）规范到位的管理策略

跟踪国内外先进的管理模式，调整内部的管理，使之与市场的变化和客户的需要相适应。以在城区成立抄表公司为契机，逐步推广公变台区管理，规范营销秩序，提高用电营销人员的各方面素质。加快整章建制，出台规范各项管理制度，对外树立优质服务的企业形象。

（八）稳妥实用的技术推广策略

积极在营销系统推广新技术，提高营销的自动化水平，以达到减人增效和优质服务的目标。在推广的过程中要积极稳妥，以实用为准则。在近期要充分利用当前成熟的计算机和通信技术，建设和完善电力营销管理系统，做到决策科学化，缴费银行化，管理集中化和考核制度化，以新技术的应用带动管理水平的提高。

三、总体策略的实施规划

（一）建立新型营销体制

近期首先实施向市场营销体制的转变。按市场需求设置营销机构，改用电管理机构为"电力营销"机构，其职能相应转变到市场筹划与开发、需求预测与管理、业务发展与决策、客户服务与支持、电力销售与合同管理、公共关系与形象设计、新技术、产品的开发与用电咨询、电费电价等方面，全面开展电力的售前、售中、售后工作，形成以客户服务中心为核心的电力营销管理体制，它包含主营系统、支持系统、监督系统三部分设置。

（二）拓展市场份额

运用灵活的电价政策，争取市场份额

根据市场需求的价格弹性，可把整个用电市场细分为价格刚性市场、价格弹性市场和价格敏感市场。运用"价格"扩大营销的目标市场是价格敏感型市场，如高能耗工业用户等。为此需要调整现行的用电政策，主要措施：对大工业客户实行超基数优惠电价、丰水期季节折扣电价，稳定工业用电市场；拉大分时电价差。利用价格杠杆启动分时用电市场。对居民生活用电实行两时段电价，引导居民的合理用电；对冰蓄冷空调、蓄热电锅炉及其他蓄能设备实行分时段优惠电价；遵循市场细分原则，对不同用电性质的客户采用不同的技术。

电解槽项目施工是电力热工自动化的常用技术，对电力工业化生产有着重要的作用。现分析了电解槽热工自动化技术的应用现状，并对其采取有效的评判标准与运用分析。

第三节　住宅小区供电模式

近几年来，居民住宅建设日趋现代化，居住环境标准日益提高，随之而来对供电质量、供电可靠性及环保的要求也进一步提高，因此给供电部门带来了新的需要解决的课题。长期以来，住宅建设与商用办公楼、宾馆和公共建筑相比，始终处于一种相对滞后的状态。由于历史原因和行业局限性，规划（或建筑）专业设计师在考虑住宅小区原始框架时，主要考虑的是小区的住宅建筑面积、容积率、绿化率、道路交通流程及配套的公用建筑等。而对小区电气方面的问题往往考虑不充分，如小区负荷水平的增长趋势如何预计，供电半径、供电模式是否合理，是否能够真正满足用户对可靠性的要求等一些深层次的问题。本文主要针对住宅小区供电模式进行探讨。

一、民用住宅小区建筑布局的几种方式

（一）多层型民用住宅区

多层住宅是指 6 层（可跃层至 7 层）以下的住宅楼，多层住宅基本上无地下层或半地下层。此类小区是结合老城区改造或利用新建住宅再配以公建设施进行配套建设。这类住宅一般占地面积不大，房屋排列有序，整个小区多成矩形或方形且房屋间距、层高统一。此类小区按负荷性质的划分，一般属三级负荷地区。部分高级多层公寓楼，配有电梯、生活给水泵，其电梯及水泵等为二级负荷。

（二）高层型民用住宅区

高层住宅是指 8 层及 8 层以上的住宅楼，高层住宅通常有一定层高的地下层或半地下

层，这类住宅区往往和多层型住宅并列建造，再辅以各类公建配套设施。此类小区占地面积较大，房屋及公建配套排列格局多变，房屋间距、高低不一。因涉及高层住宅楼，8层至18层消防泵等设施属二级负荷，层数大于等于19层消防泵等设施属一级负荷。

（三）开发区住宅群（别墅住宅群）

为适应对外开放的需要，在一些城市建造别墅式住宅区、庭院独立式住宅区、开发区商品房住宅（多层及高层）等多种形式。此类小区对环境及配套设施要求较高，总用电量较大，一般适应高层次住房及外事开放需要。未来沿江区通过土地出让或拍卖后所进行的房地产开发项目，一般均按规划实施，为标准较高的别墅、多层、中高层等建筑，建筑质量好，绿化、公共服务等配套设施完善，居住条件较好。未来沿江区以多层住宅为主最多不超过7层，以6--7层为主，而且存在一些中、高层型住宅并建的情况。

二、主要电气设备的选用

（一）箱式变电站

这是配电自动化的最主要设备，它将高压开关设备、配电变压器和低压配电装置按一定接线方案有机的组合在一起。箱式变的采用，可达到将10KV线路深入到负荷中心及降低线损的目的，而且少占用土地资源，是经济、方便、有效的设备之一。箱式变电站的主要种类有组合式变电站（即欧式箱变）和预装式变电站（美式箱变），在住宅小区中主要采用组合式变电站。为满足环境的要求，住宅小区的配变一般选用干式变压器。

（二）10kV环网柜

一般以负荷开关与熔断器相配合，当一路电源发生故障后，可切换到另一路电源供电。其主要特点是运行环境较好，外界影响因素较少，是住宅小区开关设备的首选方案。

（三）10kV开关站（开闭所）

住宅小区的供电一般采用以电缆作为配电主干线的方案，以环网开关柜为主，负荷开关柜根据所在小区负荷大小的要求设定出线回路数的多少。当进出线较多，规模更大时设置10kV开关站（开闭所），开关站中设进线柜、出线柜、计量柜和联络柜。

（四）电力电缆

为了满足小区环境需要，一般采用电缆环网供电。电力电缆作为电能的通道，其规格、型号、截面的选择对电网的可靠供电和经济运行至关重要，也是影响项目工程造价的重要因素之一。结合新建住宅小区土壤尚未稳定，容易产生沉降引起电缆损坏的特点及环网供电的特性，一般选用带钢带型的交联电力电缆，截面的选择应以全环网的最大供电负荷为计算依据，进行经济技术比较，在确保安全、可靠供电的前提下选用，同时兼顾项目工程的投资。

三、住宅小区供电模式

（一）新建住宅小区供电模式可采用的方案

方案 1：高压开关站（室外单建）+ 干式变压器、低压开关柜（设在住宅楼内底层、地下层或半地下层）。方案 2：高压开关站（室外单建）+ 单相干式变压器、低压熔丝（在住宅楼内）。方案 3：高压开关站（室外单建）+ 小型化箱式变电站（美式箱变，室外放置）供电。方案 4：设备齐全的箱式变电站（欧式箱变，室外放置）供电。方案 5：三型变电站（室外单建变电站，双台或 3 台变压器）供电（改进型）。方案 6：高压开关站、干式变压器、低压开关柜均建在室内（住宅楼内底层或半地下层）。

（二）方案

评价方案 1 与方案 6 较适用于高层住宅；方案 2 只用在多层住宅建筑中，且必须另外单建高压开关站；方案 3 和方案 4 较适合多层或小高层为主的住宅小区；方案 5 可用于多层及高层住宅为主的住宅小区，但用于高层住宅时不是一个很好的方案，不如方案 1 和方案 6。

四、住宅小区供电模式的选择

（一）高层或以高层住宅为主的住宅小区

当住宅是高层住宅或主要为高层住宅时，首选方案应为方案（6）或方案（1）；当住宅小区高层楼数较少，条件许可时，可优先选用方案（6）。由于高层建筑的特点，在垂直方向上负荷较为集中，故在住宅的底层或半地下层，选择适当的平面位置将整个变电站设置其中是合理的。它与三型站供电方式相比有如下特点（设两者容量相同，主接线方式相同）。

（1）因小区内没有额外的供电建筑，美化了小区环境，节省了土地，特别是在一些用地紧张的住宅小区，其优点更为突出。

（2）因变电站设在底层或半地下室中，接近负荷中心，供电质量得以提高，并节省了大量低压电缆，减少了施工费用，日后运行维护费用亦可降低。

（3）因变压器设在住宅楼内，按消防要求只能采用干式变压器，相对于三型站的油浸式变压器而言，变压器成本有所上升。以 1000kVA 变压器为例，每台干式变压器费用比油浸式变压器（S9）单价约多 5 万元，与 500kVA 变压器两者的差价在 3 万 --4 万元。但变压器成本的增加可从节省的土建费用和低压电缆费用中得到补偿。

（4）节约的土地费用为 6 万 --8 万元，500kVA，总体上方案（6）的总投资比方案（5）低 14%--25%。（5）设在住宅楼底层的变电站，可选择底层房型差、朝向不好、难以销售的部位安置。（6）当变电站设在半地下室中时，需采取防水、防潮、防霉等措施。采用方案（6）供电的高层住宅，供电容量最好不大于 2×1000kVA 通常一般在 2×800kVA 左右。当由于客观条件限制，如高层住宅楼数较多，或半地下室平面位置难以布置而不能采用方案（6）时，可改用方案（1）。这时，在小区内需建一座高压开关站，将变压器和低压开关柜仍设置在住宅楼内。以供电容量为 4×500kVA 为例，方案（1）仍比 2 座三型站（每座 2×500kVA）用地要少得多，其综合投资成本也低于 2 座三型站。此外，在高层住宅为主的小区中，采用方案（3）或方案（4）将受到一定的限制，其原因为：（1）当单幢高层住宅容量超过 500kVA 时，方案（4）因单台容量可做到 1000kVA 尚有考虑的余地，而方案（3）目前很难实现；（2）虽然箱式变单台可比三型站更靠近住宅楼，低压线损较低，但效果仍不如方案（1）或方案（6）好。

（二）多层与小高层的住宅小区

由于多层及小高层建筑结构的特点，多数无地下层与半地下层或半地下层高不够，则方案（1）和方案（6）无法实现，只能考虑方案（2）-- 方案（5）。而多层或小高层多为 1 梯 2 户及 1 梯 3 户的形式，以 6 层为例，每楼梯单元为 12 户或 18 户。因此，对于最常见的多层、小高层住宅小区，目前多是采用室外单建三型站的方式供电，一座三型站占地 80--160m²，安装容量为 2×500kV A--2×1000kV A，这样一座三型站的供电户数可以达到 170 户（6 层有电梯）--360 户（6 层有电梯）。郑晨泉：住宅小区供电模式的探讨 39 由于多层住宅容积率低，住户在平面上分布较广，造成供电半径过大（有的线路长度达 300 m），供电质量下降，仅靠增加电缆截面的方法来减少线路压降将导致投资过大。由于客观条件限制（主要是三型站占地较大），平面布局上调整较困难，很难克服上述缺点。箱型变电站体积小，占地少，仅为三型站的 1/10--1/15，施工便捷迅速，只要在它的外形及颜色上做适当选择，完全可以与小区内的环境协调一致，甚至成为一种独特的景观。把一座三型站"分裂"成 2--4 座箱式变后，不仅占地面积减少，而且使得站点布置十分灵活。4 座 500kVA 的箱式变电站的供电能力相当于一座 2×1000kVA 的三型站，箱式变电站易于深入负荷的中心，使得供电半径得以缩短。通常一座变电站的低压供电半径应在 150--180 m，才能保证末端的电压降小于 5%。单台箱式变电站的容量应不大于 500kVA，通常 200kVA 的容量就能满足近期居民负荷的要求。在小区内采用箱式变供电时，因能够深入负荷中心，使得低压供电线路大大缩短，故减少了大量低压电缆的购置和施工安装费用，日常维护也较方便。因此，在多层或小高层为主的住宅小区中，应推广应用符合国家标准的箱式变的供电方案。

（三）多层及高层混布的住宅小区供电方案

这种住宅小区实际上是前 2 种住宅小区的组合形式，其供电模式易优先采用方案（1）+ 方案（4）或方案（1）+ 方案（3），即在小区内单建高压开关站，而高层住宅仍采取将变压器、低压柜入室的方法（方案 1）。当每幢高层用电量在 630kVA 以下时，也可以单独使用方案（4）。

（四）多层住宅采用单相变压器供电方式

该方案在供电模式上比较新颖，但也存在一些不足：（1）变压器利用率低，单相变压器是非标产品需特殊加工，其每 KVA 成本高于同容量的三相变压器；（2）由于低压侧为单相 230 V，故低压电流可能较大；（3）当某台变压器检修或出现故障时，接在同一个电缆上的其他两台变压器也无法运行。由于住户对变压器的噪声问题比较敏感，而且小区内必须单建一座高压开关站与之配套，综合投资未必能较少，故该供电方案有待于进一步探索改进，目前尚不宜大面积推广。

（五）在高层或多层住宅小区采用三型站的供电方案

安装有 2 台变压器的三型变电站方案，在很长一段历史时期内，曾对统一住宅小区的供电方式及规范管理起到了积极的作用。三型变电站占地及体积一般都比较大，如占地在 9 m×15 m 左右，高度可达 6 m。最小的占地面积尺寸也在 6.9 m×9.0 m，高度为 9.7 m（2 层）。如再考虑四周 0.6–1.0 m 的散水坡占地，总的占地面积可达 10.5 m×10.0 m。由于三型站占地太大，造型不美观，在住宅小区中布局受到较多限制，很难深入负荷中心合理布局。但随着国内外电器产品的技术发展，在选用先进、经济的高、低压电器产品的基础上，合理地缩小变电站的体积，并采取适当措施改善变压器的通风条件，将变电站的高度降低 1–2 m 是可能的。另外，由于居民用电水平的提高，相对而言三型站的供电半径将大为缩小，并且因小高层住宅的出现（7–10 层，1 梯 2 户，有电梯无地下室）160–250 户居民在平面上的分布则更为集中。如果改进后的三型站体积缩小，站点的布置将更为灵活，特别对一些以高层为主的住宅小区将十分有利。

近几年，住宅建设已成为经济发展的新的增长点，随着大量的房屋开发和小区建设，其相应的配套设施也应跟上时代的步伐。住宅小区的供电模式应当保证安全可靠、经济实用、环保美观及运行维护方便，并具备一定的可适应发展性，从而满足居民生活的用电需求。

第四节　供电所安全管理

供电企业中的供电所已然成为人们现代生活中必不可少的部门单位，作为供电企业服务大众的一个窗口，其主要职责就是保证用电企业的安全正常运转和经营，满足人们的正常生产生活用电需求。但是，在现实供电过程中用电客户直接面对的是农村供电所，并非供电企业，因此供电企业形象的体现点在供电所，各项制度和任务的最终落实点和实施点也在供电所，所以抓好供电所管理尤其是安全管理是保证供电企业发展的基础。如安全抓不好，就无效益、稳定和发展之谈。供电所的安全管理的好坏直接决定着供电企业的安全管理水平。

一、供电所安全管理存在的主要问题

严格执行安全操作规程规范，结合实际，认真抓安全管安全，把安全工作落实到实处，做到有组织、有措施、有考核，就一定能把供电所安全工作抓好。但是，执行过程中稍有疏忽就会大打折扣，如隐患缺陷、线路故障跳闸、习惯性违章、意外伤害等，大大小小的问题就会频发，达不到预期管理效果。当前，在供电所岗位设置上，除供电所所长是安全管理的第一责任人外，安全员是安全管理的直接管理者。安全员管理是否到位，是否严格落实"三票一单一卡"、标准化作业现场指导卡、安全操作规程等安全措施，直接影响着供电所的安全管理水平。通过组织调查我们发现，供电所的安全管理确实也面临着巨大的压力和挑战：①供电所服务对象点多面广，管理难度大。供电网络遍布乡镇、农村的各个角落，地域广且分散。因施工操作、自然灾害、设备质量等诸多原因，线路及设备维护管理难度大。②农村安全用电意识还较为淡薄。由于安全用电认识不够农村私拉滥接线路、线下违章建筑、交叉和双电源等违章行为时有发生，加之盗窃、毁损、破坏电力设施等违法行为，直接威胁着农网设备和人员的安全。③安全措施执行不严格部分同志嫌安全组织措施、技术措施手续繁杂，会凭借工作经验人为简化手续。不带绝缘手套、不穿绝缘靴、不悬挂标示牌等习惯性违章现象时有发生，"三票一单一卡"、标准化作业程序、危险点分析等规程规范推进难度大。当前，供电所安全员不仅要承受外部形形色色的高低压用户自身安全隐患风险，还要面对内部员工在业扩报装、24小时故障报抢修服务、故障巡视、维修施工、应急保电等工作带来的安全压力。安全员要不断纠正别人的违章行为，对违反劳动纪律的人进行批评教育，还要敢于指出领导的违章指挥。由于部分职工存在侥幸心理，往往对安全员的提醒置之不理，甚至违章蛮干，安全员会感到费力不讨好。因此，岗位大多无人愿意涉足。

二、解决问题的思路和方法

针对以上情况，本文认为应开拓工作思路，从管理第一要素"人"抓起，着力打造一支拥有高素质和业务技能的安全管理队伍、一支敢抓、敢管、敢"得罪人"的安全管理队伍。

（一）转变身份角色彰显岗位魅力

实行公司派驻供电所安全员制度，供电所安全员在业务上由公司专业部门统一管理、统一考核，同时奖金分配适当向安全员岗位倾斜，提高其岗位自豪感，使供电所安全员岗位的魅力逐步显露出来，彻底解决以前谁都不愿意干的"角色"问题。

（二）实行竞聘上岗激发工作热情

供电所安全员采用竞聘上岗，采取公开报名—审核—考试—面试—公示的方式，在全公司范围内选拔出一批具有扎实的安全知识、较强的责任感、认真细致的工作作风、较强的心理素质和吃苦耐劳精神的人员，确保人员素质过硬。这样经过竞争上岗的安全员工作积极性必会空前高涨。让安全员不仅能主动与所长、技术员沟通相关生产任务，还参与到供电所全面管理当中，充分激发安全员的工作热情。

（三）完善管理机制奖罚分明到位

制定派驻供电所安全员管理制度，明确考核标准，加大对安全员的考核力度。实行周通报、月考核及年度排名和末位淘汰制度，通过考核，优秀安全员每月可多挣几百元奖金，并有机会获得最优安全班组和"年度安全生产先进个人"等荣誉称号；发生事故的则可能本月奖金清零，甚至被淘汰出局失去安全员岗位，从而激发安全员珍惜岗位、珍惜荣誉的正能量，提高了安全员的工作积极性。

（四）创新管理手段提高管理水平

供电所安全员团队在公司的统一业务整合下，不仅要做好本所的安全管理，还要参与到全公司的安全管理提升当中，做到人尽其才，才尽其用。通过深化"供电所管理提升"工程，不断完善安全管理标准，创新安全管理手段，强化安全检查监督。再通过开展"两清理"治理、"百日安全"活动、"无事故年"建设、安全性评价、无违章创建和安全隐患排查等一系列安全活动，通过供电所之间的互检互查、安全管理交流，进而提升供电所安全管理水平。

安全管理从人员抓起，创新管理机制，通过各种激励措施提高其积极性，做到人尽其才，最大限度地发挥他们的作用，再通过逐步实践和一步步完善，安全管理体系健全、安全职责及目标明确、安全监督体系完善、人人讲安全、人人是安全员的新局面必定形成。

第五节 供用电合同管理

随着我国市场经济不断发展，电力企业在日常生产、经营活动中，不可避免地要与外界进行大量的经济往来，供用电合同的签订是企业正常经营活动开展的有力保障，如何加强供用电合同管理，避免经济纠纷或损失，杜绝经济违法违纪行为，是深化完善供用电合同管理的必然要求，结合工作实际，应从以下几个方面加强供用电合同管理。

一、规章制度的建立健全是实行规范化管理的前提

实行规范管理要使合同管理规范化、法律化，首先要从制度入手，制定切实可行的合同管理制度，使管理工作有章可循。按照国家电网公司制定的统一的供用电合同格式化文本进行规范管理，内容包括：合同的归口管理、合同资信调查、签订、审批、会签、审查、登记、备案，法人授权委托办法，合同示范文本管理，合同专用章管理，合同履行与纠纷

处理，合同定期统计与考核检查，合同管理人员培训，合同管理奖惩与挂钩考核等。供电企业通过建立合同管理制度，做到管理层次清楚、职责明确、程序规范，从而使合同的签订、履行、考核、纠纷处理都处于可控状态，对供用电合同实行微机化管理，从而通过完善的管理制度，提高合同的签订率和使用率，以实现供用电关系法制化管理。

二、合同审核制度的制定执行是杜绝错漏保障

国民经济的迅猛发展，社会经济活动日益活跃，各种扰乱经济活动的不利因素如商业信用缺失等也随之出现，同时，供电公司内部诸多不完善因素也同样困扰着企业。因此，完善供用电合同的签订，明确供用电双方的权利和义务，对双方十分重要。要完善供用电合同的管理，审核制是一个重要环节，如何防范问题、发现问题、填塞漏洞，审核就是重点。严把审核关，使签订中存在的问题被提前发现并化解，保证企业和用户合法利益不受损害。供用电合同履行审核制度是一项涉及面较广的综合性工作，需要充分发挥制度的保证作用，需要加大对违规违纪行为的处罚力度。

三、完善合同履行监督体制，加强综合监督

借助监督我们可以清楚地看到供电合同的履行情况，从而及时找出与合同履行有关的影响因素，以便于及时地反馈将障碍排除，杜绝违约现象的出现，那么我们应该如何监督合同的执行力度呢？笔者认为应做好以下几方面的工作：一是建立健全有关规章制度，这是由于规章制度不仅是对法律法规的进一步延展，也是约束企业员工规范自身行为的准则，通过不断的修订和完善规章制度能确保规章制度贯穿于整个合同履行之中，在预防出现死角的同时还为合同的顺利履行提供了强大的安全支持。尤其在建立监督体制时必须对监督的形式、程序以及手段等进行量化规定，确保操作性强，以更加具体形象的监督工作促进合同的履行。二是必须确保维护制度具备严肃性，在监督过程中不仅要注重实际效果，还应强化监督职能，确保监督氛围的和谐性、监督网络的有效性。三是对于监督主体不同这一情况，应加上它们的协调，确保监督协调一致才能形成监督的有效合理化的监督合力，提高监督效率，并在此基础上着力改善因关系难以明确化而导致的监督主体的缺位，确保监督工作顺利有效地进行，但需要指出的是，这需要确保监督主体能自觉接受监督，而自觉监督离不开制度的约束，但是制度的晚上必须建立在人性化、合理化和科学化的基础之上，才能更好地加强监督，确保供电合同能够得以顺利的实施。四是监督网络要纵向到底，横向到边，全体员工广泛参与企业管理，做好事前、事中和事后的全过程监督，防止权力的滥用和权、利交易，引导全员监督工作步入良性轨道。

四、加强对责任人员的培训、教育

加强对合同管理相关人员的法律法规知识培训和通过学习提高他们的业务技能是提升企业生产经营管理水平的重要一环。普及知识需要培训，更新知识更需要培训，持续不断

的培训学习，是开发员工智能和技能的基本途径，能进一步加强员工对本职工作的正确认识，稳定其对自身工作的情感，从而能巩固原先良好的思维定式，保持积极的工作态度。制度的建立和相关人员的业务技能是合同履行的重要条件，随时从不同层面，通过不同的形式做好合同责任人员的素质教育，使规章制度全面落实。只有将职业教育与生产经营管理有机结合，有目的开展各种主题教育和时事教育，才能全面提高相关人员的思想道德水平，提高他们自我约束的能力，使企业经济环境健康有序地运作。

对以上几个方面均必须严格执行，既可以提高工作效率，也可避免检查工作拖沓、反复；制约检查人员是否有失职、越权或滥用职权行为，保护供电企业和客户的合法权益。同时，用电检查人员在进行检查时，应认真按有关用电检查的程序和合同内容进行工作，及时发现问题及时处理，确保供电企业和客户依法合法供用电。

五、供用电合同中电费违约金的适用

电费违约金的法律规定及冲突电费违约金指用户在供电企业规定的缴费期限内未缴清电费时，应承担电费滞纳的违约责任。《电力供应与使用条例》（以下简称《条例》）第三十九条规定：逾期未缴付电费的，供电企业可以从逾期之日起，每日按照电费总额的1‰至3‰加收违约金，具体比例由供用电双方在供用电合同中约定；自逾期之日起计算超过30日，经催缴仍未缴付电费的，供电企业可以按照国家规定的程序停止供电。《供电营业规则》（以下简称《规则》）第九十八条对电费违约金的比例做了更明确的规定。可见，供电企业具有法定的收取违约金的权利。我国《合同法》第一百八十二条规定："用电人应当按照国家有关规定和当事人的约定及时缴付电费。用电人逾期不缴付电费的，应当按照约定支付违约金。"由此可见，用电人因逾期或拒绝缴电费而导致承担电费违约金的具体数额和比例，必须在供用电合同中约定。如果没有约定，直接援引《规则》第九十八条予以收取，是不符合法律规定的。在电费违约纠纷中，电费违约金的承担是适用《规则》和《条例》，还是适用《合同法》，时常成为纠纷双方争执的焦点。

通常情况下，供电企业主张适用《规则》中规定的按照电费总额的1‰至3‰承担违约金；而用电人却因不知晓或无约定而不承认此规定对自己的欠费行为具有约束力，进而拒绝支付违约金的情况不为鲜见。电费违约金的适用解决电费违约金纠纷应适用《合同法》第一百八十二条及有关条款的规定，在合同双方没有约定逾期缴纳电费违约金的情况下，供电企业不可直接援引《规则》和《条例》的相关规定收取电费违约金，用电人也有权拒绝给付。若用电人基于误解或其他原因已经支付且事后没有达成补充协议的，可以要求供电企业退还。其依据如下，意思自治原则。意思自治原则是指合同当事人可以自由选择处理合同争议所适用的法律原则，它是确定合同准据法的最普遍的原则。意思自治原则在现行法律上的根据上，《民法通则》第四条规定民事活动应当遵循自愿原则；《合同法》第四条规定当事人依法享有自愿订立合同的权利，任何单位和个人不得非法干预。在供用电关系中，供用电双方当事人是平等的合同主体关系，其在不违反强制法的前提下，有权对

自己是否订立合同、和谁订立合同、合同权利义务、违约责任等做出约定，承担违约责任的唯一根据是已经生效的合同，故在没有明确约定违约责任且没达成补充协议的情况下，任何一方不得要求对方承担法律未明文规定的违约责任。上位法优于下位法，新法优于旧法。

《合同法》属国家基本法律，是由全国人大通过的，而《条例》属国务院行政法规，《规则》属电力部门行政规章。从法律地位上看，《合同法》属上位法，《条例》和《规则》属下位法；且《规则》和《条例》都是在1996年颁布实施的，《合同法》是在1999年颁布实施的，根据宪法及相关法律精神，当不同的法律对同一事项做出不同的规定时，上位法优于下位法，新法优于旧法，应优先适用《合同法》。对供电企业的启示严格规范供电企业电费管理制度供电企业根据不同的用户分类，制定严格的电费《工作标准》和《管理标准》，对于资信情况欠佳的用户要及时制定切实可行的电费收取计划，切不可对欠费用户姑息纵容，更不能一概而论，不调查实际情况而盲目的套用《规则》和《条例》，这不但不能取得良好的效果，还可能适得其反，为工作带来新的难题。完善供用电合同的违约金条款根据供用电关系的特征，供用电合同一般为格式合同，即合同文本由供电企业提供，用电人只需知晓合同内容，然后签字便可生效，对同一约定有不同理解的，做出有利于接受合同方的理解。供用电合同中对于违约金条款，往往只以"用电方逾期缴纳电费，按有关规定收取电费违约金"一笔带过，这样的表述往往使供电企业收取电费违约金因约定不明而无法操作，使得权利无法保障。故供电企业在供用电合同违约责任条款上应根据用户的实际情况协商而定，尽量避免格式合同所带来的弊端，对于承担违约金的比例、金额、支付方式等都要详细的约定。违约金的数额和比例要体现公平原则《合同法》规定的违约金的性质以补偿性为主，惩罚性为辅。违约金的使用既要尊重当事人对合同的自由原则，更不能漠视了《合同法》的公平原则。双方当事人有权约定违约金及损失赔偿额的计算方法，但当事人约定的违约金不得高于或低于损失。

在实际工作中，欠费人都是经营情况不好，资金周转困难的用户，如果适用《条例》和《规则》中规定的比例收取电费违约金，一般会出现违约金高而无法执行的情况，进而使得收取违约金的工作举步维艰。比如，某生产企业欠电费20万元，一年的电费违约金竟高达21.9万元（$20 \times 3‰ \times 365$），这明显无法体现市场交易的公平自愿原则，因而无法得到法院的支持。所以，约定一个合适的违约金承担数额，不但能促使用户积极地缴纳电费，更便于工作中的实际操作。正确使用其他途径保护电费债权法律设定违约金或当事人约定电费违约金，其目的都是为了更好的保护合同的履行和债权的实现，故违约金的收取只是手段，而并非最终目的。保护债权的方式有很多，供电企业可选择让用电人提供担保、债务抵消、申报债权、行使追偿权、行使撤销权等法律手段保护自己的合法权益。换句话说，供电企业只要能使自己的电费债权得以实现且不会对企业造成严重的后果，则不必要求对方支付巨额电费违约金，因为供用电合同为长期的供应合同，一旦对簿公堂势必影响企业的社会形象。

值得注意的是，选择适用欠费用户承担电费违约金责任，并不表明在用电合同中可不必对用电人的违约金承担责任，因为，严格的违约责任之约定，不但能保护受到侵害的债权及时得到恢复，对合同对方当事人也具有很大的约束和威慑作用，将有效制约其不按约定缴费的违约行为。

第六节　供用电安全措施

供用电安全的两个重要特点就是可靠、安全。它们是相辅相成，相互影响，相互制约的，因此必须放在同等重要的位置上。

一、供电可靠

供电可靠就是指一个供电系统对用户持续供电的能力。它是电力可靠性管理的一项重要内容，直接体现供电系统对用户的供电能力。供电可靠性一般利用供电可靠率进行考核。供电可靠率是指在统计时间内，对用户有效供电时间总小时数与统计期间小时数的比值，记做 RS-1。RS-1=（1- 用户平均停电时间 / 统计期间时间）×100% 由公式可以看出，要提高供电可靠率就要尽量缩短用户平均停电时间。影响供电可靠性的主要因素有：故障修复时间，作业停运率、作业停运时间，用户密度及分布等。提高供电可靠性措施：（1）不断引进新设备，从而降低设备的维护，延长设备检修周期。（2）加强线路绝缘，提高供电可靠性。（3）不断引进新技术，采用电网自动监控系统，在线监测电网状况，在线检测缺陷，用电脑分析电路系统故障，以及利用红外测温技术，做到故障及时发出与缺陷及时检修。（4）在保证安全的情况下开展带电作业的研究，减少设备停电时间。（5）加强配网维护与巡查工作，发现缺陷及时处理，提高设备完好水平。（6）杜绝无计划停送电，加强用电管理，尽量缩短停电时间，做好停送电的统筹安排，尽量做以一次停电多方维护，保证停送电的合理性与周密性。（7）制定供电可靠性管理方法。（8）加强培训、提高事故应急处理能力。供电系统电力可靠性管理是电力系统和设备的全面质量管理和全过程的安全管理，是适合现代化电力行业特点的科学管理方法之一，是电力工业现代化管理的一个重要组成部分。

二、用电安全

用电安全包括用电时的人身安全和设备安全。用电安全就是预防电气事故。电气事故有其特殊的严重性。当发生人身触时，轻则烧伤，重则死亡；当发生设备事故时，轻则损坏电器设备，重则引起火灾或爆炸。由于我们经常接触各种电气设备，因此必须十分重视安全用电问题，防止电气事故的发生。用电安全就是要降低和预防各类电气事故，常见的电气事故有触电造成的人员伤亡；漏电造成的火灾、可燃物的爆炸等；短路和过载造成的电路系统火灾、设备损坏；缺相、欠压、过压造成的设备不能正常运转；电气设备失爆造成的可燃物的爆炸；以及绝缘受损、保护失效、误操作造成的各种事故。

（一）触电及其预防措施

对于人来说安全用电就是要预防触电。电对人身的伤害就是指电流对人身的伤害，而决定触电危险性的关键因素是触电电压，而触电电压又与触电方式有关。触电方式一般有：（1）两相触电；（2）中性点接地的单相触电；（3）供电系统中性点不接的单相触电。防止触电的保护措施：（1）使用安全电压；（2）采用绝缘保护；（3）采用保护接地和保护接零；（4）安装漏电保护器；（5）将带电导体、电气元件和电缆接头等，都封闭在坚固的外壳内。在电气设备的外壳与盖子之间应有可靠的机械闭锁装置，以保证在接通电源之后，不能打开外盖；未合上外盖之前不接通电源，可有效防止发生触电事故；（6）井下电机车用的架空导线，应安装在一定的高度，以避免人员触电。

（二）漏电及其预防措施

漏电是供电系统中常见的电气事故，尤其是煤矿井下，如果供电电网发生漏电，不仅会引起人身触电，而且还可能导致瓦斯煤尘爆炸，甚至使电气雷管提前引爆。此外，大量的漏电电流，还可能使绝缘材料发热着火，造成火灾及其他更为严重的事故。预防漏电的措施：（1）向井下供电的配电变压器或发电机及井下配电变压器中性点严禁接地；（2）采用安全可靠的漏电保护装置；（3）电气设备采用保护接地；（4）对于接触机会多的电气设备，采用较低的额定电压；（5）加强电气设备的运行维护。对于井下低压电网的漏电保护装置应做到如下几点：（1）不间断地监视被保护电网的绝缘状态，当绝缘电阻降低到下列值时，应及时切断其供电电源：对于 1140V 电网，动作电阻值为 20 千欧；660V 电网，动作电阻值为 11 千欧；对于 380V 电网，动作电阻值为 3.5 千欧；（2）动作迅速；（3）电网对地的电容电流能够进行有效补偿；（4）动作必须灵敏可靠；（5）动作应有选择性。

（三）防止误操作的有关措施

（1）进行专门培训，熟悉操作流程；（2）操作地点有操作顺序的明显标识；（3）可设置闭锁装置，如误操作则闭锁不会打开而不能进行操作；（4）操作时可一人操作一人监护。

（四）电气设备的防爆

煤矿井下及具有挥发性可燃气体场所、可能产生爆炸危险的粉尘场所的电气设备应具有防爆性能。对于以上场所，电气设备的失爆极有可能引起爆炸，所以这样的场所的电气设备必须具有防爆性。电气设备的防爆措施：（1）采用本质安全技术；（2）采用间隙隔爆技术；（3）采用增加安全程度的措施；（4）采用快速断电技术。另外，对于煤矿井下一定要杜绝超长距离供电。

三、提高供用电安全要不断引进新技术，使用新材料

1. 保证供用电安全必须有必要的保护。传统的继电保护使用的都是磁力机构，保护的动作主要反应在脱扣线圈带动的弹簧机构是否能够及时动作，断开电气回路，弹簧都会产生疲劳，会造成动作与设计不符或误动作与拒动作。应该不断研究开发新的动作机构克服这个缺陷。ABB 新一代电子保护脱扣器功能丰富，对电流的真实值反应灵敏，只需要简单的敲键就能完成系统的控制。

2. 绝缘原因造成的电气事故也很多，所以绝缘新材料的研究也是一个很大的课题。还可以对设备设置双重绝缘结构，将主带电体与操作控制部分隔离保证操作者在正常操作装置期间的安全。

3. 逐步引进自动化技术，网络监控技术，开发各类软件，对电网进行监控，故障预警，故障分析判断，设备缺陷在线监测。来保证电网安全可靠运行。还可以考虑一些线路相间采用完全地隔离，避免操作时造成相间短路事故。

4. 在一些特殊场所或高压区域操作电气设备时可采用遥控技术，可避免误操作或其他失误造成的人员伤亡。

5. 电网的越级跳闸也是常见的一类事故，越级跳闸就是下一级的电网事故越级顶了上一级的供电设备。这类事故一般是下一级用户设备拒动作或动作时间没有设置好。现在已经有软件能够解决这一问题。

6. 完善和增加保护单元，可设置多重保护，提高保护性能。

第七章　南方电网技术

第一节　南方电网的信息安全技术框架

安全策略框架为信息安全提供管理指导和支持。它需要制定一套清晰的指导方针、并通过在组织内对信息安全策略的发布和保持来证明对信息安全的支持与承诺。安全组织框架用以保证在组织内部开展和控制信息安全的实施。安全运作框架是整个 IT 安全框架的驱动和执行环节。一个有效的 IT 安全组织会在 IT 安全策略的指导下，在 IT 安全技术的保障下，实施安全运作 OTT 安全技术框架是整个 IT 安全框架的一个重要环节，是整个框架得以有效实施的技术保障 OIT 安全技术框架的建立是在满足 ISO17799 体系架构的基础上发展而来的。

年安全技术框架的核心要素包括：鉴别和认证、访问控制、审计和跟踪响应和恢复、内容安全。一个具体的安全产品可能包含多个部分的内容和内涵。

一、访问控制

对于南方电网的访问控制，应考虑：

（一）全面进行访问控制

访问控制需要在系统的各个层次、各个环节、各个部位进行全面的部署。不仅要注意网络的访问控制——防火墙注意操作系统的访问控制，而且要对所有系统的访问控制能力予以关注，特别是加强应用系统的控制。

（二）充分实现 RM 机制

（1）访问控制是一个基于 RM 模型的安全机制。因此在部署访问控制时就要注意 RM 模型的特点，并应注意要保证访问控制机制不能被绕过，这不能通过访问控制机制本身而要依靠正确地部署和其他环节的配合。

（2）要保证访问控制的控制规则被正确地制定，比如操作系统用户的授权、防火墙的过滤规则等，这规则不是控制本身决定的。

（3）控制规则应当被定期地检查，保证规则的正确性、一致性、有效性等。

（三）在网络层面上

在网络层面上要成功地部署访问控制机制，关键是要对于网络进行合理的安全域划分。靠整个网络根据地理条件、业务特点、管理要求等方面的需求，划分为一些网络区域安全域。

访问控制应当被正确地部署在安全域的边界，成为网络边界安全防护体系的中坚。路由器和防火墙是网络安全访问控制的主要产品表现形式。

（四）在主机和操作系统层面上

主机和操作系统访问控制是在网络区域防护之后的粒度更细的防护。操作系统访问控制的能力需要通过主机的漏洞扫描和加固服务来加强。

（五）在应用系统层面上

（1）在应用系统上很好地实现访问控制，可以从两个角度考虑田在特殊的应用系统的开发和配置过程中，充分考虑访问控制的要求，将其功能融合在应用系统中。

（2）在南方电网内部，除了大型应用系统之外其他应用系统都逐步向基于 Web 的应用系统转变，之后需统一部署针对 be 应用的访问控制。

二、审计和跟踪

目前南方电网在安全审计和跟踪体系方面的建设还很薄弱，很多方面都没有建设，如入侵检测和弱点扫描等建议南方电网的审计和跟踪体系主要由日志系统和入侵检测系统为主组成，并在完善这两个系统的基础之上再发展其他审计和跟踪技术。

（一）日志系统

由网络设备产生的日志称为网络设备日志由主机服务器产生的日志称为主机（操作系统）日志由应用程序产生的日志称为应用系统日志，安全产品产生的日志称为安全生产日志系统。

在理想情况下，一个日志系统应该能够对 IT 系统中的所有设备、主机系统和应用系统进行集中的管理，包括日志的收集、存储和分析。

1. 建立集中式日志系统

南方电网需要建立一套集中式的日志管理系统，对网络设备、主机服务器（以 Windows NT/2000、UNI 为主是信息安全产品和应用系统的日志进行集中的日志收集、存储、查询、分析、报告和备份。

2. 实现日志工具辅助分析

南方电网 IT 系统收集非常大量的日志，要在大量的日志信息之中寻找关键的日志，犹如大海捞针，需要采用日志分析工具协助管理员进行日志的分析和查询。

（二）入侵检测系统

目前整个南方电网的信息系统还没有部署入侵检测系统，因此，南方电网需要建立入侵检测系统，及时发现内部和外部的入侵攻击行为，并采取多种响应方式，保护网络免受攻击。

入侵检测系统的部署原则：

（1）在 Internet 和外部网络能直接访问的服务器上配置基于主机的入侵检测系统；

（2）在关键的业务系统主机上，为防止主机入侵检测系统对主机的性能影响和软件冲突等问题，不建议安装基于主机的侵检测产品而是在其所在网络上安装基于网络的入侵检测产品；

（3）基于网络的入侵检测产品只需要部署在两种地方。在重要服务器所在的网络部署以检测和响应对资源的来自内部和外部的攻击行为，在与信任度低并存在入侵威胁来源的网络的连接处部署以便及时检测和响应来自外部的攻击行为。

（4）如果网络速度超过 100KM（如千兆网络），配置支持千兆的网络入侵检测系统。

（三）协议分析和统计

对于南方电对 IT 网络进行协议分析和统计可以作为入侵检测系统的补充，特别是对于异常情况的发现和分析非常有帮助，并且对网络的可用性管理方面也大有帮助。

（四）对用户网络行为进行监控

为防止南方电网机密信息的外泄，保护过程要数据和信息免受恶意用户窃取和误用，需要对用户的网络行为。

用户网络行为监控系统的部署原则

（1）在重要的应用服务器网段配置数据包收集器，监视服务器的访问；

（2）在网络出口处配置数据包收集器，监控出去外部网络的数据包；

（3）重要的业务部门内部的网络通信。

（五）日志和监控系统自身安全

要求日志和监控系统自身具有安全的体系结构，得到适当的保护，日志和监控信息在收集、传输、存储、处理等各个环节均要求安全可靠，不被入侵者监听、窃取、修改和删除。

（六）系统弱点扫描

南方电网各类系统主机和数据库等，存在许多系统本身的弱点、配置不当造成的弱点和软件更新不及时造成的弱点，这些弱点很有可能会让恶意的攻击者非法控制这些主机，对南方电网的信息系统造成很大的损失。

系统弱点扫描性检查是一个非常有效的、简单的安全方法，通过扫描检查可以发现系统是否有安全弱点，并对系统弱点进行专家分析，指导如何处理安全弱点提高系统的整体安全性。在系统弱点扫描方面有不少成熟的产品和技术南方电网只需要购买相应的产品定期对南方电网信息系统中的主机和设备进行扫描，发现其中的问题，并根据扫描的产品提供的帮助，对系统的弱点进行修补，减少系统的弱点，就可防止信息系统被恶意的攻击者突破。

三、响应和恢复

根据南方电网的信息系统现状，应实施业务连续性管理程序，预防和恢复控制相结合将灾难和安全故障（可能是由于自然灾害事故、设备故障和蓄意破坏等引起）造成的影响降低到可以接受的水平。

业务连续性管理应该采用控制措施，确定和降低风险限制破坏性事件造成的后果，确保重要操作及时恢复。

四、内容安全

（一）加密体系

为了保护信息的秘密性、真实性或完整性，对于被视为面临风险的信息和其他的控制措施不能对其提供足够保护的信息应当使用加密系统和技术。

1. 通道加密——VPN

VPN 技术是一种比较成熟的安全通信技术，目前有专门的 VPN 技术产品，也有像结合路由器或防火墙等网关设备提供的 VPN 的产品，这些不同类型的产品中，有硬件形式，也有软件形式的，但基本功能和配置都类似。

南方电网可以直接根据各个业务项目的实际需求来考虑 VPN 技术的采用。

2. 内容加密

在目前的情况下，南方电网需要考虑内容加密的工作，包括对存储在文件服务器或者个人电脑上的文档进行加密（文件存储加密）。

与第三方通过 Email 进行信息交流（Email 加密）。

3. 加密的支撑体系

对于南方电网的加密体系而言，无论是通道加密还是内容加密，都需要一个基础的支撑体系。

公钥密码体制和私钥密码体制各有其优缺点因此在使用中大都采用这两种密码体制相结合的方法。

建议南方电网的加密支撑体系将两种密码体制结合考虑。公钥密码体制方面建议采用

PK 体系；私钥密码体制方面选用一个或多个国际标准的对称加密算法（如 DES、AES 等）作为企业加密标准，同时还需考虑选用相应的开发工具包和应用软件包。

（二）内容过滤系统

南方电网应通过内容过滤系统实现对 E-mail 引入通讯的监控和 URL 的过滤等。主要关心：

1. 是否有员工将公司内部的文件通过 E-mail 和 HTTP 等网络通信手段泄漏出去。

2. 是否有员工访问公司限制访问的网站及内容。

（三）防病毒体系

1. 单机版

单机版本的防病毒产品是发展最早的防病毒技术。单机版的防病毒产品，应当部署给不与网络连接的单独的计算机或者移动用户的笔记本电脑。

2. 企业版

（1）企业级桌面

企业级面毒防病毒系统区别于一般的单机版防病毒系统的特点就是每一个连接网络的桌面单机都被强制性地安装了防病毒产品。所有桌面的防病毒产品的更新升级、定期扫描等工作都由企业及桌面系统的中央管理控制中心统一管理。

（2）管理

对于一个拥有大量网络桌面单机的企业一定要安装企业级桌面防病毒系统。

（3）文件服务器

文件服务器是在内部网络中传播计算机病毒的重要渠道。文件服务器防病毒系统就是在文件服务器中文件的存储和访问中，查找并且清除计算机病毒。

（4）群件服务器

群件服务器防病毒，主要就是指电子邮件服务器的防病毒。对于进出电子邮件服务器和其中各个信箱的邮件进行病毒检查，当发现含有病毒的邮件时，可以做出记录，并且自动清除该病毒或者该附件。

（5）网关

网关防病毒，特别是互联网和内网之间的网关防病毒已经成为目前解决互联网病毒传播的重要手段。网关防病毒也是目前防病毒技术发展的最新方向。防病毒网关一般部署在互联网和内网之间，可以和网络防火墙配合，形成一个安全网关。

3. 防病毒系统的部署原则

（1）多层次的纵深防范

由于计算机病毒传播的途径多种多样，因此，在企业中部署防病毒产品必须在可能的传播途径上都部署防病毒的产品。这就意味着，整个防病毒体系必须是一个多层次的纵深防护体系。需要将单机防毒、企业桌面防毒、服务器防毒软件网关防毒等防病毒体系整合在一起完成全面防病毒的工作。

（2）防病毒代码的更新

防病毒体系对于病毒的防范能力除了其体系结构具有很大影响之外，更加关键的就是防病毒产品能否应对最新的病毒。

（3）防病毒体系的集中管理

为了避免由于客户自身对于计算机病毒的知识不足、经验不够、意识不强等原因导致的防病毒体系不能有效地发挥作用，应当建立企业级的防病毒集中管理中心，它可以管理企业中部署的各种各样的防病毒产品。

为了能够实施上述几种管理，一般建议整个企业用单一品牌的防病毒产品为主在个别重要单机和服务器采用另外个品牌的产品作为补充。因此，选择一个恰当的防病毒品牌、一个完善的防病毒产品系列、一个可靠的防病毒服务体系是非常重要的。

第二节　南方电网应急通信网技术

南方电网应急通信网要确保在严重自然灾害下，总调、中调和地调之间以及与重要电厂、变电站之间的调度电话和调度自动化业务不得中断，确保电网抗灾及恢复需要；不得因通信通道原因迫使线路或机组停运或无法恢复，确保电网所有设备有保护地运行。

一、应急通信技术选择

目前，国内外采用的通信技术有光纤、微波、卫星、载波、移动通信等；光缆敷设主要有普通架空、地埋、海底光缆、电力 OPGW、电力 ADSS、电力 GWWOP 等方式。相关信息数据分析显示，不同的通信技术在应对不同自然灾害能力方面各有所长。

（一）OPGW/ADSS 光缆与地埋光缆

目前，光缆的敷设方式主要有两种，即架空（OPGW、ADSS 等）和地埋（管道光缆）。OPGW/ADSS 采用架空方式敷设于输电线路上端，整体的抗灾能力较强，但对大规模凝冻天气造成的冰灾抵抗力相对较弱。地埋光缆由于埋在地下，因此抗台风、冰灾等自然灾害的能力较强。但是面对洪水、台风等自然灾害时，由于电力架空光缆附挂在线路铁塔上，依托铁塔基础坚固的特点，只要洪水不冲垮线路铁塔，台风不刮倒铁塔，OPGW/ADSS 都是非常可靠的。地埋光缆在抗洪水冲击等自然灾害的能力则较弱，容易被冲毁。OPGW/ADSS 光缆与地埋光缆的抗灾能力形成互补。

（二）公用通信网与电力通信网

电力通信专网采用的光纤通信技术与其他公用通信网所采用的是同样的技术，但在路由组织、设备配置方面。公用通信网有强大的移动通信、卫星通信、无线通信等技术，可用于传输低速数据、语音业务、抗灾能力相对较强。在应急状态下，公用通信网可与电力通信网在调度电话等语音类业务上形成互补。

（三）厂站至调度机构的调度电话和调度自动化业务

厂站至调度机构的调度电话和调度自动化业务可用不同敷设方式光缆来提高抗灾能力，不具备地埋光缆条件的厂站可采用卫星通信等无线通信来保障。电力线载波是线路保护优秀的应急通信手段，能够随着受灾线路的抢修同期修复，做到线路在通信在。南方电网应急通信网的主要建设原则如下：重要电厂、变电站的 220kV 及以上线路架空光缆全部同时中断情况下，仍应保障调度电话、调度自动化业务不中断；总调、中调应具有不少于 3 个通信出口方向，光缆敷设方式宜采用地埋、管道等方式；·冰灾范围内的 220kV 及以上电压等级的重要变电站、电厂，应建设地埋光缆或采用低电压等级线路等架空方式进站的光缆，遵循"就近接入"的原则接入地区电网通信网络；冰灾范围内不具备敷设光缆的 220kV 及以上电压等级的重要变电站、电厂，应采用电力载波和卫星通信方式；地区通信网应预留必要的应急通信技术接口；各级调度机构之间应急通信可利用公网地埋光缆、基于 SDH 技术的通信电路；重要 500kV 线路至少保留一路复用电力线载波通道，确保继电保护、调度电话和调度自动化业务的应急通信；·具有应急光通信迂回路由的重要 220kV 站点，原则上不更换高频收发信机，不具备迂回路由的站点应保证至少一条线路采用复用电力线载波方式。

二、主干应急通信技术方案

（一）变电站 / 换流站

就近接入应急光缆南网主干网节点为了抵抗冰雪灾害，充分利用地区通信网络，需要就近建设地埋光缆把主干网节点连入地区电力通信网。基本思路为自建一段公网地埋光缆点至厂站的地埋光缆，再租用公网地埋光缆纤芯资源与自建光缆连电信科学 2010 年第 12A 期接，配置光口把厂站与地区通信网互联。

（二）卫星通道建设

在不具备条件建设地埋或低电压架空光缆变电站、电厂采用卫星应急通信方案。卫星通信频率分两种：分为 C 波段链路线和 K/A 波段链路。C 波段链路的抗雨率能力和受天气变化影响较小，链路通道质量较高，但建站费用较高。C 波段链路和 K/A 波段链路通道，带宽都可以从 64kbit/s 颗粒到 2Mbit/s，卫星通信每一跳（上卫星到下卫星通信）时延约 300 ms-500 ms。南网总调租用公网传输带宽接入公网卫星通信广州关口局，各远距离电厂安装 2.4 m 卫星天线一套，并租用 2 × 64kbit/s 双向卫星链路。电厂可与中心站通过卫星链路和地面光纤链路实现语音数据通信。电厂 RTU 装置关闭 AGC、PMU 功能，减小通信流量到 64kbit/s 带宽内。超高压公司还配置 1 台移动卫星通信车，能够快速临时组织受灾站点的业务通道。

（三）应急通信

电路组织建设应急光缆的站点利用应急光缆把站内主干传输网设备与本地区传输网设备互联，通过组织跨地区网、省网、南网主干网形成应急站点到总调的调度自动化和调度电话应急 2Mbit/s 电路，为没有载波通信的线路保护两站点间组织保护业务应急通信电路。当冰灾情况进一步恶化，电力专网应急通信电路也发生中断，立即启用中国电信 2Mbit/s 电路应急通信电路（长期租用或临时租用），作为业务应急通信电路的备用。使用电力应急通信电路和公网 2Mbit/s 电路传输线路保护业务时，原光纤差动保护要更换成距离保护，以适应电力应急通信电路时延长，公网 2Mbit/s 电路时延长且开通自愈保护功能的特点。原有载波通信的线路保护业务仍然把载波通道作为应急通信通道使用，当线路受灾后，应随线路修复同期修复载波通道。

（四）主干 EMS 应急通道

总调 EMS 专线通道分为 E1+ 路由器方式和传输网 MSTP 专线方式。对于 E1+ 路由器方式，应急时直接把常规 E1 端口改接到应急 E1 端口上，对于传输 MSTP 专线方式需要在总调和站点加装协议转换器，形成应急二层以太网透传通道。南网总调自通信机房配置插卡式协议转换器和以太网交换机汇聚各站点的 EMS 专线。以太网交换机汇聚各协议转换器后，配置 VLAN Trunk 与自动化机房 MSTP 板卡连接，与原有 EMS MSTP 专线通道配置在一个同一个 VLAN 中，各站 RTU 的网关仍然为自动化 EMS 路由器。应急操作时只需插拔网线，不需修改路由器配置。

三、主干应急通信网测试效果

南网总调对主干应急通信网全部应急业务通道进行了逐一测试，共分为 3 类：电力应急通信通道、电信租用 2Mbit/s 应急通道和卫星应急通道。

经过实际测试，应急通道全部发挥应急作用。按照主干应急通信电路运行预案，当正常通信通道中断时，启动应急通信网即可保障调度电话、调度自动化、线路保护业务的畅通。

第八章　网络信息安全

第一节　概述

网络安全包含网络设备安全、网络信息安全、网络软件安全。黑客通过基于网络的入侵来达到窃取敏感信息的目的，也有人以基于网络的攻击见长，被人收买通过网络来攻击商业竞争对手企业，造成网络企业无法正常运营，网络安全就是为了防范这种信息盗窃和商业竞争攻击所采取的措施。

一、简介

随着计算机技术的飞速发展，信息网络已经成为社会发展的重要保证。信息网络涉及国家的政府、军事、文教等诸多领域，存储、传输和处理的许多信息是政府宏观调控决策、商业经济信息、银行资金转账、股票证券、能源资源数据、科研数据等重要的信息。其中有很多是敏感信息，甚至是国家机密，所以难免会吸引来自世界各地的各种人为攻击（例如信息泄漏、信息窃取、数据篡改、数据删添、计算机病毒等）。通常利用计算机犯罪很难留下犯罪证据，这也大大刺激了计算机高技术犯罪案件的发生。计算机犯罪率的迅速增加，使各国的计算机系统特别是网络系统面临着很大的威胁，并成为严重的社会问题之一。

二、特征

网络信息安全特征保证信息安全，最根本的就是保证信息安全的基本特征发挥作用。因此，下面先介绍信息安全的5大特征。

1. 完整性

指信息在传输、交换、存储和处理过程保持非修改、非破坏和非丢失的特性，即保持信息原样性，使信息能正确生成、存储、传输，这是最基本的安全特征。

2. 保密性

指信息按给定要求不泄漏给非授权的个人、实体或过程或提供其利用的特性，即杜绝有用信息泄漏给非授权个人或实体，强调有用信息只被授权对象使用的特征。

3. 可用性

指网络信息可被授权实体正确访问，并按要求能正常使用或在非正常情况下能恢复使用的特征，即在系统运行时能正确存取所需信息，当系统遭受攻击或破坏时，能迅速恢复并能投入使用。可用性是衡量网络信息系统面向用户的一种安全性能。

4. 不可否认性

指通信双方在信息交互过程中，确信参与者本身，以及参与者所提供的信息的真实同一性，即所有参与者都不可能否认或抵赖本人的真实身份，以及提供信息的原样性和完成的操作与承诺。

5. 可控性

指对流通在网络系统中的信息传播及具体内容能够实现有效控制的特性，即网络系统中的任何信息要在一定传输范围和存放空间内可控。除了采用常规的传播站点和传播内容监控这种形式外，最典型的如密码的托管政策，当加密算法交由第三方管理时，必须严格按规定可控执行。

二、模型框架

1. 网络安全模型

通信双方在网络上传输信息，需要先在发收之间建立一条逻辑通道。这就要先确定从发送端到接收端的路由，再选择该路由上使用的通信协议，如 TCP/IP。

为了在开放式的网络环境中安全地传输信息，需要对信息提供安全机制和安全服务。信息的安全传输包括两个基本部分：一是对发送的信息进行安全转换，如信息加密以便达到信息的保密性，附加一些特征码以便进行发送者身份验证等；二是发送双方共享的某些秘密信息，如加密密钥，除了对可信任的第三方外，对其他用户是保密的。

为了使信息安全传输，通常需要一个可信任的第三方，其作用是负责向通信双方分发秘密信息，以及在双方发生争议时进行仲裁。

一个安全的网络通信必须考虑以下内容：

实现与安全相关的信息转换的规则或算法；

用于信息转换算法的密码信息（如密钥）；

秘密信息的分发和共享；

使用信息转换算法和秘密信息获取安全服务所需的协议；

2. 信息安全框架

网络信息安全可看成是多个安全单元的集合。其中，每个单元都是一个整体，包含了多个特性。一般，人们从三个主要特性——安全特性、安全层次和系统单元去理解安全单元。

（1）安全特性

安全特性指的是该安全单元可解决什么安全威胁。信息安全特性包括保密性、完整性、可用性和认证安全性。

保密性安全主要是指保护信息在存储和传输过程中不被未授权的实体识别。比如，网上传输的信用卡账号和密码不被识破。

完整性安全是指信息在存储和传输过程中不被为授权的实体插入、删除、篡改和重发等，信息的内容不被改变。比如，用户发给别人的电子邮件，保证到接收端的内容没有改变。

可用性安全是指不能由于系统受到攻击而使用户无法正常去访问他本来有权正常访问的资源。比如，保护邮件服务器安全不因其遭到 DOS 攻击而无法正常工作，是用户能正常收发电子邮件。

认证安全性就是通过某些验证措施和技术，防止无权访问某些资源的实体通过某种特殊手段进入网络而进行访问。

（2）系统单元

系统单元是指该安全单元解决什么系统环境的安全问题。对于现代网络，系统单元涉及以下五个不同环境。

物理单元：物理单元是指硬件设备、网络设备等，包含该特性的安全单元解决物理环境安全问题。

网络单元：网络单元是指网络传输包含该特性的安全单元解决网络协议造成的网络传输安全问题。

系统单元：系统单元是指操作系统包含该特性的安全单元解决端系统或中间系统的操作系统包含的安全问题。一般是指数据和资源在存储时的安全问题。

应用单元：应用单元是指应用程序包含该特性的安全单元解决应用程序所包含的安全问题。

管理单元：管理单元是指网络安全管理环境，网络管理系统对网络资源进行安全管理。

（3）安全拓展

网络信息安全往往是根据系统及计算机方面做安全部署，很容易遗忘人才是这个网络信息安全中的脆弱点，而社会工程学攻击则是这种脆弱点的击破方法。社会工程学是一种利用人性脆弱点、贪婪等等的心理表现进行攻击，是防不胜防的。国内外都有在对此种攻击进行探讨，比较出名的如《黑客社会工程学攻击 2》等。

第二节 网络设备安全

一、网络设备安全

（一）网络设备存在的安全性问题

1. 设备系统漏洞

网络设备作为专用的主机，也有自身的操作系统，系统存在漏洞是不可避免的，比如思科近期发布的系统漏洞涉及了许多方面：SNMP 消息处理远程拒绝服务漏洞、IPv6 畸形本地报文拒绝服务漏洞、防火墙认证代理缓冲区溢出漏洞、Cisco IOS 系统定时器堆栈溢出漏洞等。其他品牌的设备也存在类似的情况。

2. 缺省配置的安全隐患

网络设备为方便管理和使用，缺省开启了一些网络服务，如 HTTP 服务、FINGER 服务、TCP/UPD small server 服务等；还缺省提供了一些网络设置，如缺省 SNMP 通信字；缺省管理 IP 地址；缺省开启 IP 源路由；缺省开启 IP 定向广播；甚至缺省管理密码等。

3. 配置疏忽

常见的管理疏忽有：为了初始配置简单能使网络用起来，配置了简单的口令、简单的 SNMP 通信字，开启了 TELNET 的安全隐患，未启用远程日志管理等。

（二）网络设备的安全措施

1. 升级设备操作系统

定期检查操作系统漏洞发布信息并及时更新，目前一些厂商已经提供如微软自动升级系统类似的工具，如思科，在管理软件（Cisco Works 2000）的统一管理下，能自动访问思科网站，并自动为各类网络设备升级 IOS。及时升级操作系统不但能防止已发现的漏洞被利用，同时能获得更高级别的安全性。

2. 设置账号和口令及启用 AAA

弱口令的现象比较普遍，通过一些工具进行尝试后能比较轻易地得到密码，这样的问题往往被忽视。启用 AAA（认证、授权、记账）后，可以通过远程认证库认证并分级实施对设备的管理，还能记录所有使用者的使用痕迹。

3. 远程日志记录

网络设备的日志系统通常都只是将日志记录在本地，很容易被删除或由于存储空间的原因而只保留较少部分，通过存放到远程服务器（启用 SYSLOG 服务）上，管理员既能统一发现所有网络设备的各类故障，也能保存遭受攻击的相关痕迹而为追溯提供的信息。

4. 启用 SSH 安全会话

在网络设备上启用 telnet 能使管理员方便地远程管理各网络设备，但由于固有的明文传输密码等缺陷，这种方式非常容易遭到窃听而存在比较大的安全隐患，通过采用加密传输信息的 SSH 方式管理设备是非常必要的。

5. 关闭服务

缺省开启的服务一般都能给用户带来方便，但以下列出的服务都存在一些安全隐患，建议将这些服务手工关闭。

6. 加固访问端口

无论是管理员还是攻击者对网络设备的访问一般通过 CONSOLE、VTY 和 AUX 端口，除了加强密码强度外，在这些端口上应用访问控制是非常必要的，而且最好设置空闲时间参数，以防管理员下线前或非正常下线后留下的漏洞被利用。

7. 加固 SNMP

简单网络管理协议对于网管软件是必需的配置，但目前的网络设备上缺省的 SNMP 版本均为 V1 或 V2，安全性不够，采用 V3 版本的 SNMP 时，认证通过 MD5 加密，安全性大大提高。

8. 网络设备的物理安全

如果没有物理安全，攻击者可以方便地重新设置管理密码，甚至物理破坏。所以，物理安全是以上一切安全措施的基础。

（三）网络设备安全性评估

网络设备的安全性问题应该从以下几个方面来评估：物理安全性评估、设备安全密码性评估、设备端口安全性评估、组织人员安全性评估、等级保护策略性评估、访问控制性评估、信息系统安全性评估、网络设备安全性审计评估等等，达到这些基本的安全要求我们就可以说这些网络设备是安全的。

1. 环境与实体安全评估

首先是物理安全，只有设备本身的物理安全才是基本的安全，如果设备的本身的物理安全性遭到破坏，就谈不上通信的数据的安全。对于物理安全方面我们可以通过以下几个方面来评估。看设备放置的场所是否安全可靠；防火防水防盗；机房的安全很重要；出入是否采用门禁制度。再看设备是否具有异地备份或冗余，这样一旦发生破坏我们就可以以最短的时间来达到服务的不中断。

2. 设备登录安全性评估

第二个就是设备的密码安全。密码是我们访问设备的一个基本的安全要求。密码安全主要看设备是否更改了默认的用户名和密码，是否开启了安全会话如SSH；新设置的密码是否达到了信息安全；安全性要求的国际标准；如至少要包含大写字母、小写字母、数字、特殊字符等等。

3. 设备端口安全评估

第三个就是看设备的端口安全。如果一个设备很容易就被接入，那么它的安全性就已经降低了一半了，这里我们可以从以下方面来评估，看是设备的端口是否有安全锁，第二看设备是否配置了端口安全，如路由器交换机的登录要有密码，交换的端口配置了端口安全，如MAC地址绑定、IP与MAC的绑定，是否开启了端口安全认证（802.1X）。

4. 组织与人员安全评估

第四个就是人员安全了。说到底安全还是主要集中在人的身上，通过收集资料我们可以看出世界百分之九十的安全问题都是由于人员的误操作，人员泄密等造成的。所以说，网络安全设备的安全性，最主要的还是人员安全，要建立一套系统的安全制度，限制人员对网络设备的随意接触。建立内部信息安全协调机制、明确人员职责、建立信息处理设施授权程序，外部组织的访问控制措施的建立等等。

5. 网络系统安全性评估

（1）在Auto CAD图纸中绘制标准部件

针对在Auto CAD绘图中常用的、形式相同的标准部件，一个可行方法是将其做成参数化设备，当需要时只需输入合适的尺寸数据，即可实现图纸的自动1：1绘制，减少了绘制图形的工作量，提高了工作效率。

对于标准图形部件，当需要绘制一个形式相同、尺寸不同的标准部件时，只需在参数表中输入各个实际尺寸值，点击"绘制图形"按钮，即可绘制出新图形，避免了对原图进行修改的烦琐过程，提高了工作效率。

第五个就是系统安全了。我们的网络设备的安全很重要的一个方面就是设备本身系统的安全稳定，只有我们选用的系统稳定安全，我们才能够从基础上保证设备的安全。我们要采用信息安全管理中的机制建立一个PDCA循环模式来确定系统的安全稳定，要定时更新网络设备的系统，如路由器的IOS的升级，操作系统的杀毒软件的更新，系统漏洞的补丁更新等等。

（2）操作与运行安全性评估

第六个就是设备的运行与操作安全性评估。对于设备的运行与操作，我们要通过信息安全策略来建立评估准则。要明确公司企业的有哪些信息资产，每个资产需要的重要性，根据这些建立设备运行的安全管理制度，制定设备的安全监控与审计和操作安全。这样我们就可以很明确地知道公司有哪些设备，每个设备的使用情况，哪些人什么时间对它进行了操作等等。

（3）应急响应安全性评估第七个就是设备的应急响应安全性评估

本书中以 AutoCAD2004 和 Excel2003 为平台，以 Visual Basic 为编程工具，成功应用 Automation 通信协议对 Auto CAD 和 Excel 进行了二次开发，所设计与开发的软件极大地提高了生产效率，节约了劳动时间，降低了劳动强度，在实际工程应用中取得了很好的应用效果。这样就需要有一套应急方案，以防我们的网络设备在受到攻击或自然灾害破坏时，能够在最短的时间内恢复，让损失降到最低。事先要对常见的安全问题进行分析，并根据实践经验制定相应的拯救措施。如交换机的冗余技术，路由器中的网关冗余与负载平衡，并开启相应的路由协议如 HSRP（Hot Standby Router Protocol）热备份路由协议，VRRP 虚拟路由冗余协议（Virtual Router Redundancy Protocol）、GLBP（gateway load balancing protocol），网关负载均衡协议等等，就是充分的利用网络设备本身所采用的协议技术来实现设备的安全响应。

二、安全网络设备安全技术实施

从目前的经济发展来看，我国大多数企事业单位都在使用互联网，现今的企事业单位早已摆脱了传统的手写数据的录入模式，改用互联网在线管理模式，方便快捷酒店的使用功能，为互联网的普及迎来了鼎盛时期；同时对于企事业单位来说，通常是由企事业自行出口安排路由器与 ISP 进行相互连接，对于路由器来说，路由器起到了连接 Internet 网络和内部机器相互关联的作用，基于此，对于路由器的安全设置就成了保证企事业单位核心资料的保护作用，合理设置路由器的安全设置，可以确保企事业单位内部网络环境的安全性提高，搭起一道守护的屏障，考虑到此现象的出现，要基于考虑路由器的基本功能和基本作用，一台路由器的好坏不取决于路由器的定价价位的多少，而是取决路由器内部的基本配置，所以说路由器配置的好坏决定了企事业单位整体网络环境的安全好坏。作为局域网信息交换的主要设备，交换机起到了决定性的作用，交换机对于数据流量的分析和监控有着重要影响，针对在突发情况的来临时而产生的异常数据的出现，极易造成交换机的整体负荷过重从而造成崩盘的现象，所以说对于交换机在安全方面上的完善健全就应该列于网络安全建设的核心考虑因素中，为了尽量避免外界的入侵和干扰，降低交换机的负荷量，为现今的局域网营造一个安全良好的运营环境，在交换机上应用于一些安全防护技术，根据启用不同设备中的不同安全防护设备，以此来净化现今的局域网网络环境，保障人们在 Internet 网，网络环境中畅游使用。

（一）路由器

1. 路由器的含义

路由器是一种连接 Internet 网的网络连接设备，他通过连接 Internet 网中的局域网设备来实现数据之间的相互传输，同时确保多个逻辑上分开的子网之间相互连接畅快，建立灵活的连接空间，保证多个子网之间都能独立的完成数据的上传与分析，令每一个独立的机器都能相互关联使用。

2. 路由器的种类

路由器在性质上分为两种，一种是本地路由器，本地路由器是通过连接网络中的传输介质来促使 Internet 网络之间的相互连接，常见的网络介质有光纤和双绞线。另一种是远程路由器，远程路由器虽然也是通过连接网络传输介质，但是在设备连接上存在着特定的要求，在使用电话线进行网络连接时，要保证配置相匹配的调制解调器，而在使用无线进行网络连接时，要通过无线接收机和发射机进行配置，从而确保网络的正常连接与使用。

3. 路由器的结构

路由器的具体结构是由电源接口、复位键、交换机与路由器连接口以及电脑与路由器连接口共同组成的。在进行使用时，要根据路由器在购买时所配备的具体使用说明来进行相关联的数据线连接，确保在使用路由器前的外部连接保持正常的设备结构，不会影响在电脑环境下的内部连接情况。一般路由器在进行 IP 设置地址上的不同可以分为无线路由器和有线路由器两种，大部分路由器的 IP 地址与路由器登录名称及密码都会标明在路由器机壳的最底部位置，以此来方便人们的使用。

4. 路由器的启动过程

众所周知，在路由器中有一个软件叫作 IOS，即网络操作系统，路由器中的 IOS 系统控制着路由器在运行过程中的检测和维护。在进行启动路由器的过程中，先应该在路由器进行加电的时候进行对硬件进行检测，确保路由器的基础设备的正常运行，这一过程被称为是上电自检。随后通过读取 BOOTSTRAP 程序，来进行路由器的初步引导，完成后，尝试对其进行定位和完整的 IOS 镜像文件的读取，确保路由器能够进入到 BOOT 模式，初始化 IOS 文件，在 NVRAM 文件中找到 STARTUP℃ ONFIG 文件，根据所给出来的配置向导完成剩下来的操作过程，最终实现路由器的正常运行。

（二）路由器的工作过程

路由器是通过相互关联的工作站之间的数据包传输，来实现数据之间的相互转换，并确保每一个子网都能正常运作的。

（三）确保网络设备安全化的具体措施

1. 对管理口令进行加密设置

交换机在进行使用时，对其进行管理上的口令设置，能够在一定程度上保障重要资料的不可流失，因为作为交换机上的口令是保证交换机防止外来入侵者擅自访问的阻止手段，同时也是作为交换机自身安全性防护的重要途径，所以在对交换机口令进行设置时，要更改原有的默认口令，同时在进行设置时，要尽量避免寻常口令的使用，对于口令在进行加密式处理，最好能够利用字母，数字及特殊符号所共同组成的混合密码方式来对交换机进行加密处理，确保交换机的口令密码不会被轻易地破解出来，从而确保网络设备在一定程度上是安全的，同时还应该注意尽量不要使用 Pass-word 进行创建的口令密码，而是使用 Enable Secret 特权进行的口令密码上的加密处理过程。

在通过使用 Enable Secret 命令进行交换机密码的设置时，首先在进行密码设置，应该选择一个较为复杂、长度较长的口令密码，这个口令密码最好超过 8 位，同时应尽量避免使用单一的字符设置，因为对于 Enable Secret 命令来说，其加密机制是通过采用 MD5 散列算法的排列方式进行密码的设置的，这条命令的使用对于在机器里存储的所有文件和数据来说都是具备加密功能的，从而可避免非法入侵者对文件的窥视，造成数据的流失或者是经济上的亏损。

2. VTY 方面的合理性控制

（1）设置 telnet 访问权限，通过对 ip access-class 进行设置从而限制 VTY 访问范围。

（2）使用 Soho 作为连接交换机的主要途径

telnet 输入的任何命令都会被进行明文发送，不能保证网络设备的安全性，这时就可以采用 SHH 软件代替 telnet 的方式，达到一定程度上的密码安全性，基于对安全性能方面上的考虑，使用 SHH 软件确实要比 telnet 的安全性能要高得多，应值得被推广使用。

（3）内部 IP 地址的防盗措施

通过利用 ARP 命令来对互联网中的 IP 地址及 MAC 地址进行设置绑定处理，从而更好地避免非法入侵者通过盗用 IP 地址来对互联网进行访问的过程。

（4）SNMP 协议的安全

对于 SNMP 协议来说，如果在使用过程中，没有用到 SNMP 功能时，就应该及时的关闭 SNMP 协议服务设置，以此来确保网络设备的安全性能。

（5）多余服务的禁止使用

对于交换机而言，为了防止非法攻击者对交换机进行攻击时，可以通过交换机中存在的漏洞进行攻击，基于这种现象的出现，要禁止路由器上的 HTTP 服务，以此来确保交换机的安全性。

（6）对 IOS 软件的升级和修补

IOS 文件作为路由器中的网络操作系统，通常都是以映像文件的形式存在于交换机中的，他和其他的操作系统一样，定期都要进行升级和维护，以此来确保不会存在系统漏洞的出现，IOS 系统隶属于 Cisco 公司，Cisco 公司定期都会发布一些系统漏洞补丁及相应的软件升级安装包来供人们修复和安装。

（四）漏洞的修补

对于每一个网络操作系统而言或多或少都会存在着系统漏洞。通常情况下，过多的系统漏洞会导致交换机的安全性能降低，从而影响交换机中的数据存储，因此，作为 IOS 系统的主要生产商而言，定期发布相对应的漏洞补丁及将对应的软件升级版本，可以保障交换机的安全性能得到提高。

1.IOS 系统的新功能

基于交换机与路由器的相互关系，在确保系统不会由于漏洞问题而引发安全问题的隐患时，既要考虑增加适当的功能来升级 IOS 系统的整体价值，对于现今的 IOS 系统来说，现已支持 Soho、HTTPS、SNMP 等多项安全功能的存在，同时还新增加了加密版的 IOS 系统，供网络使用者选择。

2. 兼容性问题的解决

不同批次的交换机中的 IOS 系统版本不同，这就会造成相对应的系统不兼容现象的出现，所以说，通过升级交换机中的 IOS 系统的版本，保证 IOS 系统版本的一致性，可以有效地改善交换机之间存在的兼容性问题。

升级过程的注意事项：（1）保证交换机在进行升级过程中不会产生断电现象的出现；（2）从正规的厂家购买 IOS 系统，确保正版；（3）升级后的系统要进行安全测试，避免异常情况的出现；（4）注意网络运行环境，及时上报相对应的错误信息。

对于网络设备安全上的技术设定，要根据具体的情况做出具体的更改，合理的采用适宜的解决措施，可以有效地避免用户在各方面上的损失，综上所述，对于网络设备上的安全问题应值得被人们所重视，并应不断地探索下去，为未来的网络安全打下良好的坚实基础。

三、网络设备的安全防雷

随着夏日的临近，网络设备除面对酷暑的考验外，如何面对由频繁的雷雨天气所带来的雷电的袭击也成为诸多网络管理者所注意的问题。电子、通讯类设备：由于电子、通讯类设备多集中在现代化的高楼大厦中，而恰好高楼大厦是市区内雷电最爱光顾的地方，如果防雷措施不良，一旦遭遇雷击，损失就会相当惨重。电磁干扰对这些网络设备的影响也越来越突出，特别是雷电电磁脉冲的干扰造成的事故逐渐增多。网络设备遭受雷击的破坏，使整个信息系统瘫痪，造成很大的损失。因此，网络设备的防雷电电磁脉冲的干扰问题尤为重要。在网络设备的雷电危害中，最主要的是雷电的电磁感应，雷电的电磁感应是由于雷电电磁脉冲的耦合效应造成的。

一般来说，电路集成度越高、功能越强，其耐压和耐流的水平就直线下降，而网络电子设备、电脑设备等几乎都采用了大量的大规模集成电路于设备中，而且设备的精度和敏感度也越来越高，所以这些设备在高压、高流下的防护能力远远低于普通的电器设备，在雷电冲击中更容易受损，其所受的损失程度也就更高、所涉及的范围也更广。在雷击发生时会产生很强的电场，导致这个区域内的电位大大高于其他区域，而作为电的良导体—双绞线很容易在电位不相等时对雷电的形成的感应，从而遭遇雷害。

雷电破坏有直击雷和感应雷。雷云放电有云云放电和云地放电，直接破坏作用的是云地放电，亦称落地雷或直击雷。感应雷是因为直击雷放电而电磁感应到附近的金属导体中的一种电磁浪涌。感应雷侵入导体的感应方式有两种，一是静电感应，也就是说当雷云中的电荷积聚时，附近的导体也会感应上相反的电荷，一般是正电荷。在雷击放电时，雷云中的电荷迅速释放，附近导体中的静电也会沿导体流动寻找释放通道，在电路中形成电脉冲。二是电磁感应即在雷云放电时，迅速变化的雷电流产生强大的瞬变电磁场，在其附近的导体中产生很高的感应电动势，并且这种电磁能量以电磁波的方式传播。有研究表明静电感应方式引起的浪涌数倍于电磁感应引起的浪涌。

防雷设计应按综合防雷概念，将外部防雷措施与内部防雷措施整体统一考虑。所谓外部防雷就是防直接雷，它由接闪器、引下线和接地装置组成，也叫外部防雷装置；内部防雷主要用于减小和防护雷电流在需要防护的空间内所产生的电磁伤害，包括防雷电感应、防反击、防雷电波侵入和防生命危险，除外部防雷装置外，所有其他附加防雷设施与手段均为内部防雷装置。

根据技术规范完善避雷针、避雷带等设施。用避雷针式的保护，防止云—地闪电直击雷直接击打在系统本身，使系统损坏。但不能太高以降低受雷概率，当防雷面积较大时，须采用多针放置，采用新型避雷针和优化避雷针，以降低雷电流陡度，从而减小二次雷击的感应电压，尽量降低接地电阻等。

机房要做入室前及入室后的防雷保护，电源入室前应有不少于 50m 的地下水平铺设，深度不小于 0.5m，电缆外皮良好接地；电源在使用前安装电源保护器，消除过电压，并做好接地。等电位连接的目的在于减小需要防雷的空间内各金属部件和各系统之间的电位差，防止雷电反击，将机房内的主机金属外壳 UPS 及电池箱金属外壳、金属地板框架、金属门框架、设施管路、电缆桥架、铝合金窗等电位连接，并以最短的线路连到最近的等电位连接带或其他已做了等电位连接的金属物上，且各导电物之间尽量附加多次相互连接。

在主要网络设备如交换机安装网络防雷器，使设备、线路与大地形成一个有条件的等电位体，将可能进入的雷电流阻拦在外，将因雷击而使内部设施所感应到的雷电流得以安全泄放入地，与避雷针、电源防雷器两者共同形成一个全方位的防雷整体，确保后接设备的安全。

目前市面上的网络防雷器多采用不同器件组合成两级方式，发挥各器件之所长。第一级由大通流量的气体放电管进行初级保护，以降低残压并把大部分雷电流泻放入大地；第二级采用去耦电阻或 PTC 进行阻流延时和分压，以配合第一、三级的元件的特性要求；第三级采用 TVS 进行精细保护，以进一步降低残压，使其达到设备的安全电压要求。

在电子信息系统的建设中，一定要有一个良好的接地系统。这样，防雷系统才能把雷电流泻入大地，从而保护设备和人身安全。有了良好的接地装置，防雷保护的有效性就有了保障。

网络设备的防雷工作是一项较复杂的系统工程，防雷工程必须从整体设计、系统考虑、综合防护角度出发，做到层层设防，不留一丝隐患。这样才能保证整个信息系统正常运行，为企事业单位的发展做出应有的经济贡献。

四、ARP 协议在校园网络中的应用

21 世纪，随着信息技术的迅猛发展，大多业务和数据都通过互联网来进行传递和处理的，因此对于网络安全的安全性就有了更高严格的需求，尤其对于内部网络，往往只能从自身技术范畴来考虑加强对于网络安全的防范，从而保证业务和数据的保密和安全。众所周知，在校园局域网中使用了大量的交换机，如果校园网内某台主机感染 ARP 病毒后，就会启动 ARP 欺骗的木马程序，造成网络刚开始时断时续，最终导致网络瘫痪，影响用户正常使用网络。

（一）什么是 ARP 协议

ARP（Address Resolution Protocol）是地址解析协议，是一种将 IP 地址转化成物理地址的协议。从 IP 地址到物理地址的映射有两种方式：表格方式和非表格方式。ARP 具体说来就是将网络层（IP 层，也就是相当于 OSI 的第三层）地址解析为数据连接层（MAC 层，也就是相当于 OSI 的第二层）的 MAC 地址。

（二）ARP 欺骗原理

在计算机中，ARP 协议是一个"思想"不坚定，易被外界影响的"人"，ARP 欺骗就是利用这个特性，误导计算机做出错误的选择。每台主机都有一个 ARP 高速缓存，且生存时间一般为 60 秒，起始时间从被创建开始。默认情况下，ARP 从缓存中读取 IPMAC 对应条目，缓存中的 IP MAC 条目是根据 ARP 响应包的动态变化的，因此，只要网络上有 ARP 响应包发送到本机，即会更新高速缓存中的 IP MAC 对照表，攻击者只需要持续不断的发出伪造的 ARP 响应包就能更改同标主机 ARP 缓存中的 P-MAC 对照表。我们在 ARP 作用验证中验证过，ARP 协议不只在发送了 ARP 请求后才接收 ARP 应答，因此，如果主机 B 向主机 A 发送了一个自己伪造的 ARP 应答，而这个数据中的发送方 IP 为 192.168.1.2（主机 C）Mac 地址为 DD-DD-DD-DD-DD-DD（主机 B 的 MAC 地址）当 A

接收到 B 的伪造 ARP 应答，就会更新本地缓存，将 C 的 IP 与 B 的 MAC 地址对应起来，而这一切 A 并不知情，只是按照对应关系将发往 C 的数据包错误的发到了 DD DD DDDD DD DD 这个 MAC 地址上（即发给了主机 B），这样 A 与 C 的通信也可以被 B 如法炮制的阻断如果在局域网中，C 和 B 通过 A 上网，那么被攻击后的 C 就只能错误的将数据发送给了 B，若数据中包含有账号、密码等信息，就会被 B 上的木马劫获，这样就起到了盗取账号和密码的作用。通过 ARP 工作原理可知，如果 ARP 缓存被不停地修改，通知路由器一系列错误的内网 IP 或者干脆伪造一个假的网关进行欺骗的话，网络就会大面积掉线。

（三）如何防范 ARP 攻击

每台计算机要维持正常的访问，都必须不断地更新自己的 ARP 缓存表，根据这一的特点，解决 ARP 攻击的最好办法就是不让 ARP 缓存更新。计算机和可管理的网络设备中就提供了绑定 MAC 地址和 IP 的命令。如在计算机上绑定网关 IP 和 MAC 地址可以在命令提示符下敲入如下命令 Apr–s，网关 IP 地址网关 MAC 地址只是不过这种方法需要每次开启计算机都要通过手动输入命令进行绑定，为避免麻烦，我们可以做一个批处理文件，并使其随机器启动，这样每次开机即可自动绑定。如我们要绑定网关 IP 为 192.168.0.254，MAC 地址为 0009-71-0A-EB-8F，批处理文件命令如下：echo off Apr-d Apr-s 192.168.0.254 00-09-71-0A-EB-8F 将其保存为 sap.bat 即可，然后将 sap.bat 的快捷方式拖到开始菜单的启动中。绑定地址的方法，以 CISCO2611 路由器绑定 192.168.0.100 为例：Router（Con fig）#ARP 192.168.0.100 0009.7158.4AEF ARPA 实现双向绑定以后，就可确保计算机于网关发送的数据能顺利到达目标机器而不会被其他计算机截获，这样你的网络就不会再受 ARP 病毒左右了。

网络欺骗攻击作为一种非常专业化的攻击手段，给网络安全管理者带来了严峻的考验。ARP 欺骗是一种典型的欺骗攻击类型，使得这种攻击变得普及并有较高的成功率。文中通过分析 ARP 协议的工作原理，根据 ARP 缓存的特点，给出了一种解决方案。对于 ARP 欺骗的网络攻击，不仅需要用户自身做好防范工作之外，更需要网络管理员应该时刻保持高度警惕，并不断跟踪防范欺骗类攻击的最新技术，做到防患于未然。

五、校园网络运行管理与安全维护

在校园中，以更多样有趣的教学方式提高学习效率、老师与学生和家长实现良好互动、优势教育资源高效共享、教务学生管理全面自动化、校园的高安全性，这些已经成为各层教育管理机构和学校追求的目标。以教育信息化为龙头，带动教育现代化，实现教育全面发展则是我国教育事业发展的战略选择。为了达到上述的目的，除了必需的硬件服务器和相应软件外，建设应用高质量的信息化网络更是必不可少的条件。在信息安全平台及安全基础设施层面，需要加强信息安全平台及基础设施建设。特别是应用好系统管理子系统，系统管理子系统负责对安全保护环境中的计算节点、安全区域边界、安全通信网络实施集中管理和维护，包括用户身份管理、资源管理、应急处理等。因此，从学校角度出发，提供可靠、安全、易维护的校园网络，更能帮助学校实现教学、办公、管理等的高质量全网信息化和自动化。

（一）校园网络设备的管理

校园网络作为大型网络，它由众多数量网络设备组成，根据设备功能划分，网络设备可以分为接入、汇聚和核心设备，另外还要加上防火墙、服务器以及存储设备等确保安全的设备。网络设备作为保障网络能正常运行基本硬件，对于关键设备，尤其是核心的设备，若它们一旦出现问题，就会造成全网业务出现中断，发生不可估量损失。因此，为保证设备正常运行，精心调整和正确配置是必不可少的。新设备在运行时不可避免存在各种情况，网络设备配置时，要从易到难，先配置较为简单且必要功能，待运行测试后，再慢慢添加其他附属功能，不仅能够将故障排除掉，还可以避免因技术不到位导致网络故障的产生。硬件设备稳定运行需要稳定适宜的环境，包括供电系统、尘埃的密度、工作环境的湿度以及温度等，不好的环境会造成设备难以正常运行，影响设备寿命。首先应该给网络机房提供独立适应负荷的供电的线路，同时做好良好防雷、接地、防火措施。其次，特别夏季太高的机房温度，会导致设备性能衰退，甚至出现死机，应安装控温系统。再就是灰尘和湿度也会影响网络设备，导致网络不稳定运行，应做好空气过滤系统。此外，对网络线缆进行铺设时，要隐蔽，使用地下管道与暗管，同时做好警示、标示工作，以便于维护、管理。

1. 校园网络服务的管理

校园网络功能主要为给广大师生在网络上提供服务，而为了节省宽带的资源，大多数服务均由校内的服务器来提供，尽可能少访问其他校外网络资源。校园网络大多具备关键性核心的服务，如管理应用的系统、DNS 服务等，若这些中断，将会导致教学工作难以正常运行、用户难以开展正常网络接入。因此，确保关键业务不间断的工作异常重要。如今，现代技术可以应对大多问题，可以通过技术来规避设备终端问题，但是不排除意外。所以合理规划网络，可以提供冗余给关键的设备，不仅便于日常维护与升级，还可规避突发情况。为了确保校园网络的正常运行，还可通过服务器管理软件来对各服务器业务的运行状态进行监控，这样不但能够集中监控服务器硬件状态的信息，还能够监测业务运行状态和响应时间，异常出现时，就能发出告警。另外对于学校，有着紧张的出口宽带资源以及用户的过度需求矛盾，所以对访问外网适当限制用户流量，而在校园网路内部尽量提供各种服务，满足用户要求，降低带宽压力，确保网络正常运行。

2. 校园网络用户的管理

校园网络用户在管理上不到位，会造成部分用户因地址非法导致网络访问不正常、用户系统因病毒感染导致其他用户掉线频繁、用户组建私人局域网造成网络的中断等等。因此，做好用户的管理工作异常重要，校园网络管理人员要正确引导用户使用校园网络，告知用户访问网络正确方法，让用户以最快捷方式接入网络，避免复杂操作的环节。网络管理人员在规划配置网络配置时，要考虑到用户可能存在的错误操作并因此出现意外的情况，做好提前应对准备。另外，在校园内部应用系统要面对不同对象，如教职员工或学生等。某些系统却势必要放置在内部的网络中，如办公系统，只能给教职工来访问，这就需要合理的用户管理，目的在于让合法的用户充分利用网络资源，非法用户禁止访问或受限。对此，校园网络可以通过不同角色指派来划分给用户不同权限。

（二）校园网络安全维护

校园网不是孤立的网络，它是通过多种方式与外部网络互连互通的，教育城域网、Internet 给学校业务带来便利的同时，但也带来了各种安全威胁，来自 Internet 的各种攻击，城域网内部病毒的扩散都有可能影响校园网内业务的正常进行。

1. 建立统一安全防范系统

为做好校园网络的安全维护工作，降低网络在运行中的风险，以确保正常教学和教科研活动，建立统一安全防范系统具有重大意义。建立统一安全防范系统，首先，可以采取安全身份认证的系统，由于学校网络有着结构复杂、规模大的特点，且校园网络主体主要包含宿舍网络、财务网、教学科研以及办公网，所以在多网结合方案里，可以通过采取统一身份认证的系统来阻止非法用户连接到网络；其次，为保障应用层安全，阻止盗号的攻击，采用应用层的安全伞能起到很好的效果，是个重要举措，可以选择管理交换机、服务器和正 S 来对关键应用进行检测认证，达到安全管理的目的。

2. 防火墙科学部署

为了确保校园网络有效安全运行，规划设置安全过滤，要对 IP 数据包其目的地址、流向、源地址、协议、端口等项目进行审核，禁止公网非法接入校园网络，并遵守不被容许服务是禁止原则来实行。为了预防源路由攻击和源地址的假冒，要把防火墙设置为过滤通过校园内部网地址进入到路由器 IP 包，将离开校园网通过非法的 IP 地址 IP 包过滤掉，可以预防内部网络对外攻击。采取网络管理的软件，绘制与扫描网络的拓扑结构，并显示主机与交换机、交换机间、子网与路由器间关系、客户端的流量、交换机的各端口使用状况、信息流量等，检查数据包的规则，可以防止非法入侵、滥用网络的资源。强化接人管理，确保接人可信设备，先检测移动存储工具、新增的设备和移动设备，再接入，做好网络设备物理信息登记工作。一旦遇到故障，及时准确定位与排查。防火墙的访问日志，安排专人定期察看，以对不良上网行为和攻击行为及时发现、应对处理。

3. 配备校园网络安全系并做好安全评估工作

为了保证校园网络的安全，首先要配备校园网络安全系统，如安全电子邮件、服务器安全检测、网络病毒防范、入侵检测、上网行为检测等系统。校园网络安全设备的配置可以对校园网络起到管理和监督的作用，最大限度阻隔非法访问，过滤不健康数据，及时准确定位网络故障。其次，要做好安全评估工作，校园网络安全威胁因素时刻存在，只有正确评估校园网络存在的风险，才可更好掌握网络安全威胁程度，有效控制网络系统风险。

随着校园信息化建设的深入和发展，校园网络作为校园信息化建设的基础，不仅应具有更高的带宽、更快的运算速度、不间断运行的高可靠性，还必须能对不同信息进行合理、有效管理，以便有效和充分的利用网络传输带宽，节省资源；同时，还必须要有一整套从用户接入控制、病毒报文识别到主动抑制的一系列安全控制手段，有效地阻击病毒和黑客的攻击，保证校园网稳定运行。因此，合理有效的网络运行管理与安全维护，同样重要，缺一不可。

第三节　网络信息安全

网络安全包含网络设备安全、网络信息安全、网络软件安全。黑客通过基于网络的入侵来达到窃取敏感信息的目的，也有人以基于网络的攻击见长，被人收买通过网络来攻击商业竞争对手企业，造成网络企业无法正常运营，网络安全就是为了防范这种信息盗窃和商业竞争攻击所采取的措施。

随着计算机技术的飞速发展，信息网络已经成为社会发展的重要保证。信息网络涉及国家的政府、军事、文教等诸多领域，存储、传输和处理的许多信息是政府宏观调控决策、商业经济信息、银行资金转账、股票证券、能源资源数据、科研数据等重要的信息。其中有很多是敏感信息，甚至是国家机密，所以难免会吸引来自世界各地的各种人为攻击（例如信息泄漏、信息窃取、数据篡改、数据删添、计算机病毒等）。通常利用计算机犯罪很难留下犯罪证据，这也大大刺激了计算机高技术犯罪案件的发生。计算机犯罪率的迅速增加，使各国的计算机系统特别是网络系统面临着很大的威胁，并成为严重的社会问题之一。

一、网络信息安全

（一）问题的提出

美国著名的未来学家阿尔温·托夫勒说：电脑网络的建立与普及将彻底改变人类生存及生活的模式，而控制与掌握网络的人就是人类未来命运的主宰。谁掌握了信息、控制了网络，谁就拥有整个世界。这一经典名言充分说明了网络信息与人类生存进步的关系，积极、健康、合理合法、有序地利用网络信息就会造福于人类，提高人类生活质量和生存能力，反之，消极、非法地利用网络信息就会形成难以弥补的损失，乃至灾难。所以，人类在尽情享受网络信息带来的巨大财富和便捷时，网络信息的不安全问题也被提上了议事日程。

近几年的事实表明，网络信息不安全给人类带来的威胁已略显端倪。经济上，据美国联邦调查局（FBI）统计，美国每年因网络信息不安全所造成的经济损失高达75亿美元以上；另据调查，一半以上的美国公司因此遭受了经济损失，有的公司一次损失超过100万美元；而据1996年信息安全博览会（伦敦）提供的数据，1995年全球因计算机犯罪造成的损失达150亿美元，预计到2000年这一数字将高达200亿美元。军事上，在海湾战争中，美国在伊拉克向法国购买的用于防空系统的计算机中植入带有计算机病毒的AF91，从而使伊拉克的防空系统指挥失灵，基本陷入瘫痪状态；在1999年的北约对南联盟的战争中，北约利用网络系统瞬时传递有关信息，使南联盟成了信息战的实验场，这场战争充分验证了美国所说失主息战就是"打击对方的意志、意念和知识系统"。

21世纪的今天，这种网络信息的不安全已渗透到军事、政治、经济、科技、文化、信息、生态环境、社会生活等诸多领域，而且正在影响着整个人类社会和国家的安全，网络信息安全问题已成为日益严重的全球性问题，信息并不安全、信息战随处可见，研究和提高网络信息安全保障能力成为人类的共识。目前，我国的网络信息安全仅仅处于封堵漏洞的状态，并没有从根本上解决这一问题，因此，在我国讨论和研究这一问题也就显得更为重要，更具现实意义。

（二）网络信息安全的内涵

关于网络信息安全的概念目前有好几种说法，但笔者更趋向于认同刘鲁等在《信息系统设计原理与应用》一书中所阐明的观点，即信息系统安全是指组成信息系统的硬件、软件和数据资源受到妥善的保护，系统中的信息资源不因自然和人为因素中遭到破坏、更改或泄露，信息系统能连续正常运行。并提出信息系统安全包括信息系统实体的安全、软件的安全、数据的安全和运行的安全4个部分，所谓信息系统实体的安全是指保护计算机系统硬件和存贮媒介的安全，软件的安全是保护各种软件及其文档不被任意篡改、失效和非法复制，数据安全是保护所存贮的数据资源不被非法使用和修改，运行安全是保护信息系统能连续正确地运行，总括一句话，即网络信息安全不仅指"信息的安全"，而且指"网络系统的安全"。本书当中讨论的网络信息安全就是指网络系统、网上信息、数据的安全，其目的就是探求网络信息系统的抗攻击性、保密性、完整性、可用性和可控制性。

1. 设备和环境

网络信息系统的设备是计算机网络运行的物质基础，离开计算机和设备，一切都是无源之水、无本之木。网络信息系统设备包括各类计算机设备（如终端、服务器、工作站等）、网络通信设备（路由器、交换机、集线器、调制解调器）、传输媒体；网络信息系统的环境是安全运行的必不可少的外部条件，这些环境主要包括机房、电源、网线、电磁波干扰、防火防潮、接地系统等。由于我国计算机开发能力弱，大多数依赖进口，导致安全问题受外国人控制和干扰；另一方面，在网络建设、运行和使用过程中，考虑最多的是效益、效率、方便、快捷，而对安全、保密、抗攻击及控制性等考虑甚少，许多网络工程不建密码加密系统或加密系统滞后，这样就给网络信息的安全留下了隐患。

2. 软件系统

软件系统是网络信息安全的核心部分，它主要包括操作系统、数据库系统和应用系统3大部分。操作系统的主要作用是实现网络系统协调工作，统一管理网络系统资源，控制网络用户对网络系统的访问及数据的存取，它是网络信息系统安全的第一步。数据库系统是网络信息系统安全的重要领域，其主要作用就是保存各类重要的数据。应用系统是各种类型的应用管理型系统，正是因为这个特点，所以应用系统的安全对于相应的用户就显得更为重要。

3. 网络系统

网络系统的安全是网络信息安全的又一重要组成部分，由于计算机局域网和内部网以及互联网均可以访问和有条件相互转换数据、信息，如果管理不善、控制不严，就会被不法用户通过网络入侵进来，现在黑客入侵，秘密信息泄漏，网络关键数据被非法修改，垃圾信息的侵入等时有发生。另一方面，计算机病毒通过网络大大加快了扩散速度，扩大了受害范围，造成巨大损失。

（三）特征

网络信息安全特征保证信息安全，最根本的就是保证信息安全的基本特征发挥作用。因此，下面先介绍信息安全的5大特征。

1. 完整性

指信息在传输、交换、存储和处理过程保持非修改、非破坏和非丢失的特性，即保持信息原样性，使信息能正确生成、存储、传输，这是最基本的安全特征。

2. 保密性

指信息按给定要求不泄漏给非授权的个人、实体或过程，或提供其利用的特性，即杜绝有用信息泄漏给非授权个人或实体，强调有用信息只被授权对象使用的特征。

3. 可用性

指网络信息可被授权实体正确访问，并按要求能正常使用或在非正常情况下能恢复使用的特征，即在系统运行时能正确存取所需信息。当系统遭受攻击或破坏时，能迅速恢复并能投入使用。可用性是衡量网络信息系统面向用户的一种安全性能。

4. 不可否认性

指通信双方在信息交互过程中，确信参与者本身，以及参与者所提供的信息的真实同一性，即所有参与者都不可能否认或抵赖本人的真实身份，以及提供信息的原样性和完成的操作与承诺。

5. 可控性

指对流通在网络系统中的信息传播及具体内容能够实现有效控制的特性，即网络系统中的任何信息要在一定传输范围和存放空间内可控。除了采用常规的传播站点和传播内容监控这种形式外，最典型的如密码的托管政策，当加密算法交由第三方管理时，必须严格按规定可控执行。

（四）模型框架

1. 网络安全模型

通信双方在网络上传输信息，需要先在发收之间建立一条逻辑通道。这就要先确定从发送端到接收端的路由，再选择该路由上使用的通信协议，如 TCP/IP。

为了在开放式的网络环境中安全地传输信息，需要对信息提供安全机制和安全服务。信息的安全传输包括两个基本部分：一是对发送的信息进行安全转换，如信息加密以便达到信息的保密性，附加一些特征码以便进行发送者身份验证等；二是发送双方共享的某些秘密信息，如加密密钥，除了对可信任的第三方外，对其他用户是保密的。

为了使信息安全传输，通常需要一个可信任的第三方，其作用是负责向通信双方分发秘密信息，以及在双方发生争议时进行仲裁。

一个安全的网络通信必须考虑以下内容：实现与安全相关的信息转换的规则或算法；用于信息转换算法的密码信息（如密钥）；秘密信息的分发和共享；使用信息转换算法和秘密信息获取安全服务所需的协议。

2. 信息安全框架

网络信息安全可看成是多个安全单元的集合。其中，每个单元都是一个整体，包含了多个特性。一般，人们从三个主要特性——安全特性、安全层次和系统单元去理解安全单元。

（1）安全特性

安全特性指的是该安全单元可解决什么安全威胁。信息安全特性包括保密性、完整性、可用性和认证安全性。

保密性安全主要是指保护信息在存储和传输过程中不被未授权的实体识别。比如，网上传输的信用卡账号和密码不被识破。

完整性安全是指信息在存储和传输过程中不被为授权的实体插入、删除、篡改和重发等，信息的内容不被改变。比如，用户发给别人的电子邮件，保证到接收端的内容没有改变。

可用性安全是指不能由于系统受到攻击而使用户无法正常去访问他本来有权正常访问的资源。比如，保护邮件服务器安全不因其遭到 DOS 攻击而无法正常工作，是用户能正常收发电子邮件。

认证安全性就是通过某些验证措施和技术，防止无权访问某些资源的实体通过某种特殊手段进入网络而进行访问。

（2）系统单元

系统单元是指该安全单元解决什么系统环境的安全问题。对于现代网络，系统单元涉及以下五个不同环境。

物理单元：物理单元是指硬件设备、网络设备等，包含该特性的安全单元解决物理环境安全问题。

网络单元：网络单元是指网络传输包含该特性的安全单元解决网络协议造成的网络传输安全问题。

系统单元：系统单元是指操作系统包含该特性的安全单元解决端系统或中间系统的操作系统包含的安全问题。一般是指数据和资源在存储时的安全问题。

应用单元：应用单元是指应用程序包含该特性的安全单元解决应用程序所包含的安全问题。

管理单元：管理单元是指网络安全管理环境，网络管理系统对网络资源进行安全管理。

（3）安全拓展

网络信息安全往往是根据系统及计算机方面做安全部署，很容易遗忘人才是这个网络信息安全中的脆弱点，而社会工程学攻击则是这种脆弱点的击破方法。社会工程学是一种利用人性脆弱点、贪婪等等的心理表现进行攻击，是防不胜防的。国内外都有在对此种攻击进行探讨，比较出名的如《黑客社会工程学攻击2》等。

（五）构建网络信息安全保障体系

1. 加强管理，完善机制

（1）强化网络信息安全意识

计算机网络对于我国公民来说是个新生事物，许多人是"机盲"、"网盲"，更多人仅仅懂一些皮毛，所以，许多人仅仅忙于学习和使用计算机网络以及具体操作，而对于网络信息的安全则无暇顾及，安全意识相当淡薄，对网络信息不安全的事实及"信息战"的威胁更是认识不足。因此，我们必须从以下两方面开展工作：一要加大宣传力度，组织多种活动，加强网络信息保密教育，培养人们网络信息安全的意识，通过人才培养与网络技术交流，确保防范手段和技术措施的先进性和主动性。二要积极开展安全策略研究，明确安全责任，增强人们的责任心。

（2）健全网络信息安全管理机构，强化"网上繁荣"监管力度

首先各计算机网络使用单位要严格按照《中华人民共和国计算机信息系统安全保护条例》（1994年2月颁布）和《计算机信息网络安全保护管理办法》的规定，在国家安全部、国家保密局，国务院有关部门及各省、市、自治区公安厅（局），地（市）、县（市）公

安局负责计算机网络信息系统安全保护的行政管理下，建立本单位、本部门、本系统的组织领导管理机构，明确领导及工作人员责任，制定管理岗位责任制及有关措施，搞好自身的安全管理工作，严格内部安全管理机制，确保网络信息的安全。其次，要尽快设立"网上警察"，最近，美国证和委员会又新增约 60 个职位，招聘"网上警察"，以监视互联网犯罪活动，他们将结合传统办案手法，以电脑追踪技术追捕黑客，这样该委员会大约有250 名网上执法者每周浏览互联网，监管和打击互联网诈骗活动。我国于 1983 年成立了公安部计算机管理和监察局；1985 年全国人大通过了《警察法》，其目的就是"监督计算机信息系统安全保护工作"；1998 年又成立了公安部公共信息网络安全监察局，并逐步形成了一支"网上警察"，但这些努力与庞大的网络信息系统安全相比仅能称是杯水车薪，因此亟须进一步加强。第三，充分发挥民间组织在网络信息安全方面的协作作用，我们相信，1999 年 5 月成立的、由众多大型网络用户和从事网络安全产品生产和服务的公司及个人组成的中国网络安全联盟必将增强网络信息安全的能力。

（3）严格管理程序，细化管理措施

要按照计算机网络所涉及的场所、设备、人员分别加以管理，对机房、终端、服务器、网络等要加强安全保卫，对不同岗位的工作人员要严格识别和验证制度，严禁自由进入机房，对自然环境和意外事故所形成的灾害要严加防范，及时落实各项安全措施，对可能或万一发生的情况要有较为详尽有效的妥善处理方案，一旦灾情发生要尽最大努力把损失降低到最低限度。

2. 健全法律，严格执法

（1）加快立法进程，健全法律体系

从 1973 年世界上第一部保护计算机安全的法律问世以来，各国相继制定了一系列法律法规来规范网络信息系统的运行，预防和打击网络信息领域内的犯罪和违法行为，以保护网络信息的安全。联合国经济合作与发展组织（O ECD）也于 1982 年 11 月颁布了《信息系统的安全指南》。我国政府也相继颁布了一系列的法律和行政法规，其中主要有：《计算机软件保护条例》（1992 年）、《中华人民共和国计算机信息系统安全保护条例》（1994 年）、《警察法》（1995 年）、《中华人民共和国信息网络国际联网管理暂行规定》（1997 年）、《计算机信息网络国际联网安全保护管理办法》（1997 年），此外，1997 年 3 月颁布的新《刑法》在"妨害社会管理秩序罪"一章中增加了关于计算机犯罪的有关条款，这些法律法规的出台和实施对于我国网络信息的安全起到相当积极的作用，但与计算机网络发达国家相比，我们的立法工作仍然滞后于网络信息事业的发展，因此，我国必须加快立法进程，吸取和借鉴国外的网络信息安全立法的先进经验，结合我国实际情况，尽快制定和颁布数据库振兴法、信息网络安全性法规，预防和打击计算机犯罪法规等，使网络信息安全管理走上法制化轨道，这是一件亟待解决的大事。可喜的是 2000 年初，我国国家保密局已发布了《计算机信息系统国际联网保密管理规定》，以确保国家秘密的安全。

（2）执法必严，违法必究

一系列法律法规的颁布和实施使得我国网络信息安全管理走上有法可依的轨道，这些法律法规不仅规定了出入口制度和市场准入制度，确定了网络信息安全管理机构，阐明了安全责任，而且明确了法律责任，对于危害网络信息安全的个人和单位，规定了经济处罚、行政处罚和刑事处罚等三大类型。新《刑法》也对违反国家规定，对计算机信息系统功能、数据及应用系统进行删除、修改、增加、干扰、故意制作和传播计算机病毒等破坏性行为，造成计算机系统不能正常运行，结果严重的，处15年以下的有期徒刑或拘留；后果特别严重的，处15年以上有期徒刑，但在社会生活中，限于主客观因素，对于这类违法犯罪行为的打击力度还不够大，严惩措施还有待完善，在法律的执行上还有不到位之处，一些违法情况及当事人还未得到及时处理和制裁，因此，有关部门还要进一步严格执法，确保各项法律法规的实施落到实处，对于各种违法犯罪情况要严加追究，绝不姑息，对于各种隐患要及时加以预防和制止，以确保网络信息安全。

3. 加强科学技术研究，努力提高防护能力

网络信息安全与不安全说到底是攻击与反攻击、入侵与反入侵的较量，因此，从技术上加以防范也就成为核心问题。

（1）确保设备可靠性，优化工作环境

网络设备必须是符合安全技术指标的合格产品，坚决杜绝自行采用，不经安全检测的设备和不符合安全技术指标的设备投入运行，严禁假冒伪劣产品，各类服务器、网络交换设备、集线器、路由器、调制解调器等关键设备均应严格把关，确保安全可靠、可用，对于网络的电线电缆也应尽量合理，可靠；加强电磁波的管理，必要时可以用整体屏蔽，安装滤波器、加装噪声调制装置等措施来防止电磁波的辐射；对于网络信息系统的场地、设施及外部环境，诸如防火、防潮、防静电、防雷击、防辐射、供电系统、空调系统等要严格按照安全指标来规划设计布局；对于进口计算机设备，尤其是 CPU 芯片更要加以高度重视；要充分发挥我国独立自主、自力更生的优良传统，自主研制和积极开发网络信息安全产品，大力发展网络信息安全技术产品，逐步达到安全利用和有效控制的局面。

（2）软件系统的安全

对于操作系统而言，要选择安全级别较高的系统，要在监督存取、控制和隔离等措施上提供安全保护，采取身份鉴别、存取控制方式以及监督用户权力等方面来实施安全保护，以防止他人超越使用权限存取和破坏信息。对于数据库系统要实行动态管理机制，通过严格控制授权和存贮加密等方法来防止数据的非法使用、删改以及丢失。对于应用系统要确保系统本身的安全，同时也要保证与之配备系统的安全。另外对存储器中的内容也要严加管理，进口的软件系统及逻辑编程要严格履行技术检测和安全检查，不达标的坚决不能用。我国政府一直积极采取措施，以确保网络信息安全，2000 年 1 月 1 日，《计算机信息系统国际联网保密管理规定》又开始实施，要求严禁买卖外国加密软件；另据报道，由北京

兆维集团三特信息安全保密系统工程公司成功地研制了SJYO1互联网信息安全保密系统，另外一些防火墙、安全网关、安全路由器、黑客入侵检测系统，系统脆弱扫描等成功研制也提高了网络信息安全的保障系数，在密钥密码研究领域也取得了巨大进展。

（3）网络系统的安全

网络所涉及的各个出口、入口、接口以及终端服务器都要严格实施保密措施，要加强网络的入口控制和运行过程控制，确保保密性。对于通过网络传播的计算机病毒，要及时加以检测和杀毒，不断安装和使用更新、更具免疫能力和杀毒软件，要加强密码加密技术的研究和开发利用，以有效地打击黑客的入侵。目前，网络安全保护措施有路由器支持过滤作用和利用防火墙技术两种，但不管哪种保护技术均不能完全保护网络信息的安全，所以，用户必须对所有文件都保留有备份，以防不测。

网络信息安全是一件事关国计民生的大事，是21世纪综合国力竞争的重要内容。因此，正如有关专家指出的那样，我们必须以研制"两弹一星"的精神去构建一个安全的独立自主的网络系统，从而使我国的网络信息事业健康、蓬勃地发展。

二、数字图书馆的网络信息安全

（一）数字图书馆网络信息安全的具体内容

就数字图书馆网络信息安全的具体内容来说，主要包括了系统的安全以及信息的安全两个方面。所谓系统的安全是指整个图书馆运转满足人们查阅整理的需要，并且保证整个信息资源得到良好运转的支撑系统的安全性。图书馆系统的安全较信息的安全可能更为偏向技术性一些，因此，在对数字图书馆进行建设和管理的过程中，需要依靠较多的软件技术以及安全信息技术对整个图书馆系统进行一个有效的管理；信息安全主要指的是人员在对数字图书馆进行使用的过程中，对用户信息以及相关信息资源的保护。在某些开放程度较高数字图书馆在投入使用的过程中，用户名以及用户密码在使用过后，相关的浏览痕迹没有得到有效的扫除，对于用户个人信息的安全也就面临相应的威胁。对信息的安全进行保护包括了基础系统运行的相关信息、服务器的相关信息、用户的个人基本信息以及网络平台的信息资源等数据或者具体信息资源的机密性、有效性以及完整性的保证；与此同时，还需要相关工作人员在信息资源面临的相关风险以及对信息进行有效的控制之间掌握一个最优的平衡策略。就信息的机密性而言，客观要求信息的不泄露，尤其是对那些没有获得使用授权的人。就信息的完整性而言，主要需要防止出现的情况就是信息被肆意的篡改；所谓新的有效性是指，在信息使用人员对图书馆进行访问的过程中，搜索引擎能够保证对信息进行访问的用户在使用信息的过程中可以获取相关信息。就网络系统的安全来说，是指在数字图书馆运行过程中对整个网络信息系统进行保护的各种硬件以及软件，从而保证数字图书馆在正常以及安全的状态下运行。

（二）现阶段数字图书馆网络信息安全管理现状

1. 网络信息安全管理相关技术的欠缺

数字图书馆的高效运转依赖于有效的技术支撑，而网络信息安全的实现同样依赖于相应的安全管理技术，先进有效的安全管理技术，是实现信息基础安全有效的重要手段，也是必要手段之一。虽然在上文中我们提到过现阶段有许多数字图书馆在建设和完善的过程中，将大多数精力投放在技术层面，但是对于网络信息系统安全保障性技术这一块，并没有引起很多数字图书馆足够的重视，他们更多注重的是整个信息系统运转方面技术的有效应用，但是就数字图书馆的实质来说，其主要作用就是在于信息的有效性与可靠性，一旦信息安全措施没有落实到位，那么数字图书馆的建立初衷也就失去了原本的意义。我们都知道，在信息技术高速发达的今天，要想对信息进行有效保护，必须依赖相应的技术手段，比如在信息安全保护中常用到的防火墙信息技术，或者是入侵的有效检测以及流量分析技术，对信息进行认证的控制技术，VLAN 技术以及信息加密的技术等，对数字图书馆的信息安全进行有效保护的第一步，就是相关信息安全技术的完善。

2. 领导层制度落实力度不够

在数字图书馆建设的初期，对网络信息安全方面的内容已经开始作反复的强调，但是就现阶段数字图书馆运行的过程来看，图书馆管理高层在落实相关制度上，依然存在力度不足的问题。有的领导层在图书馆建设初期制定相关的信息管理制度以及保护制度，但是就制度的初期制定来说，根本没有得到实践的检验，在系统后期运行过程中存在的一些问题没有在相应的制度中得到明确的体现。就制度本身而言，是网络信息安全管理活动开展的基本保障，如果在制度方面无法对网络信息安全进行保护，那么后续的保护盒保障工作是无法正常开展的。

3. 管理人员安全意识的缺乏

除了上文提到的两个方面的问题之外，在数字图书馆运转的过程中还存在另外一个现象，就是相关管理人员安全意识的缺乏。管理人员对网络信息安全意识的树立，是数字图书馆质量得到保证的第二道关口。管理人员如果能够在开展管理工作的过程中对数字图书馆网络信息的有效性以及可用性进行定期的检测或者使用的话，必定会有效防止信息安全管理漏洞的出现。

（三）对数字图书馆网络信息安全进行有效保护的具体措施

通过上文的相关叙述，我们已经了解到，在现阶段数字图书馆建设以及发展过程，网络信息安全一直扮演着至关重要的角色，发挥着不容小觑的作用，那么在对图书馆网络信息安全进行管理的过程中，应该从哪些方面采取有效措施呢？

1. 网络信息安全管理相关教育培训的有效开展

对图书馆的网络信息安全进行有效的管理，需要管理者对相应的观念进行有效的改变，从以往仅注重技术层面而忽略掉管理的传统观念中走出来，树立一个全新的安全型管理理念，并且针对现阶段图书馆馆员在具体工作开展过程中存在的问题进行有效的纠正，强化读者的安全意识，完善相关的安全措施；除此之外，还应同步展开多层次以及多方位的安全宣传以及培训工作，争取加大在信息安全方面的防范措施以及相应的检查力度，对相关管理工作人员开展一些岗前培训的课程，配以现场网络安全的教育培训以及技能培训，大力提倡员工的自主学习以及自我完善，对技术骨干人员进行再深造等；与此同时，还可以定期或者不定期的举办一些与网络信息安全相关的教育培训讲座，为员工创造更多的提升空间和机会，争取为图书馆相关管理制度的完善创造更多的群众基础；另外，相关领导层还应落实相关制度学习要求，从而促使相关工作人员尽快熟知与网络信息安全相关的规章制度，从而在掌握相关系统设备设施等辅助工具正确操作规范的基础上，落实相关安全管理制度。

2. 高效的制度建设

除了上文提到的网络信息安全管理相关教育培训的有效开展之外，对图书馆网络信息的安全进行管理还离不开高效的制度建设以及相应的制度执行力。制度建设是指根据数字图书馆信息网络安全的现状以及在未来一段时间内可能存在的我们可以预见的问题，制定有效的管理措施，对现阶段管理现状进行改善，防患于未然；而就制度的执行力而言，是建立在制度建设基础上，对相关制度的落实力度。就制度方面的落实来看，不仅要求相应制度自身的合理性以及科学性，同时也客观要求着相关管理人员以及工作人员的执行力度。提高现阶段网络信息安全管理工作中的制度执行力度，首先要求相应领导层面保证制度的可行性，其次，再加强相应管理人员的执行意识，建立健全相应监督以及审计的机制，强化监督层的监督功能，从而确保整个网络信息安全管理工作的基本效用以及基础功能。

3. 主体责任意识的强化

就网络信息安全管理工作开展的主体而言，实际上是责任两个字。在数字图书馆保持常态运转的过程中，每一个系统环节或者是相应的工作人员都在自己的岗位上履行自身的职责，网络信息安全管理过程中所牵涉的技术层面以及管理层面都有属于自身责任边界以及范围，如果人人都能各行其是，并且强化自身的责任意识，从技术以及管理等多方面去确保信息的安全性，那么网络信息安全管理过程中存在和面临的一系列危险和问题都会不攻自破；相应的，不管是技术层面还是管理层面，如果图书馆在投入使用的过程中出现了什么问题，我们只要找到问题的归属范围，落实相应的责任制，在信息安全管理的过程中也就不会出现责任推卸的情况了。

三、PKI 与网络信息安全中的加密技术

随着计算机技术的飞速发展，信息网络已经成为社会发展的重要保证。信息网络涉及国家的政府、军事、文教等诸多领域，存储、传输和处理的许多信息是政府宏观调控决策、商业经济信息、银行资金转账、股票证券、能源资源数据、科研数据等重要的信息。其中有很多是敏感信息，甚至是国家机密。在数字世界里信息的交互是以信息流的形式存在，但由于这种交互是建立在网络基础上的，保证交互的顺利进行却不是一件容易的事。

PKI，即"公共密钥基础设施"是一套利用公钥密码技术为安全通信提供服务的基础平台的技术和规范，PKI 规定了该安全基础平台应遵循的标准。PKI 公钥基础设施的主要任务是在开放环境中为开放性业务提供基于非对称密钥密码技术的一系列安全服务，包括通信对象身份认证和密码管理、机密性、不可否认性和数字签名等。PKI 技术是信息安全技术的核心，用户可利用 PKI 平台提供的服务进行安全的信息交互，在线交易和互联网上的各种活动。PKI 的提出和研究经过了很长一段时间才形成一套初步完整的安全解决方案，即目前被广泛采用的 PKI 体系结构。PKI 体系结构采用证书管理公钥，通过第三方的可信认证中心，把用户的公钥和用户的其他标识（如姓名、E-mail、身份证号等）捆绑在一起，以方便网络通信对象之间验证彼此的身份。

（一）PKI 的组成

一个典型、完整、有效的 PM 应用系统至少应具有以下部分：

（1）权威认证机构 CA：CA 是 PKI 的核心组件，它必须具备权威性、公正性的特征。CA 负责签发证书、验证证书、管理已颁发证书，以及制定政策和具体步骤来验证、识别用户身份。

（2）数字证书库：证书库必须使用某种稳定可靠的、规模可扩充的在线资料库，以便用户能找到安全通信需要的证书信息或证书撤销信息。

（3）密钥备份及恢复系统：如果用户丢失了用于解密数据的密钥，则数据将无法被解密，这将造成合法数据丢失。为避免这种情况的发生，PKI 提供备份与恢复密钥的机制。

（4）证书作废系统：证书撤销处理系统是 PKI 的一个必备的组件。与日常生活中的各种身份证件一样，证书有效期以内也可能需要作废，原因可能是密钥介质丢失或用户身份变更等。

（5）应用接口（API）：PKI 的价值在于使用户能方便地使用加密、数字签名等安全服务，因此必须提供良好的应用接口。

（6）客户端软件：为方便客户操作，解决 PKI 的应用问题，在客户装有客户端软件，以实现数字签名、加密传输数据等功能。此外，客户端软件还负责在认证过程中，查询证书和相关证书的撤销信息以及进行证书路径处理、对特定文档提供时间戳请求等。

(二)PKI 的功能

建设 PKI 体系是为信息交互、在线交易和互联网上的各种活动提供完备的安全服务功能，是公钥基础设施最基本、最核心的功能。作为基础设施要做到：遵循必要的原则，不同的实体可以方便地使用 PKI 安全基础设施提供的服务 PKI 提供的服务功能包括：

1. 自动查询证书"黑名单"（CRL），实现双向身份认证

当客户需要在网上传输信息时，客户端软件会自动对信息传输双方的身份进行验证，包括：对方是否也拥有以的证书？证书是否在有效期内。证书是否因为某种原因被撤销，即证书是否被列入"黑名单"（URL）。这种验证是双向的而且是由客户端自动完成的，如果验证通过，客户端就会自动建立起双方的信息安全通道，确保信息的安全传递；如果验证未通过，客户端会自动终止联系，防止客户的重要信息泄露。

2. 对传输信息自动加／解密，保证信息的私密性

客户端自动对其发出的信息进行加密，并对收到的信息解密，通信双方无须对这一过程进行任何干预。加密机制采取对称加密和非对称加密相结合的方式，前者使用国际通行的 128 位加密强度的对称算法，后者使用高强度的非对称的 1024 位 RSA 算法。对传输信息自动进行数字签名和验证，支持交易的不可否认性。客户端可以自动对客户发出的交易信息进行数字签名，其作用等同于现实中客户的手写签名或公章，并对接收到的带有对方签名的信息进行自动验证，保证对方签名的真实性。

3. 证书恢复功能，解除客户遗忘口令的后顾之忧

一般，客户需要先启动客户端软件输入用户名和口令，然后才能使用证书进行网上交易。口令是保证客户证书不被他人非法盗用的重要依据，但口令遗忘或者丢失又是现实中经常会发生的事情。这时，客户可以利用客户端软件，通过 CA 提供的"证书恢复"功能来重新设置自己的口令，保证证书的可用性。

4. 实现证书生命周期的自动管理

一般 CA 采用加密密钥和签名密钥的双密钥机制，通过客户端安全代理软件或安全应用控键实现证书的自动管理。客户不用考虑证书是否过期，由客户端软件自动、透明地在证书到期前完成证书更新。

5. 多种证书存放方式，给客户最大的便利

根据客户的不同需求，客户端软件支持证书的多种存放方式：客户既可以将证书存放在硬盘上，也可以存放在软盘上，但这种做法是不安全的；更为普遍的一种安全方式是，客户直接将证书存放在 IC 卡中。

（三）PKI 加密 / 签名原理

1.PKI 加密密钥对的使用原理

发送方欲将加密数据发送给接收方，首先要获取接收方的公开的公钥，并用此公钥加密要发送的数据，即可发送；接收方在收到数据后，只需使用自己的私钥即可将数据解密。假如发送的数据被非法截获，由于私钥并未上网传输，非法用户将无法将数据解密，更无法对文件做任何修改，从而确保了文件的机密性和完整性。

2.PKI 签名密钥对的使用原理

此过程与加密过程相对应。接收方收到数据后，使用私钥对其签名并通过网络传输给发送方，发送方用公钥解开签名，由于私钥具有唯一性，可证实此签名信息确实为由接收方发出。此过程中，任何人都没有私钥，因此无法伪造接收方的签名或对其任何形式的篡改，从而达到数据真实性和不可抵赖性的要求。

在网络信息交互过程中需要一套强大的基于 PKI 技术的安全认证机制：通过发放数字证书实现网上信息传递的私密性、真实性、完整性和不可否认性，根据客户不同层次的安全需求，以提供企业（个人）高级证书、企业（个人）普通证书、Web 站点证书、STK 手机证书、VPN 设备证书等。对于拥有高级证书的客户，可以通过安全代理软件来实现证书的多种功能。客户只需输入口令，代理软件就会自动为客户完成身份识别、信息加密、数字签名及证书自动更新等一系列工作。通过代理软件，客户无须过多地理解证书和密钥处理的机制就可以轻松实现网上信息的安全传递。它能够自动地执行以提供的一整套完整的安全机制，整个过程对客户都是透明的，为客户提供可靠、便捷的网上安全服务。

四、网络信息与网络技术安全

随着网络技术和信息技术的飞速发展，网络及网络信息安全技术已经影响到社会的政治、经济、文化和军事等各个领域。人们在享受网络带来的便利的同时，网络信息的安全也日益受到威胁。为使信息在存储、处理或传输过程中不被非法访问或删改，以确保自己的利益不受损害，数据加密为其提供了安全保障。

网络技术的成熟使得网络连接更加容易，人们在享受网络带来的便利的同时，网络信息的安全也日益受到威胁。安全的需求不断向社会的各个领域扩展，人们需要保护信息，使其在存储、处理或传输过程中不被非法访问或删改，以确保自己的利益不受损害。

现代的电脑加密技术就是因网络信息安全的需要而应运产生的，它为我们进行一般的电子商务活动提供了安全保障，如在网络中进行文件传输、电子邮件往来和进行合同文本的签署等。

加密技术通常分为两大类："对称式"和"非对称式"。

对称式加密就是加密和解密使用同一个密钥，通常称之为"Session Key"。这种加密技术目前被广泛采用，如美国政府所采用 DES（Data Encryption Standard）加密标准就是一种典型的"对称式"加密法，它的 Session Key 长度为 56Bits。

对称密码系统因为算法不需要保密，所以制造商可以开发出低成本的芯片以实现数据加密，这些芯片有着广泛的应用，适合于大规模生产。随后 DES 成为全世界使用最广泛的加密标准。加密与解密的密钥和流程是完全相同的，区别仅仅是加密与解密使用的子密钥序列的施加顺序刚好相反。目前在国内 DES 算法在 POS、ATM、磁卡及智能卡（IC 卡）、加油站、高速公路收费站等领域被广泛应用，以此来实现关键数据的保密，如信用卡持卡人的 PIN 的加密传输、IC 卡与 POS 间的双向认证、金融交易数据包的 MAC 校验等，均用到 DES 算法。

DES 算法具有极高安全性，到目前为止，除了用穷举搜索法对 DES 算法进行攻击外，还没有发现更有效的办法。由于 DES 算法中只用到 64 位密钥中的其中 56 位，而第 8、16、24、……64 位 8 个位并未参与 DES 运算，这一点，向我们提出了一个应用上的要求，即 DES 的安全性是基于除了 8、16、24、……64 位外的其余 56 位的组合变化才得以保证的。因此，在实际应用中，我们应避开使用第 8、16、24、……64 位作为有效数据位，而使用其他的 56 位作为有效数据位，才能保证 DES 算法安全可靠地发挥作用。如果不了解这一点，把密钥 Key 的 8、16、24、……64 位作为有效数据使用，将不能保证 DES 加密数据的安全性，对运用 DES 来达到保密作用的系统产生数据被破译的危险，这正是 DES 算法在应用上的误区，留下了被人攻击、被人破译的极大隐患。

非对称式加密就是加密和解密所使用的不是同一个密钥，通常有两个密钥，称为"公钥"和"私钥"，它们两个必需配对使用，否则不能打开加密文件。这里的"公钥"是指可以对外公布的，"私钥"则不能，只能由持有人一个人知道。它的优越性就在这里，因为对称式的加密方法如果是在网络上传输加密文件就很难把密钥告诉对方，不管用什么方法都有可能被别人窃听到。而非对称式的加密方法有两个密钥，且其中的"公钥"是可以公开的，也就不怕别人知道，收件人解密时只要用自己的私钥即可以，这样就很好地避免了密钥的传输安全性问题。

非常著名的加密算法就是 RSA 了，RSA 算法是基于大整数不可能被质因数分解假设的公钥体系。简单地说就是找两个很大的质数，一个对外公开的为"公钥"（Public key），另一个不告诉任何人，称为"私钥"（Private key）。这两个密钥是互补的，也就是说用公钥加密的密文可以用私钥解密，反过来也一样。

假设用户甲要寄信给用户乙，他们互相知道对方的公钥。甲就用乙的公钥加密邮件寄出，乙收到后就可以用自己的私钥解密出的原文。由于别人不知道乙的私钥，所以即使是甲本人也无法解密那封信，这就解决了信件保密的问题。另一方面，由于每个人都知道乙的公钥，他们都可以给乙发信，那么乙怎么确信是不是甲的来信呢？那就要用到基于加密技术的数字签名了。

甲用自己的私钥将签名内容加密，附加在邮件后，再用乙的公钥将整个邮件加密（注意这里的次序，如果先加密再签名的话，别人可以将签名去掉后签上自己的签名，从而篡改了签名）。这样这份密文被乙收到以后，乙用自己的私钥将邮件解密，得到甲的原文和数字签名，然后用甲的公钥解密签名，这样一来就可以确保两方面的安全了。

数字签名有对信息来源的鉴别，保证信息的完整和不可否认等功能。数字签名的原理是将要传送的明文通过一种函数运算（Hash）转换成报文摘要（不同的明文对应不同的报文摘要），报文摘要加密后与明文一起传送给接受方，接受方将接受的明文产生新的报文摘要与发送方的发来报文摘要解密比较，比较结果一致表示明文未被改动，如果不一致表示明文已被篡改。

加密技术的应用是多方面的，但最为广泛的还是在电子商务和 VPN 上的应用。

（一）在电子商务方面的应用

电子商务（E-business）要求顾客可以在网上进行各种商务活动，不必担心自己的信用卡会被人盗用。在过去，用户为了防止信用卡的号码被窃取到，一般是通过电话订货，然后使用用户的信用卡进行付款。现在人们开始用 RSA（一种公开/私有密钥）的加密技术，提高信用卡交易的安全性，从而使电子商务走向实用成为可能。

SSL 协议位于 TCP/IP 协议与各种应用层协议之间，为数据通信提供安全支持，SSL3.0 现在已经应用到了服务器和浏览器上。

SSL3.0 用一种电子证书（electric certificate）来实行身份进行验证后，双方就可以用保密密钥进行安全的会话了。它同时使用"对称"和"非对称"加密方法，在客户与电子商务的服务器进行沟通的过程中，客户会产生一个 Session Key，然后客户用服务器端的公钥将 Session Key 进行加密，再传给服务器端，在双方都知道 Session Key 后，传输的数据都是以 Session Key 进行加密与解密的，但服务器端发给用户的公钥必需先向有关发证机关申请，以得到公证。

基于 SSL3.0 提供的安全保障，用户就可以自由订购商品并且给出信用卡号了，也可以在网上和合作伙伴交流商业信息并且让供应商把订单和收货单从网上发过来，这样可以节省大量的纸张，为公司节省大量的电话、传真费用。在过去，电子信息交换（Electric Data Interchange，EDI）、信息交易（information transaction）和金融交易（financial transaction）都是在专用网络上完成的，使用专用网的费用大大高于互联网。正是这样巨大的诱惑，才使人们开始发展因特网上的电子商务，但不要忘记数据加密。

（二）加密技术在 VPN 中的应用

现在，越来越多的公司走向国际化，一个公司可能在多个国家都有办事机构或销售中心，每一个机构都有自己的局域网 LAN（Local Area Network），但在当今的网络社会人们的要求不仅如此，用户希望将这些 LAN 联结在一起组成一个公司的广域网，这个在现在已不是什么难事了。事实上，很多公司都已经这样做了，但他们一般使用租用专用线路来联结这些局域网，他们考虑的就是网络的安全问题。现在具有加密／解密功能的路由器已到处都是，这就使人们通过互联网连接这些局域网成为可能，这就是我们通常所说的虚拟专用网VPN（Virtual Private Network）。当数据离开发送者所在的局域网时，该数据首先被用户端连接到互联网上的路由器进行硬件加密，数据在互联网上是以加密的形式传送的，当达到目的LAN的路由器时，该路由器就会对数据进行解密，这样目的LAN中的用户就可以看到真正的信息了。

五、提高中小企业网络信息安全策略

随着电子商务的迅速发展和广泛应用，中小企业面临的信息安全压力也越来越大。如系统软硬件发生故障、遇到恶意攻击、网络病毒感染等，将可能造成企业业务的中断，以及因不能及时恢复系统导致企业应用停止或丢失数据，这些会对企业的服务质量、声誉造成严重影响，甚至会令其面临生存的困难。因此，中小企业在组建和使用网络系统时，一定要正确实施网络安全策略。

（一）路由器策略

用路由器是作为抵御外来攻击的第一道屏障。路由器都有内置的安全功能，通过对路由器的设置，可以实现外部网络无法访问企业内部网络等目的。

（二）防火墙策略

在网络服务器上使用防火墙（Firewall）作为第二道安全屏障。防火墙是指一个由软件系统和硬件设备组合而成的，在内部网和外部网之间的界面上构造的保护层，并以此作为检查和确认连接。只有被授权的连接请求或数据才能通过此保护层，从而使企业内部网络与外部网络在一定意义下被隔离，达到安全的目的。防火墙并不是万能的，它只能抵御经由防火墙的攻击，如果攻击不经由防火墙，比如从企业网内部发起攻击，所面临的风险是同样巨大的。

（三）防水墙策略

防水墙系统（Water Wall）是目前比较成熟的一种内网安全管理系统，是防火墙的有效补充。对整体安全系统来说，它也是不可或缺的一部分。主要采用了监测内网中计算机系统信息，阻止内网信息向外网泄漏，保证系统内部的快速、准确、安全的通信，用技术手段强化内部信息的安全管理，使之不被非法或违规地窥探、外传、破坏、拷贝、删除，从本质上阻止了机密信息泄漏事件的发生。防水墙系统的身份认证策略、访问控制策略、存储介质管理策略、运行管理策略、安全审计策略，为网络内部安全构筑了第二道防线。

（四）防病毒策略

一旦病毒爆发，整个系统都将面临巨大危害。选用功能强大的网络版防病毒软件，可以帮助网络管理维护人员预防病毒，及时更新病毒库，并在第一时间得到防病毒厂商的病毒预报，使网络管理维护人员随时监控网络病毒的发展状况，及时发现计算机病毒侵入并做出反应，采取有效的手段阻止计算机病毒的传播和破坏。防垃圾邮件也是企业局域网维护人员的一项重要工作。现在的一些网络防病毒产品提供商亦开始将邮件的防护整合到网络安全防护系统内，提供垃圾邮件和邮件内容过滤的功能。

（五）物理安全策略

物理安全策略目的是保护计算机系统、网络服务器、打印机等硬件实体和通信链路免受自然灾害、人为破坏和搭线攻击；确保计算机系统有一个良好的电磁兼容工作环境；建立可靠的后备电源保障系统；同时对机房的下水管、暖气管和金属门窗进行屏蔽和隔离等等，避免意外事故对企业网络的正常运行造成影响。

（六）系统更新策略

企业网络服务器必须采用正版软件，及时安装补丁和软件更新，以修复软件中的Bug，弥补安全漏洞，要形成定期检查更新软件系统的习惯。

（七）数据备份策略

备份数据是在网络系统由于各种原因出现灾难事件时最为重要的分析依据和恢复手段。因此，对网络设备和数据服务器的配置参数、用户数据、系统中重要的配置文件、重要文档和重要软件都必须进行数据备份。每次备份要有详细的备份记录，确保故障恢复工作能够顺利进行，使得网络能够及时恢复正常。

（八）制度建立与执行策略

对于一个信息化的企业来说，网络信息安全不仅仅是一个技术问题，也是一个管理问题。安全是一种"买不到"的东西，打开包装箱后即插即用并提供足够安全水平的安全防护体系是不存在的。建立一个有效的信息安全体系，首先需要在良好的信息安全治理的基础上，制定出相关的管理政策和规章制度，然后才是在安全产品的帮助下搭建起整个构架。

1. 防范体系的建设和制度的建立

建立完善的安全管理制度，提高各级工作人员的安全意识和安全水平，从制度上提高整体安全级别。结合企业的业务需求和安全现状来构建安全信息架构和安全建设框架，制订符合企业的安全制度和流程，从整体上进行信息安全规划和建设。

2. 加强制度的落实

在一些企业里，安全的最大问题往往是无法贯彻执行企业的安全政策和流程。很多企业针对安全问题制定了许多安全制度和策略，但是在具体的执行过程中，或多或少地打了一些折扣，或者干脆不执行，最终将安全制度束之高阁。所以企业在花大力气进行制度建设的同时，也要花更大的精力去加强制度的落实。

（九）应急预案策略

网络攻击无处不在、无时不有、防不胜防，所以建立有效的应急处置系统，可以在发生安全事件时，保证重要操作正常执行，将损失降到最低水平。企业网络安全管理意识的加强，首先领导要重视，其次是企业网管理维护人员和终端用户安全意识都要不断加强。出色的安全性不可能一蹴而就。随着企业的发展，企业的安全是动态变化的，定期评估网络环境中的漏洞，并在安全策略上进行及时调整，才能防患于未然。

第四节　电子政务与网络信息安全

一、电子政务在我国的发展

电子政务是经济与社会信息化的先决条件之一，是国家信息化建设的重要内容。国家的信息化需要多方面力量的推进，其中政府作为国家的重要组成部分和信息流的中心节点，在国家信息化建设中起着责无旁贷而又无可替代的作用。这也就是在世界各国积极倡导的"信息高速公路"建设的五大应用领域中，"电子政府"（e-government）一直被发展中国家列为第一位的重要原因。我国政府也一直致力于推进中国信息化发展，特别是电子政务的发展，早在1993年，即美国制定并颁布《美国国家基础设施行动计划》（即 NII 计划）的同一年，国务院就设立了国民经济信息化联席会议，随后启动了"三金工程"，即金桥工程、金关工程和金卡工程。三金工程是我国中央政府主导的以政府信息化为特征的系统工程，是我国电子政务的雏形。1998年7-8月间，中国邮电电信总局在信息产业部的支持下悄然启动"政府上网工程"。1999年1月22日，由我国电信和国家经贸委经济信息中心联合四十多家部委（办、局）信息主管部门共同倡议发起的"政府上网工程"，旨在推动各级政府部门为社会服务的公众信息资源汇集和应用上网。在政府上网工程的推动下，我国政府站点迅速增加，网页内容日益丰富，在政策传递、网上服务等电子政务方面都有了一定的进展，它标志着"政府上网工程"的全面实施。2001年8月，重新组建国家信息化领导小组，原国务院总理朱镕基任组长。2001年11月，正式成立了国家信息化领导工作办公室，从此，掀起了我国信息化发展的新高潮。据一项"政府网上应用调查"的结果，我国政府上网工程自1999年初启动以来，已经取得初步成效，截止到2002年6月，以 gov.ctn 注册的政府域名总数已达6686个，占 ctn 下注册域名数的53%，以 gov.ctn 结尾的网站为4929个，占我国网站总数的17%同时，我国已将加速高速宽带网络基础设施建设作为今后发展的重点，建设新一代的高速信息传输骨干网络和宽带高速互联网，构筑满足经济与社会需要的信息化基础设施平台，这就为建立电子政务提供了更为有利的条件。

二、电子政务信息安全存在的问题

在我国，政府上网工程将树立中国各级政府各部门在网络上的形象，提高政府工作的透明度，降低办公费用，提高办公效率，有利于勤政、廉政建设。但是，电子政务提供的平台上有相当多的政府公文在流转，其中不乏重要情报，内部网络上有着大量高度机密的数据和信息，所以电子政务要求具有高度的安全可靠性。随着电子政务的广泛实施，一方面为各级政府机关及时、高效地获取国内外信息资源提供了极大的方便，另一方面电子政务安全问题更加突出。具体表现在以下几个方面：

（一）技术问题

我国网络安全存在隐患的一个原因就是技术被动性引起的安全缺陷。首先，我国的芯片基本依赖进口，即使是自己开发的芯片也需要到国外加工；其次，为了缩小与世界先进技术的差距，我国引进了不少国外设备，但同时也带来了不可轻视的安全缺陷；再次，我国绝大多数网络运行的主要是 TCP/IP、Beguine、IPX 等网络协议，而这些网络协议并非专为安全通讯而设计，所以，利用这些网络进行服务本身就可能存在多方面的安全威胁，造成如下一些常见的安全问题：（1）对物理通路的干涉；（2）网络链路传送的数据被窃听；（3）非授权用户非法使用，信息被拦截或监听；（4）操作系统存在的网络安全漏洞；（5）应用平台的安全，如数据库服务器、电子邮件服务器等均存在大量的安全隐患，很容易受到病毒、黑客攻击；（6）直接面向用户的应用系统存在的信息泄露、信息篡改、信息抵赖、信息假冒等。

（二）管理问题

总体上说，我国网络安全管理与保卫工作是滞后的。不少单位还停滞在传统的"看家护院"的工作模式，没有从管理制度、人员和技术上建立相应的电子化业务安全防范机制，缺乏行之有效的安全检查保护措施。管理上的漏洞，使网络罪犯有机可乘。许多网络犯罪行为尤其是非法操作都是利用联网的电脑管理制度上的漏洞而得逞的。比如，微机或工作站管理人员在开机状态下擅离岗位，敏感信息临时存放在本地的磁盘上，而这些信息处于未保护状态，这种管理上的不严格极易给他人提供冒充的机会。另外，网络管理者利用管理用户地址目录之便，很容易以某一用户的身份登录、查看和复制用户的信息，甚至以用户的名义发送报文。根据公安部门的报告，作案人员往往是利用管理上的漏洞，而且内部人员居多。

（三）立法问题

世界主要发达国家，为了促进电子政务的发展，都先后出台了一系列促进电子政务应用的法律规定。尽管我国也已经出台了一些与网络安全有关的法律法规，但现行政策法规仍难以适应网络发展的需要，信息立法还存在相当多的空白。对于如何促进电子交易、使用电子签名和电子支付还没有制定相关的法律。随着我国电子政务的发展，越来越多的网上敏感性数据需要保护，建立和实施严密的网络安全制度与策略是真正实现网络安全的基础。

三、电子政务信息安全防范的措施

为维护我国信息网络的可靠运行和信息安全，根据我国目前的实际情况，制定一套完整的信息安全保障体系迫在眉睫，这套体系是行政对策、法律手段和技术应用的有机结合。三者的关系是：技术是核心、管理是关键、法制是保障。

（一）加强信息安全技术与产品的开发与应用

近年来，我国网络信息安全技术与产品初具规模，其中，计算机病毒防治、防火墙、安全网管、黑客入侵检测及预警、网络安全漏洞扫描、主页自动保护、有害信息检测、访问控制等一些关键性产品已实现国产化，其部分技术已达到国际先进水平。但由于原创技术、产品少，技术深度、产品成熟度不如国外，在安全技术的完善性、规范化和实用性等方面也还存在许多不足，特别是在多平台的兼容性、多协议的适应性和多接口的满足性方面存在很大差距，于是造成国内许多网络安全方案都建立在国外技术和产品的基础上，如果大量的软件和关键设备（如路由器等）依赖进口，将不仅使别国赚取高额利润，而且无疑是一种严重的安全隐患，因为它的维护和技术全部掌握在别国手里，肯定要受制于人，假如软件中的可能漏洞被恶意利用，造成的后果将是不堪想象的。因此，我们必须从信息与网络安全的基础研究着手，大力发展基于自主技术的信息安全产品，尽量多用我国自己的安全设备装备网络，凡涉及国家机密或国家安全的应用软件，都应由国内生产，而不应该交由国外企业去做，最终从根本上摆脱引进国外的关键信息系统难以安全利用、有效监控的被动局面。在我国的政府网站建设中，大都采取了内部网与外部网同时建设的方式。2002年8月17日，中央办公厅和国务院办公厅联合下发了《国家信息化领导小组关于我国电子政务建设指导意见》，对电子政务网络有一个基本划分，分为政务内网和业务专网，两网中流通的信息资源是不同的，外网主要用来发布一些公开的信息，内网则有着许多机密信息，在信息安全方面尤其要重视将内部网与外部网物理隔离。对于需要上因特网的用户采用国家保密主管部门推荐的网络安全隔离计算机，使得该用户能安全地访问内部办公网和因特网。这样，就解决了内外网物理隔离后的用户如何获取外部信息资源的问题。在内部网建设中，还要考虑在机密网段采用国家密码主管部门指定的数据链路加密系统，以防止机密数据在网络传输中的泄密和非法篡改。同时，在内部网需要一套有效的信息安全实时监控系统，以防患于未然。

（二）建立完善的安全管理体系

政府上网工程的安全管理可以通过如下几个环节来加以规范并实现有效的管理。

1. 安全评估

安全评估应从政治、经济、技术等方面确定系统中的信息重要程度、有哪些潜在的威胁、受到侵害的后果，只有这样，才能有的放矢，确定系统应采取什么样的安全措施。

2. 安全政策

在安全评估的基础上制订政府上网工程中的安全政策，包括政府信息系统安全等级划分，与安全等级相对应的安全措施的要求；对参与系统开发和运行的企业的要求和约束；系统安全的审计；安全问题的报告制度和程序；紧急情况的处理和应急措施等。

3. 安全标准

在政府上网工程安全政策的指导下，需要制订具体的、针对每一个安全等级的政府信息系统的安全标准，包括硬件、软件、人员、系统的安全、运行的规则、数据的备份、系统的物理安全等。有了标准，每一个政府信息管理系统只要参照标准认真执行即可。这样，不仅有利于安全管理，还可以节省各部门和系统在安全问题的人力和财力资源的重复耗费。

4. 安全审计

每一个政府信息系统在建成和运行的过程中，要接受有关部门的安全审计，以确保政府的安全政策和安全标准得到切实的落实。

5. 安全培训

电子政务建设是一项信息知识含量高、信息技术要求高的工作，对人员的素质要求比较高，因此，公务员使用计算机网络的实践经验是开展电子政务的基本因素。所以，应加强政府工作人员相应的培训工作；加强网络信息安全教育和管理教育；培养高素质的管理人才。

（三）制定信息安全相关的法律法规

发展电子政务，立法要先行。立法要从有利于信息技术发展、有利于电子政务开展的角度，解决电子政务发展中亟待解决的问题，如电子签名、电子支付的合法性，制定电子政务信息技术规范，并及时修改传统法律中与信息技术发展不相适应的部分。要加强政府信息的安全管理，不断提高反病毒、反黑客技术，保证信息网络的安全，并制定相应的管理法律法规，对政府信息网络的建设、管理、维护、内容和形式的规范进行必要的规定和约束，以保障政府信息网络的规范、安全运行。

第九章　网络软件安全

第一节　计算机网络软件

目前，随着网络技术的发展，计算机网络软件已经被广泛应用到人们的生活当中，与人们的生活息息相关，因此，要加强计算机网络软件的应用与功能的研究和探讨，切实保障人们的利益。

一、计算机网络软件概述

一般情况下，我们主要将计算机网络软件统分为两大类：

（1）应用软件；

（2）系统软件。

首先，说明应用软件。所谓应用软件，主要就是指结合用户的不同领域使用各种程序设计语言，应用需求而提供的部分软件。简单来讲，应用软件的开发可以是为了某一个专用的目的。例如：我们所经常提到的办公自动化软件，这就是款典型的应用软件。应用软件又可以分为：多媒体软件、互联网软件、分析软件以及商务软件等等。在这里我们所要重点阐述是商务软件，到目前为止，在我国范围内，商务软件的应用范围是应用软件当中最为普遍的一种，目的就是为了有效防止企业的非法用户对企业信息流的分析以务业务特征的获取，使得信息在传递的过程中能够有效安全，而且商务软件所涉及范围也比较大，如：会计软件、企业资源计划以及企业的业务流程等等。通过商务软件，避免企业信息数据的复制、篡改，一方面，不仅可以及时查询企业的业务信息和会计信息，加强对企业经营状况的动态实时了解；另一方面，还可以避免企业在业务劳动中的一些工作上的重复，加强对企业各项业务以及工作的集中管理，提升企业效益。可以说，应用软件的使用，可以满足不同领域、不同层次用户的不同需求，是一种比较有效的计算机系统软件。

其次，对于系统软件，在计算机系统中，系统软件是其中必备的一种软件程序，其主要用来加强对计算机系统中各种应用程序的管理和运行，并且可以编译应用程序等。一般而言，系统程序主要就是指各种服务程序系统，分为：编译系统、操作系统、数据库管理系统等等。其中，编译系统就是我们常提到的语言处理程序，在计算机系统中，通过机器语言与汇编语言进行程序语言的设计，如通过网络对异地外部设备的控制，如高速打印机。首先将信息存入共享服务器中，保持信息的随时获取，一方面，加强了集中管理，使得企业的工作效率得以提升；另一方面，还在一定程度上，控制了成本，有效降低了企业的运营成本。而所谓操作系统，其主要功能就是对计算硬件、软件资源进行管理、监督和控制，使得计算机的效率得到充分发挥，一般有设备管理、作业管理、处理器、存储器以及文件管理等等。

二、计算机网络软件的应用

目前，随着科学技术的发展和网络技术的发展，计算机网络软件在设计方面也在不断地优化，使用得大量的网络软件被应用到计算机系统中，而且在这个发展的过程中，越来越多的网络建设者、设计者和使用者加强了对计算机网络软件问题高度关注。尤其是对于企业、工程以及学校和银行这些领域，他们在计算机软件的应用方面较为普遍，安全问题与企业单位的自身发展有着重要的联系。与此同时，计算机网络软件的安全问题还在一定程度上关系到国家的发展和稳定，为此，在当前的社会信息体系条件下，计算机网络软件有着不可忽视的重要作用。因此，要加强对我国计算机网络软件安全状况的分析。

计算机网络软件存在安全问题：

第一，软件跟踪。一些非法用户在计算机软件开发和研究之后，总是利用一些违法手段，通过各种分析工具和调试工具，对软件进行逐条的运行和跟踪，使用的软件源码被破坏，加密功能被取消，进而使得相关信息被复制，造成软件的动态破译。

第二，非法复制。计算机网络软件的非法复制对产品的权威性造成了极大的影响。因为软件在开发和研制的过程中，其所需要花费的时间和精力是比较大，而且动用较大的人力和物力，与计算机的硬件设备相比，其成本高出了几十倍甚至于上百倍。根据相关数据分析：全球的软件行业，因软件的非法复制，每年损失至少 140 亿美元，而且，这种现象还在逐年上升，一些国家软件的非法复制和盗用率竟然高达 96%，因此，软件的非法复制对社会造成了严重的危害，是当前一个社会存在的严重问题。

第三，软件本身的问题。在软件开发和研制的过程中，其会受到各种因素的影响，再加上软件开发商方面存在的问题，进而导致了软件本身质量上的严重缺陷，这是全球最大的软件公司也无法避免的事情。所以，软件本身的质量问题为软件的安全带来了安全隐患。尤其是近些年来，由于软件本身质量问题而引起的安全事件频繁发生，这是非常危险的现象。

因此，要充分认识到网络安全问题的重要性。加强对计算机网络软件安全使用情况的分析，保障人们的切身利益。

计算机网络软件作为一种公认的网络软件方案，通过应用程序，加强对各种数据的分析和动态绑定，有着为人们提供了获取信息渠道的重要功能。因此，为了确保和延续计算机网络软件的优秀特性，完善其综合性能，满足经济发展的需求和人们社会生活的需求，需要加大对新技术的研究和应用，将这些新技术与计算机软件进行有机的融合，提高计算机网络设计水平。目前，应用较为普遍的几种新技术主要有：

首先，反跟踪技术。反跟踪技术一般与加密技术结合应用，其可以有效地预防利用跟踪软件或者是调试工具对信息的复制和盗取，而且反跟踪技术如果出现问题，还在很大程度上会影响到加密技术的可靠性。

其次，加密技术。从某种性质上讲，计算机软件作为一种特殊商品，加密是保护其产权的一种重要手段。当前信息市场上的软件大都进行了一定的加密处理。目前主要应用到的加密技术有软件自校验方式、密码方式以及加密技术等等。其中，硬加密技术是目前使用比较广泛的一种加密方式。

此外，802.11ac 虽然因为技术复杂而增大了功耗，但得益于电源管理、待机功耗和半导体工艺的进步，实际能耗反而会比现在低好几个档次，符合环保大趋势。最后，802.11ac 会和历任前辈一样保持向下兼容性，大多数设备都会支持双频段，默认运行在5GHz 下，必要的时候切换到 2.4GHz 和 802.11n，甚至 802.11b/g，这也自然有利于平稳的升级过渡。

第二节　搜索软件网络安全

搜索软件有渗透到 Internet 每一个角落的趋势，甚至是一些配置不当的数据库、网站里的私人信息，例如回 e 的桌面搜索工具 Desktop search 存在一个信息泄漏的漏洞，入侵者能通过脚本程序欺骗 Desktop search 提供用户信息最常见的就是泄漏磁盘数据。利用这个漏洞提供的信息，入侵者可以伪造相关信件并建立欺骗性的电子商务网站，让用户误以为是大公司发给自己的信函而受欺骗；同时因为 Robot 一般都运行在速度快、带宽高的主机上，如果它快速访问一个速度比较慢的目标站点就有可能会导致该站点出现阻塞甚至停机，更为严重的是搜索软件对网络资源的搜索已逐渐成为病毒和黑客窥视的焦点，对网站、局域网安全构成严重的威胁。

一、搜索软件网络安全涉及的方面

（一）搜索软件主要的安全漏洞

1.搜索软件被作为名代理

像 Alta Vista、Hot Bot 等搜索软件能无意识地响应使用者的命令，把一些合乎搜索条件的网页传递给使用者，一般黑客就是利用这一点，利用嵌套技术，层层使用网络代理，通过搜索软件搜索有缺陷的网站并入侵。

2.搜索软件被作为病毒查找攻击对象的工具

例如，scanty 蠕虫病毒的爆发最初发生在一周前，这一蠕虫病毒能够删除 BBS 论坛上的内容在上面还涂鸦它自己的内容。据安全公司表示，该病毒攻击的对象是运行 bumph 软件的论坛网站，而且就是利用 Google 查找攻击目标。在 G 公司采取措施对 scanty 蠕虫病毒对存在有漏洞的 BBS 论坛网站的查找进行查杀之后，scanty 蠕虫病毒的变种正在利用 co、回 e、AOL 和雅虎等搜索软件进行大肆传播。

3.Google 批量黑客搜索攻击技术

很多有特定漏洞的网站都有类似的标志页面，而这些页面如果被 G 索引到，我们就可以通过搜索指定的单词来找到某些有指定漏洞的网站。

4.搜索软件被利用查找有缺陷的系统

一般黑客入侵的标准程序是首先寻找易受攻击的目标，接着再收集一些目标的信息，最后发起攻击。一般来说，新开通网络服务的主机容易成为攻击目标，因为这些主机最有可能没有很好的防范措施，如安全补丁、安装及时更新的防火墙等。

5.巧搜索软件能用来搜索秘密文件

搜索软件中的 p 搜索软件，与搜索软件相比，存在着更大的网络漏洞。诸如 Locos FTP 的搜索软件，它产生的成千上万的网络链接能够探测到一些配置不当的 P 服务器上的敏感信息。任何网络使用者，稍懂网络知识，使用这种搜索软件，都可以链接到"保密的数据和信息，更不用说一些资深的黑客了。

6.黑客利用桌面搜索攻击个人计算机

近来金山公司发现一种工具能够让使用者很轻易地找到机器当中的私人信息。同时，这个搜索工具还可以搜出系统隐藏的文件，如果利用这个搜索工具就能轻易地修改掉系统文件，而在隐藏文件暴露的情况下，非常容易受到攻击，而且病毒会利用操作系统漏洞进行攻击。所以用户在 QQ、MSN 聊大时，或者利用电子邮件收发时，个人信息会存在缓存当中，利用这一搜索会轻易搜索到网页的记录。

（二）局域网的信息安全

影响局域网信息安全的因素主要有：非授权访问、冒充合法用户、破坏数据的完整性、干扰系统正常运行、病毒与恶意攻击、线路窃听等等。

1.常规策略：访问控制

访问控制是网络安全防范和保护的主要策略，它的主要任务是保证网络资源不被非法使用和非常访问。它也是维护网络系统安全、保护网络资源的重要手段，是保证网络安全最重要的核心策略之一。

（1）入网访问控制

它是第一层访问控制，控制哪些用户能够登录到服务器并获取网络资源，控制准许用户入网的时间和准许他们在哪台工作站入网。

（2）网络的权限控制

这是针对网络非法操作所提出的一种安全保护措施。控制用户和用户组可以访问哪些目录、子目录、文件和其他资源，可以指定用户对这些文件、目录、设备能够执行哪些操作。

（3）目录安全控制

控制用户对目录、文件、设备的访问，或可进一步指定对目录下的子目录和文件的权限。

（4）属性安全控制

应给文件、目录等指定访问属性。属性安全控制可以将给定的属性与网络服务器的文件、目录和网络设备联系起来。

（5）网络服务器安全制

包括可以设置口令锁定服务器控制台，以防止非法用户修改、删除重要信息或破坏数据；可以设定服务器登录时间限制、非法访问者检测和关闭的时间间隔。

（6）网络监测和锁定控制

服务器应记录用户对网络资源的访问。对非法的网络访问，服务器应有一定的报警方式。同时应能自动记录企图尝试进入网络的对象和次数，并设置阈值以自动锁定和驱逐非法访问的账户。

（7）网络端口和节点的安全控制

网络中服务器的端口往往使用自动回呼设备、静默调制解调器加以保护，并以加密的形式来识别节点的身份。自动回呼设备用于防止假冒合法用户，静默调制解调器用以防范黑客的自动拨号程序对计算机进行攻击。

2. 非常规却有时更有效的安全策略和技术

（1）屏蔽 Cookie 程序

cookie 是 web 服务器发送到电脑里的数据文件，它记录了诸如用户名、口令和关于用户兴趣取向的信息因此有可能被入侵者利用，造成安全隐患，因此，我们可以在浏览器中做一些必要的设置，要求浏览器在接受 cookie 之前提醒您，或者干脆拒绝它们。通常来说，c 会在浏览器被关闭时自动从计算机中删除，可是，有许多 c 会一反常态，始终存储在硬盘中收集用户的相关目录中。

（2）屏蔽 Active X 控件

由于 Active X 控件可以被嵌入到 HTML 页面中，并下载到浏览器端加以执行，因此会给浏览器端造成一定程度的安全威胁。

（3）定期清除缓存、历史记录，以及临时文件夹中的内容浏览器的缓存、历史记录，以及临时文件夹中的内容保留了我们太多的上网的记录，这些记录一旦被那些无聊的人得到，他们就有可能从这些记录中寻找到有关个人信息的蛛丝马迹。

（4）内部网络系统的密码要定期修改

由于许多入侵者利用穷举法来破解密码，像 john 这一类的密码破解程序可从因特网上免费下载，只要加上一个足够大的字典在足够快的机器上没日没夜地运行，就可以获得需要的账号及密码，因此，经常修改密码对付这种盗用就显得十分奏效。

（5）不要使用"My Documents"文件夹存放 word、Excel 文件 word、Excel 默认的文件存放路径是根目录下的"My Documents"文件夹，在特洛伊木马把用户硬盘变成共享硬盘后，入侵者从这个目录中的文件名一眼就能看出这个用户是干什么的，这个目录几乎就是用户的特征标识，所以为安全起见应把工作路径改成别的目录，并且层次越深越好，比如：c：\abs\def\hi\jello，为了确保 Web 服务的安全，通常采用下列技术措施：在现有的网络上安装防火墙，对需要保护的资源建立隔离区；对机密敏感的信息进行加密存储和传输；在现有网络协议的基础上，为 c/s 通信双方提供身份认证并通过加密手段建立秘密通道；对没有安全保证的软件实施数字签名，提供审计、追踪手段，保证一旦出现问题，可立即根据审计 ET 进行追查等。搜索软件存在的漏洞匿名代理一般绝大多数的搜索软件可以通过使用者给的命令将使用者需要的资源通过网页反映出来。搜索软件的这一特征就被黑客所利用，他们将嵌套技术和使用网络代理等技术，来侵入搜索软件中的网站而窃取数据。

3. 病毒查找攻击对象的工具

例如，Scanty 蠕虫病毒在爆发前的时间内，能够侵入论坛上的内容并加以删除，写上自己所想要的内容。根据相关的公司数据表示，这种蠕虫病毒可以攻击 bumph 软件网站上的资源。然而正在 Google 公司全力研究如何攻克蠕虫病毒所造成的漏洞之时，这种病毒利用网络存在的各种漏洞在搜索软件上进行了大量的传播。

（三）Google 批量黑客搜索攻击技术

在 Google 搜索软件上，可以看到大量的黑客搜索攻击技术，如果把这些技术运用到搜索网页上时，网名就可以通过这些技术来找到网站本身所存在的漏洞。

（四）查找有缺陷的系统

电脑黑客在攻击系统时，一般都是先找最简单的目标，然后收集大量的相关数据，然后才是真正的进攻。一般来说，新的电脑没有安全保护措施，很容易被黑客攻入。所以，新的主机要安装安全软件，补丁等等。以免招遭受黑客对其系统的攻击。

当今的搜索软件主要有 FTP 搜索软件和 HTTP 搜索软件两种，FTP 搜索软件比 HTTP 搜索软件的安全漏洞隐患要大。以 FTP 搜索软件为例，它可以通过连接网络来探测服务器上的重要配置。所以只要是在运用此类搜索软件搜索信息时，都可以得到搜索软件的内部信息，然而对于黑客这就显得更为简单了。局域网安全解决方法现在，高速发展的互联网已经深入到社会生活的各个方面。对个人而言，互联网已使人们的生活方式发生了翻天覆地的变化；对企业而言，互联网改变了企业传统的营销方式及内部管理机制。但是，在享受信息的高度网络化带来的种种便利之时，还必须应对随之而来的信息安全方面的种种挑战，因为没有安全保障的网络可以说是一座空中楼阁，安全性已逐渐成为网络建设的第一要素。特别随着网络规模的逐渐增大，所存储的数据的逐渐增多，使用者要想确保自己的资源不受到非法的访问与篡改，就要用到访问控制机制，这就必须要掌握一些相关的网络安全技术。

二、实现搜索软件网络安全的措施

（一）数据加密与认证

为了保护数据在传递过程中不被别人窃听或修改，必须对数据进行加密（加密后的数据称为密文）。这样，即使别人窃取了数据（密文），由于没有密钥而无法将之还原成明文（未经加密数据），从而保证了数据的安全性。接收方因有正确的密钥，因此可以将密文还原成正确的明文。所以，对机密信息进行加密存储和传输是传统而有效的方法，这种方法对保护机密信息的安全特别有效，能够防止搭线窃听和黑客入侵，在目前基于 Web 服务的一些网络安全协议中得到了广泛的应用。WWW 服务器在发送机密信息时，首先根据接收方的 IP 地址或其他标识，选取密钥对信息进行加密运算；浏览器在接收到加密数据后，根据 IP 包中信息的源地址或其他标识对加密数据进行解密运算，从而得到所需的数据。在目前流行的 WWW 服务器和浏览器中，如微软公司的 IIS 服务器和浏览器 IE，都可以对信息进行加解。

（二）防火墙

"防火墙"是由计算机硬件和软件组合使互联网与内部网之间建立起一个安全网关（security gateway），从而保护内部网免受非法用户的侵入。它其实就是一个把互联网与内部网（通常为局域网或城域网）隔开的屏障。由软件、硬件系统沟通的防火墙，可以控制两个网络之间连接。接入控制策略是由使用防火墙的单位自行制订的，为的是可以最适合本单位的需要。防火墙内的网络称为"可信赖的网络"（trusted network），而将外部的因特网称为"不可信赖的网络"（encrusted net work）。防火墙可用来解决内联网和外联网的安全问题。设立防火墙的目的是保护内部网络不受外部网络的攻击，以及防止内部网络的用户向外泄密。

（三）入侵检测

传统上，一般采用防火墙作为系统安全的第一道屏障。但是随着网络技术的高速发展，攻击者技术的日趋成熟，攻击手法的日趋多样，单纯的防火墙已经不能很好地完成安全防护工作。入侵检测技术是继"防火墙"、"数据加密"等传统安全保护措施后新一代的安全保障技术。入侵（intrusion）指的就是试图破坏计算机保密性、完整性、可用性或可控性的一系列活动。入侵活动包括非授权用户试图存取数据、处理数据或者妨碍计算机的正常运行。入侵检测（intrusion detection）是对入侵行为的检测，它通过收集和分析计算机网络或计算机系统中若干关键点的信息，检查网络或系统中是否存在违反安全策略的行为和被攻击的迹象。入侵检测作为一种积极主动的安全防护技术，提供了对内部攻击、外部攻击和误操作的实时保护，在网络系统受到危害之前响应入侵并进行拦截。

（四）计算机病毒防治

编制或者在计算机程序中插入的破坏计算机功能或者破坏数据，影响计算机使用并且能够自我复制的一组计算机指令或者程序代码被称为计算机病毒（Computer Virus）。具有破坏性，复制性和传染性。计算机病毒是一种在计算机系统运行过程中能把自身精确复制或有修改地复制到其他程序内的程序。它隐藏在计算机数据资源中，利用系统资源进行繁殖，并破坏或干扰计算机系统的正常运行。公司的 Authentic code 等在具体应用中，用户需要将以上几种解决方法集成在一起。针对自己的服务器端或客户端的安全需求，构筑起实用的安全体系。

通过对网络安全的分析，可以总结到防止网络被攻击的方法。如用户可以在计算机上安装专业的杀毒软件，防止恶意软件程序到桌面和恶意软件回传机密信息到第三方。

第三节　计算机网络安全与生产调度管理

一、生产调度管理

计算机管理系统是现代管理科学中比较盛行的一种科学管理方法。随着现代科学技术的迅猛发展、管理水平的不断提升，电力行业管理要求越来越高，需要的各种基础资料和运行资料也越来越多。而当前在电力生产方面还缺乏一套自上而下的生产综合管理系统。各级领导对生产过程的了解是不及时的，所需要的各种数据，仍然采用传统的电话、邮件、文档等方式进行收集、传递和汇总。随着电力行业的改革、发展，我们对全厂生产系统进行优化，充分利用信息化系统来减少工作量，特别针对酝酿数年发电企业的核心业务 - 安全生产管理软件调试运行，逐渐实现一个整体的数字化电厂管理系统，并且可以与其他网络平台系统进行信息交换、传输，针对 2008 年度末世界经济风暴，节支降耗，规范生产工作流程面临一大课题，新的生产调度管理系统正是我厂目前所急需的管理软件。

（一）生产调度管理系统现状

（1）在目前电力行业最基本的"两票三制"管理工作中，工作票、操作票大由多检修、运行人员手工填写，然后通过人工传递实现逐级审批，在此过程中，经常会出现因填写内容错误、票面破损、票面不整洁等原因造成整张工作票作废、重填的现象，整个办票流程烦琐、冗长，效率较低。

（2）电厂"缺陷调度管理"是保证电厂安全稳定运行主要基础管理工作，"设备缺陷管理"考核是各个电厂职能部门管理瓶颈，缺陷管理考核由于人情、配件、工作条件等原因致使考核实际情况不尽人意，不能保证缺陷按"小缺陷不过班，大缺陷不过天"管理理念进行考核跟踪管理，未及时处理缺陷经常出现统计遗漏而漏修。

（3）在安全管理方面，负责安全管理工作的生产技术和安监部门承担着繁重的工作和巨大的压力，他们所需要的数据大部分都是通过手工汇总、邮件传递等手段来完成，而且还有好多来源于生产方面的信息也需要重新整理，例如两票合格率、生产隐患排查状况等信息，在生产方面已经有了相应数据，但生产管理部门还需要单独整理，不能和生产管理方面实现信息共享，目前这种工作管理方式不仅耗费大量人力物力、造成效率低下，而且准确度不高，数据容易产生不一致，难以满足现代的管理要求。

（4）在运行调度管理方面，全厂各专业运行值班记录，生产技术数据，化验单据报表以及各类申请单据等共三十余种现场记录统计、管理、保存等日常管理工作耗时、耗力、耗空间，日常生产数据统计管理工作迟、错、漏填、漏报工作现象时有发生，不能满足现场调度管理需要。

由此可见，随着电厂改革和发展的需要，电力生产调度管理信息化要求不断提升，增加一套规范、统一的电力安全生产管理系统来整合信息化数据资源、规范各业务单位生产管理流程、为公司安全生产管理提供决策支持服务是十分必要的。

（二）生产调度管理系统特点

（1）安全生产管理系统是构建统一的数字化电厂管理系统的重要部分。系统主要包含操作票、工作票、巡视管理、标准化作业指导书、安全日常管理、生产隐患排查管理、安全性评价、日常记录和日志管理、化验数据报表、安全事故管理等各个方面。该系统能够实现从领导到中心、从车间到班组的各层面从上至下的安全生产管理和监督考核流程，通过系统不仅能够及时准确的获取现场的第一手数据，而且还可以对现场工作流程进行优化，减轻现场工作人员的工作强度，而且对要求的主要工作形成自动考核，考核结果公平、公开、公正，具有说服力，切实提高工作效率。

（2）安全生产管理系统运行能为各项安全生产工作都设定标准的工作流程和工作表单，各岗位的工作人员必须按照事先设定好的流程和表单进行工作，避免了个人的随意性和人为的工作失误。通过系统的应用，还可以实现无纸化作业，使各部门通过网络查阅各种资料、发送资料，各种工作流程实现网上流转，可以大大提高工作效率，而且实现了各个部门之间的信息交流和信息共享。例如操作票可以从现场的实时控制系统中读取设备的状态、操作票的信息又可以提供给运行管理系统使用，重要的是该生产调度管理系统可以与所有其他的网络系统实现真正的无缝集成连接，可以构建一个统一的数字化电厂调度管理系统。

（3）无纸化"两票"管理。传统的操作票工作模式都是把操作票打印后由操作人和监护人持纸制操作票在现场唱票操作，并且携带录音设备，对唱票过程进行录音，操作一步结束后在纸面上手工填写操作信息，所有步骤都执行完成后，再把纸制票的内容手工补录到系统中，该过程不仅造成工作人员的重复工作量，而且也不容易控制操作人员跳项操作；而传统的工作票工作模式都是把工作票打印后拿到现场去使用操作，等操作完了后返回的办公室再去根据工作的情况在电脑上进行回填性质的填写，这样很多信息等就会不准确，比如工作开工时间等，而且这样也无形中增加了工作人员的工作复杂度和工作量，而生产调度管理系统实现了网络传输、密码签名、典型票面、自动流程管理，自动生产考核的全过程控制管理，使对整个操作票、工作票考核形成闭环管理。

（4）无纸化生产记录和日志管理。生产调度管理系统内置全厂各专业和生产岗位共计三十余种一百多本纪录，如：主要专业岗位交接班纪录、调度值班记录、调度专题汇报纪录、设备定期切换纪录、隐患排查和异常情况纪录、保护投停纪录、检修交代纪录等等各种记录在线传输和登记工作，能够自动保存、考核，为生产统计工作提供方便，为企业管理提供设备基础数据、运行状况、监督数据等第一手资料，各级领导能够足不出户便随时掌握现场生产数据和设备运行状态，方便管理部门了解各个环节的运行情况，从而为统计、分析、决策提供精确、翔实的数据支持，从而使企业的安全生产管理迈上一个新的台阶，同时为全厂节约印刷，保存管理费用有目共睹、立竿见影。

（5）全自动设备缺陷考核管理，设备缺陷管理贯穿电厂生产全过程。

二、安全生产化调度管理

（一）本质安全化生产调度管理的概念

狭义上的"本质安全"，它指的是设备、设施或生产技术工艺含有的、内在的能够从根本上防止事故发生的功能，一般包括两种安全功能，失误——安全功能：操作者即使操作失误，也不会受到伤害或发生其他事故；故障———安全功能：设备、设施或生产技术工艺发生故障时，能暂时维持正常工作或自动转变为安全状态。本质安全这一概念最初源于煤矿电气、仪器设备的防爆构造设计，指设备采用特定构造设计后，能防止因过热、起弧或电火花而引起的火灾或爆炸，在《煤矿安全规程》中将具有上述特性的设备称为本质安全型设备。

广义上的"本质安全"。它将狭义上"本质安全"的内涵加以扩大，引申为广义的"本质安全"。广义上的"本质安全"不仅指使用本质安全型设备，而更重要的是必须将人、作业环境的安全上升到本质安全的高度，从而形成了全新的本质安全理念。

"本质安全"是通过追求企业生产流程中人、物、系统、制度等诸要素的安全可靠和谐统一，使各种危害因素始终处于受控制状态，进而逐步趋近本质型、恒久型的安全目标。本质安全是珍爱生命的实现形式，本质安全致力于系统追问，本质改进。

我们可以对本质安全化生产调度管理做一个概念性的解释了，它应该是建立在企业形成本质安全化生产经营系统基础上，不会出现指挥失误而造成人身或非人身事故的发生，当出现应急情况时，调度工作人员能迅速收集事故现场信息，做出准确判断，高效地调度指挥应急处理工作，将事故造成的损失降到最低。

（二）实现本质安全化生产调度管理的基础

本质安全生产调度管理系统是建立在企业形成本质安全化生产经营系统基础上的，因此我们首先从如何形成本质安全化生产经营系统谈起，面对当前的安全生产压力，企业只有保证生产运行全过程，良好设备完好率，是保证电厂安全、稳定运行基础，生产调度管理系统对各类缺陷记录、统计和考核自动保存和生成，保证各类缺陷不漏项和及时处理，并内置缺陷消除制度，规定了缺陷的级别和消除的期限，严重缺陷必须 8 小时内消除或给出替代方案，并且对危急缺陷还采用了应急处理机制，保证设备较高完好率。

（三）生产调度管理系统增加前后生产现场数据比较

坚持以科学发展观为指导，提出本质安全型企业创建理论框架体系，力求通过"人、物、系统、制度"四大要素的高度和谐统一，实现企业"在任何时间、任何地点不因人的不安全行为或物的不安全状态而发生事故"的目标，走科学发展、安全发展、和谐发展的新路子。

1. 强力造势，营造文化氛围，提高提升人的本质安全素质

人是安全生产的主体，本质安全归根到底是人的素质、生命质量和生存价值的提高。人的行为的不确定性是安全生产中的一个极大变数，其主观和不规范行为产生的隐患多于自然因素产生的隐患，是事故的主要原因之一。为此，我们要把提高人的安全意识、把握人的安全行为规律，规范人的安全行为作为安全工作的重点。在对职工进行理念引导的同时，还要加强必知必会知识培训，不断把对安全规律、安全规章规程的硬性要求，逐步固化为职工自觉规范的操作行为，教育和引导职工从"珍爱生命、关注安全"出发，严格遵守规程，切实懂得和学会如何保护自己，自觉把对本质安全的认知转化为安全生产的实际行动。

安全工作健康发展的核心要素是一种融入思想、行为、责任、物质等多层面的安全文化力量，企业要结合实际打造了具有自身特色的安全文化。注重文化在安全生产中的渗透性，职工都结合实际提出自己的安全观点、理念和格言，经过反复推敲、梳理、提炼，形成企业自身的本质安全目标。定期开展安全理念宣传教育活动，向职工讲解"青蛙现象"、"蝴蝶效应"、"冰山理论"、"木桶理论"等，加深职工对安全理念的理解，让职工在

参与中深化认识，达成共识，使安全理念成为全体职工认同遵循的价值观，并转化为安全生产的自觉行动。

2. 加强本质安全型装备研发，形成"人机制约、人机互补"的安全保护链

提高企业的安全生产装备水平是建设本质安全型企业的有效途径。多年来的安全管理证明，单凭"高压"与"严管"换不来安全，提高机械化水平、推广使用本质安全型设备，为职工创造宽松、舒适的作业环境是实现本质安全的最有效途径。

第四节　间谍软件与广告软件对网络安全的威胁

一、间谍软件

当我们频繁升级杀毒软件，以保护自己的计算机免受病毒侵入与破坏，甚至庆幸自己的计算机仍然安然无恙的时候，另一种威胁也许已侵入你的计算机。它们不知不觉地进入计算机，将计算机上的一举一动，从键盘操作到浏览过的网页都记录下来，并发送到指定公司的地址。这种威胁日益成为网络安全的又一挑战，这种威胁的始作俑者，便是间谍软件。

（一）间谍软件的表现

"间谍软件"现已无所不在，据统计，平均每台个人计算机里潜伏着 30 个间谍软件。根据 2004 年度的一项哈里斯调查，92% 的 IT 经理承认间谍软件曾经感染过他们的机器，平均 29% 的工作站曾经遭受感染；40% 的 IT 经理表示这种感染正在不断增多。间谍软件和常见病毒表现不同，间谍软件不会改写计算机上的资料文件，不会试图复制自己，不会对外发送大量的信息和大量占用计算机系统资源，造成运行缓慢，大多数只是收集用户的资料，你无法或者很难通过计算机的异常反应觉察到它们的存在，因此大多数用户即使遭遇到间谍软件，也毫无感觉，甚至不认为自己受到了侵害。

（二）间谍软件的危害

间谍软件对用户的危害不同，有些仅是收集用户访问过和常去的网站信息，用于市场营销分析，这种间谍软件危害相对较小。有些则偷取用户在各网站上输入的私人信息，如用户生日、家庭住址和电话等，大部分用户习惯用这类信息中的一部分作为其他更重要信息的访问口令或口令的线索，因此这类信息一旦被间谍软件获得，往往会造成该用户金融账户等个人隐私的泄露，经济上蒙受极大的损失。间谍软件只要获得了用户的开户银行、用户姓名、电子邮件等信息，一些犯罪分子就可以伪造该银行的电子邮件和网站，以系统维护的名义让用户访问其伪造的网站，借机盗取用户银行账户密码。更有甚者，一些间谍软件，具有非常强大的危害功能，表现为：记录用户输入的密码、读取计算机上的文件、

监控用户计算机屏幕、取得计算机的绝对控制权，甚至还以这台计算机为据点对另外的计算机进行违法操作，这种破坏性和威胁性较大的间谍软件，实际上是黑客软件的一个分支，即 " 特洛伊木马 " 程序。

（三）间谍软件与广告软件捆绑

大部分间谍软件通过寄生在一个合法的程序中进行传播，而一些免费软件的开发人员，为了获取开发资金，降低软件的发行成本，往往会和某些网络广告商进行合作，在其软件中捆绑广告软件，而这些广告软件经常带有一定的间谍功能。当用户使用该软件时，在从网络广告服务商获取广告信息的同时，也会向广告商传出自己的私人信息。另外一些不怀好意的人还会主动将一些危害性比较大的间谍软件捆绑在知名的软件上传播。

二、间谍软件与广告软件的区别

了解间谍软件和广告软件之间的区别非常重要。间谍软件的目标是在用户不知不觉的情况下窃取他们的信息或者金钱；广告软件的目标则是让用户愿意花钱。广告软件的行为通常更加明显，让你的计算机突然出现弹出广告，或者更改您的搜索引擎，而间谍软件设计目的就是在幕后秘密行动。间谍软件和广告软件都采取类似的策略安装并控制三类计算机。

（一）间谍软件

间谍软件源自于 20 世纪 90 年代出现的一种旨在帮助家长监控孩子网上行为和帮助雇主监视员工计算机使用情况的合法程序。很多这样的程序都将"远程安装"作为一个重要特色，能够在不实际操作被监控计算机的情况下安装程序。但是今天，黑客正在开发和使用越来越多的间谍软件，以记录用户的重要信息。间谍软件采用了特殊设计，可以在用户不知情的情况下秘密安装。当真正的间谍软件被安装于一台计算机上时，"间谍"可以看到用户的所有操作。某些间谍软件还带有一个特洛伊木马程序，让"间谍"可以完全控制用户的计算机。

（二）广告软件

比间谍软件更为常见的广告软件包含了与免费软件捆绑的营销程序，旨在为用户的计算机提供弹出广告，将用户转移到某个向广告软件开发商提供许可的搜索引擎。用户可能愿意或者有意地在他们的计算机上接受广告软件，以换取某个特定软件所带来的好处。有些广告软件的设计目的是跟踪用户的浏览习惯，以进行市场调整。某些广告软件称为垃圾软件，因为它会执行一些恶意的行为。例如，安装一个能够通过用户的计算机拨打昂贵的国际和长途电话的拨号程序，或者逼迫用户为卸载破坏性程序而付费。尽管总体上广告软件并不具有很大的破坏性，但是它对于机构的潜在影响仍然不可低估。戴尔公司指出，它所接收的技术支持电话中有 12% 都与间谍软件、广告软件问题有关。设计低劣的广告软件可能会耗尽 CPU 资源，产生安全漏洞、影响系统性能、导致错误信息，系统死机甚至崩溃。一旦安装，广告软件就很难卸载，有时甚至不可能卸载，因为它们往往会进一步安装更多的广告软件。

（三）间谍软、广告软件的潜在行为

间谍软、广告软件的其他潜在行为包括：监控按键、扫描硬盘文件、安装其他间谍软件程序、读取 cookie、更改缺省主页，在系统启动后运行、驻留在内存中、传输用户以前浏览的 URL、监听网络流量、安装远程管理工具、添加文件、文件夹、cookie、动态链接库 DLL 和注册表条目，通过安装一个特洛伊木马程序获得计算机控制权等。

三、入侵原理和行为分析

间谍软件的入侵，沿用了木马传播的基本方式，主要是通过与有价值的软件或文件捆绑进入系统。间谍软件高明之处在于，不是简单地和某个应用程序捆绑，而是集成在应用软件的内部，成为其中的一部分，以避免被清除程序"杀"掉。而很多黑客则通过修改某些被大家广泛使用的软件，提供一些附加功能而入侵。总而言之，间谍软件的入侵主要通过以下渠道完成。

（一）电子邮件及附件

通过电子邮件及附件携带间谍软件，侵入计算机进行破坏活动，是间谍软件入侵的主要方式。你可能会收到一封来自某个商场或某个站点的邮件，诱惑你去下载某个含"贴心功能"的免费软件，或者直接在附件中提供这个软件，当你下载或打开附件时，就被入侵。随着用户反间谍软件意识的提高，对这种携带式间谍软件有一定的防备心理和手段，于是又延伸出更高级的模式。一种是利用浏览器的漏洞，自动安装间谍软件；另一种是以"身份盗窃"的形式，利用你朋友被盗的信箱给你发邮件，或者冒用你朋友的名称，用另外一个邮箱地址发给你，让你毫不犹豫地打开邮件或附件。

（二）免费的软件下载、网页浏览和浏览器插件

免费的软件下载也是间谍软件入侵的重要手段之一。无论广告商、销售商还是黑客，在软件中写入了间谍软件，都会通过免费发放的形式来吸引用户下载安装。广告商和销售商提供的是某些看上去比较正规的软件，用户对这些软件没有任何怀疑，而黑客则"提供"D版软件、游戏或附加了某些功能的"修改版"软件。由于 IE 存在一些 Active X、Java 漏洞，可能允许网站在你无法察觉的情况下运行程序，因此很多间谍软件通过这个渠道进入系统。现在有更多的网站、软件开发企业都是提供诸如搜索工具栏一类的浏览器插件，因其方便进行用户系统，深受用户的欢迎，也便让自己更容易成为间谍软件入侵的最佳载体。

（三）不安全的"安全"软件、娱乐平台和即时通信软件

通过不安全的"安全"软件、娱乐平台和即时通信软件携带间谍软件，此种"伪安全软件"混在真正的安全软件或是被黑客非法修改过的杀毒软件中入侵。通过这种方式入侵，即使间谍软件被发现，也不会怀疑到载体。很多用户反复中同一种病毒可能是这方面的原因，现在就有一些打着"反间谍"旗号的软件被证实其本身就是间谍软件。网络的普及，使人们可以进行在线游戏、观看在线电影等，可以说宽带和媒体压缩技术让人们的网络生活进入了多媒体时代。即时通信软件的出现让人们可以随时地和亲人朋友交谈沟通。由于此类软件的广泛使用，便成为间谍软件入侵的最好途径。

（四）堂而皇之地入侵方式、迎合低级趣味、引诱自投罗网者

相比以上的入侵方式，这种方式会利用用户的懒惰和大意。部分别有用心的人先将间谍软件写入某个应用程序，然后在软件安装声明中的第 N 页的某一行做一个模棱两可的说明，而用户习惯性地在出现安装说明的时候，直接点击"我同意"一类的按钮，便让间谍软件入侵用户系统。很多间谍软件都来自色情或宣扬暴力的网站，这种网站利用浏览器漏洞在用户访问时传输安装间谍软件，或把间谍软件和专用的视频下载程序捆绑。总的来说，当前间谍软件的入侵，主要是利用普通用户的麻痹大意或对软件开发厂家的信任。由于目前的杀毒软件和防火墙均无法识别，因此要诱使一个用户安装含有间谍软件的应用软件非常容易。大部分用户在对安装文件进行病毒扫描后，如果没有发现病毒，就会放心安装使用，并且即使将来出现了问题，也不会去怀疑这个应用程序，这便提高了间谍软件的生存能力。一个间谍软件潜入系统中，立刻会在系统中找个隐蔽的角落躲藏起来，并和系统中某些功能或应用程序建立关联。当你试图清除间谍软件时，往往会引起系统功能或者某些应用程序瘫痪；还有一种可以修改文件关联类型的间谍软件，一旦发现自己要被删除，立刻修改注册表中的"EXE"类型文件的关联，导致系统在重启后无法正常运行应用程序，从而阻止了反间谍软件在启动后自动运行，而这个间谍软件由于具有自保机制，在重新启动后会立刻自动复制，并重新开始工作。

对于间谍软件与广告软件的防范非常必要，防范策略大概如下：注意对外来软件的查杀，使用杀毒软件和反间谍软件并及时更新，关闭 IE 的 Active X 和脚本执行功能，使用第三方插件进行过滤、屏蔽弹出式窗口，监视启动时运行的程序并及时处理异常，不随意点击来历不明邮件的链接，不随意下载免费小软件，安装防火墙、封锁未经许可的向外传输数据等。

第五节　杀毒软件与网络安全

计算机网络已成为当代人办公、生产、生活所必需的基本的信息交流工具，计算机网络在实现信息共享、数据查找、在线交流等方面给人们带来了极大的便利。但同时针对网络安全的一些威胁性因素如病毒、木马、恶意程序、黑客造成了网络不安全，网络不安全目前已经引起全社会的广泛关注，在此背景下本小节对杀毒软件与网络安全进行了研究。

一、当前计算机网络安全的影响因素

一般计算机网络安全保障问题是当前迫切而富有挑战的技术难题，说其复杂主要原因是影响计算机网络安全的因素多样，主要的硬件、软件因素主要有：

（一）网络硬件问题

网络硬件问题除包括非法终端、搭线窃听、注入非法信息、电磁泄漏、线路干扰外，最主要的是非法入侵。非法入侵是指不法分子通过技术渗透或利用通信线路入侵网络，非法使用、破坏和获取数据及系统资源。由于目前的网络系统大多数采用口令来保障登陆的安全，一旦口令泄露，将会造成消极的影响；

（二）计算机网络软件方面的问题

计算机网络软件问题除包括防火墙问题，系统访问、应用软件、不妥当标定资料、数据库系统选择等问题外，需要格外强调的就是杀毒软件的问题。杀毒软件版本选择不合理、设置不当、升级不及时和杀毒不经常等很容易使得网络病毒有机可乘，病毒侵入网络内部以后不断扩散繁殖，导致计算机运行速度变慢，甚至整个系统出现崩溃与瘫痪的可能。除此外还有一系列的人为性因素，如工作责任心、保密观念、管理素质、职业道德和业务能力等等。

二、目标网络安全

这是计算机网络用户日益关心和关注的一个热点，也是有效阻止防止网络不安全的重要手段和保障。根据研究网络安全所有实现或达到的目标，也就是说网络安全的标准主要是：能对接入实体身份的真实性进行鉴别；保证未经授权人员不得使用系统信息；保障数据的安全性；保证合法用户对信息的正常使用；能够保证在正常条件下计算机能够实现正常的运行；能够及时发现网络不安全性因素并及时排除等。计算机网络安全目标应该是动态发展变化的，随着计算机技术的不断发展，随着人们对网络安全关注的逐渐增强，计算机网络安全的外延将不断扩大、内涵也将进一步明确。

三、杀毒软件及对网络安全的权益

计算机杀毒软件的发展是建立在计算机病毒恶意增长泛滥的基础上，1987 年，一对巴基斯坦兄弟出于反盗拷的目的，无心制造了世界上第一个电脑病毒 C—RAIN，随后各种变形病毒不断出现并迅速蔓延，反病毒软件因此应运而生，包括杀毒软件在内的反病毒软件肩负查杀病毒，弥补计算机网络缺陷的重任。杀毒软件的诞生和发展对维护计算机网络的安全有着积极而重要的意义。简单地说主要包括：

（1）弥补防火墙等网络安全工具的不足

防火墙是忠诚的网络安全卫士，但有时由于防火墙本身的漏洞或其他的技术性因素，一些病毒、木马、恶意流氓软件等常常能够突破防火墙的隔离，进入网络系统从而危害网络系统本身的安全，杀毒软件能够对穿越防火墙的病毒进行查杀从而保障网络系统的安全。

（2）弥补电脑软件、硬件和人工管理等方面的不足

计算机网络安全涉及软件、硬件和人员管理等方方面面的因素，由于影响性因素多样而复杂，常常导致计算机网络出现种种漏洞而成为被攻击的对象，杀毒软件可以及时地查杀进入系统内的各类病毒从而保证系统的稳定、安全性。日、住用处每软件应注意的多项杀毒软件是维护计算机网络安全的重要保障。为了能够更好地发挥杀毒软件的保障网络安全的作用，有必要对杀毒软件的正确使用进行研究。

1）选择适合的杀毒软件

作为计算机网络病毒的克星，随着网络病毒的发展，杀毒软件的查杀毒功能也在逐步地完善和健全。目前市场上的杀毒软件品牌和型号都比较多，用户可以根据自身电脑的配置情况，根据自身工作和电脑的使用性质选择一款适合的杀毒软件，并对软件进行经常性的维护和升级。

2）进行经常性的升级和查杀毒

经常对杀毒软件进行升级和对计算机系统进行查杀毒处理是必需的，正常情况下，杀毒软件每周升级一次已经是最基本的要求了，用户不及时升级，致使一些病毒进入计算机系统内部，不断繁殖最终影响到计算机运行速度和系统的安全性。查杀毒是发现潜在和现实危害的有效手段，坚持每天查杀毒尤其是加强对电子邮件的监控可以有效地保障网络系统的清洁，从而保障网络的安全。

3）杀毒软件

杀毒软件，有许多备选功能，忽略了杀毒软件的各种设置，就会使杀毒软件的功效大打折扣。很多优秀杀毒软件都具有定时查杀病毒、查杀未知病毒、实时监控等多项功能。如果用户在使用杀毒软件前能够选择设置相关的功能，将会增强杀毒软件对病毒的防范能力。

4）杀毒软件配合其他安全工具一起使用

杀毒软件的查杀毒功能也是在不断完善中实现发展的，同时杀毒软件的查杀毒功能目

前由于技术的原因，还存在种种不足，杀毒软件从维护网络安全的态度上来说只是属于一种事后监督和清理，是一种被动的查杀，并不是一种主动的防御，因而杀毒软件的使用，必须与防火墙、完善计算机硬件和提升有关用户的相关管理水平结合在一起才能最大限度地保障计算机网络的安全。计算机网络安全是计算机技术研究的重点之一，杀毒软件是维护计算机网络安全的有效形式，加强杀毒软件与网络安全的相关研究，有助于进一步保障计算机网络安全。

第六节　网络安全软件市场竞争

随着计算机应用领域不断扩大，软件系统功能越来越强，越来越复杂，与网络结合得越来越紧。快速发展的网络技术给我们带来了机遇，但也给我们带来了挑战。所以，如何保证网络环境下软件的安全性是一个重要课题，本文将通过网络应用软件面临的安全性问题，提出相应的可靠性的设计。

一、网络应用软件

网络应用软件分为静态网络软件、简单交互的网络软件以及复杂的网络数据库系统三类。静态网络软件只是为了同公众共享和发布信息，不与用户发生信息交流和互动。第二类软件可以使访问者同网站拥有者进行交流，利用表单等来收集访问者对提供的产品和服务的反馈信息。复杂的网络数据库系统可以处理复杂的商业交易活动，是实现电子商务的基础。应用软件是建立在静态或者动态的个人网页基础上，可以方便地对应用软件的权限进行划分，根据需要设置访问者的访问权限。

应用软件的功能开发很容易根据开发者的意图进行分解，一般网络数据库应用软件由Web 服务器、功能服务器以及数据库服务器三个部分组成。在 Web 服务器上用户端通过browser 向 Web 服务器提出查询请求；Web 服务器根据需要再向数据库服务器发出数据请求；在功能服务器上完成响应的业务处理或复杂计算任务；数据库服务器利用数据库管理系统（DBMS）对数据进行操作。

二、目前网络应用软件中常见的几个安全问题

产生网络安全问题的软件层次，可以分成几类：

操作系统和网络协议本身的缺陷所导致的安全问题；通信过程所导致的安全问题；应用软件层所导致的安全问题；随着网络应用环境越来越复杂。

（一）互联网应用的复杂性

HTTP 协议和 HTML 语言最初主要用于静态网页，随着 Web 应用的发展，动态网页

在互联网中成了主流，服务器端和客户端程序功能被扩充，特别是在电子商务应用中，要求通信双方能够互相识别，相应地引进了许多新的技术。

（二）网络应用软件层的典型攻击

如果服务器端使用了客户输入来构建操作数据库的 SQL 语句，而又没有对客户端的输入进行合法性验证，恶意用户可能提交一段数据库查询代码，根据程序返回的结果，获得某些他想得知的数据，甚至破坏数据库的内容，即发生了 SQL 注入（SQL Injection）。SQL 注入可以从正常的 80 端口访问，而且表面看起来跟一般的 Web 页面访问没什么区别，所以很多的防火墙都不会对 SQL 注入发出警报。

1. 跨站点脚本（XSS，Cross Site Scripting）

相当多的网站必须以外来的输入构建动态网页，比如 BBS、以网页形式呈现的新闻组、拍卖网站等，攻击者可以在 BBS 上发布一条消息，在发送给受害者的电子邮件中嵌入 HTML 文本，并且其中嵌入恶意的客户端脚本代码。

2. 跨站点追踪（XST，Cross Site Tracing）

前面提到，跨站点脚本攻击常常利用站点"返回请求信息"这个特性，跨站点追踪可以看成是这种情况的衍生物，它利用了 HTTP 协议族中的 TRACE 命令。TRACE 要求服务器回送客户端通过 HTTP 请求发送到服务器的信息，通常用来调试和连接状况分析。所以应当在服务器投入运行以后，及时关闭 TRACE 响应。

3. 会话叠置（Session Riding）

正常情况下服务器与客户浏览器之间会话时，Session ID 在每次客户浏览器向服务器发出请求时，自动随之送到服务器。攻击者利用跨站点脚本能够窃取保存在 cookie 中的 Session ID，并取代原来的用户与服务器会话，把合法用户被拒绝在会话之外，这种攻击称为会话劫持（Session Hijacking）。

三、网络应用软件可靠性的设计方法

（一）系统高可用性设计

1. 意图和动机

HA（high availability pat tern）模式的意图是定义一种一对一或一对多的关系，监控对方的状态，当一个对象出现失效，激活与之相对应的另一个对象。

网络信息系统的可用性通常在两种情况下会受到影响，一种是系统宕机、错误操作和管理引起的异常失败；另一种是由于系统维护和升级，需要安装新的硬件或软件而正常关机。高可靠性软件必须为这两种情况提供不间断的系统服务。

除了运行高可靠性软件来构成高可靠性系统之外，在网络应用软件本身之中加入高可靠性的一些性能也能使网络软件自动检测系统的运行状态，在一台服务器出现故障的情况下，自动地把设定的服务转到另一台服务器上，这样就不需要购买或者重新开发一套 HA 软件。

2. 系统结构

HA 模式的关键思想就是引入一个 Ha Detect 的抽象类来管理网络应用的运行状态。

3. 安全结构系统的实现

每一个连接构成一个相关的 Ha Detect 抽象类。首先定义这个类及 Interfaces 类，其中 Interfaces 类中的 Heart beat、Takeover 和 Service Management 的定义和实现，这里不作详述。它们包括：判断接口的类型、使用 socket 管理连接、服务配置管理、启动与停止管理等。

在整个实现过程中核心是一个通信连接的建立，用以检测网络应用状态的改变，在这个通信过程中完成失效检测和业务接管。根据这个状态的改变调用 Interfaces 类中不同分类中的相应方法，系统通信连接主要有 6 个状态。

4. 安全结构系统的应用

将所设计的 HA 软件模式，应用到一个实际的网络认证计费系统中。对于计费系统来说，保证它的稳定可靠运行是至关重要的，一旦系统某个节点出错，将造成无法挽回的损失。计费系统运行的基本流程是：用户登录，接入服务器将登录信息送到认证服务器 Radius Server 上进行认证，如果认证通过，则授权用户，用户开始使用网络。同时实时计费系统为用户的流量或时间进行计费（取决于不同的资费策略），并写入数据库中，直到用户断网。在这个系统中，需要考虑高可用性的环节主要有 3 个：认证服务器、计费服务器和数据库服务器。

网络应用软件是电子商务的基本成分，一个成功的网络软件的设计和实行需要构筑一个高可用性的网络环境，还必须有高可用性的网络。网络的可用性是系统密不可分的一个部分，这必须对网络管理的高可用性进行深入研究，使高可用性设计模式得到更广泛的应用。

四、网络安全软件市场竞争方式

近年来，我国互联网与电子商务迅速发展，政府、企业信息化建设步伐加快，使得对于网络安全产品的需求不断增加，这就为网络安全厂商的发展提供了良好时机。在这种环境下，国外网络安全厂商纷纷涌入我国，并采取各种手段，以扩大国内市场份额；国内软件企业利用在该领域独特的竞争优势，也加入到这一行列中；原有杀病毒软件厂商，在原单机版产品基础上，先后推出网络安全产品，以求在这一巨大的市场中夺得一席之地。目前，我国网络安全产品市场已进入激烈的竞争阶段，各厂商竞争的主要手段已覆盖了产品口、技术、价格、渠道、服务等各个方面。

（一）产品竞争

根据对国内生产和销售网络信息安全产品的 46 个厂家的抽样调查，其产品线呈现出明显的特点大多数厂商产品线比较单一，只有少数实力较强的厂商能够同时生产多种产品口。产品线单一的厂商主要以防火墙、杀病毒软件为主。

随着我国网络安全市场的启动，各厂商已意识到仅靠单一的产品，已无法长期立足于竞争日益激烈的市场环境，纷纷通过各种途径拓展产品线，如 NAI 几年前就通过并购公司来打充自己的产品线；赛门铁克于 2000 年收购了 Anent；安氏与趋势科技联手；冠金辰不再只是提供防病毒软件的厂商等。他们的目的都是为了将产品从单一扩展到全面，这已经成了网络安全厂商谋求长期发展的一种重要策略。

为用户提供网络安全整体解决方案也已成为一些厂商谋求发展、取得竞争优势的途径。如北京正有网络公司，根据国内对网络安全的特殊需求，创建了事前、事中、事后三个阶段的安全模型，以此为用户提供全面解决方案。事前主要做的工作是预防检查、安全培训和自动化风险评估；事中则主要涉及安全防护、监测、控制；事后则包括电子取证和故障恢复。

在各生产商纷纷提出要提供网安全整体决方，抢占行业、企业市场的同时，NAI 则推出 MC A fee 防病毒软件个人版和个人防火墙，赛门铁克也于 11 月推出了针对我国个人用户的互联网安全套装软——诺顿网络安全特警 2001 简体中文版。这表明，家庭安全产品市场已经引起了安全厂商的重视，这也成为国外厂商扩大我国网络安全市场的一个重要举措。

就杀毒软件而言，目前国内用户使用的网络版杀毒软件主要是国外的产品，包括：NAI 的 MC A fee、赛门铁克的诺顿和趋势科技的 penicillin。随着国内厂商如瑞星、金山等的加入，市场竞争将日趋激烈，产品也会更加先进。

（二）技术竞争

从国内发展来看，网络信息安全的主流技术主要是防病毒、防火墙、信息加密、入侵检测、安全认证等方面。由于起步较晚，在某些技术的发展水平上与国际水平还有一定差距。

以防火墙为例，目前国内的防火墙市场几乎被 Check Point、Net screen、Cisco 等国外品牌占据了一半，国产品牌的生存空间受到挑战。国外品牌的优势主要在技术和知名度上比国内产品高。当然，借助于本地化优势，国内防火墙厂商也有着相当大的发展机会，北京天融信技贸有限责任公司和北京清华得实网络安全技术有限公司在市场上异军突起，迅速形成自己的品牌并站稳脚跟，靠的就是对技术的重视。因此，技术实力的竞争将成为今后决定企业生存的一个重要因素。

在网络版杀病毒软件市场中，技术水平的高低也影响了企业的市场份额。目前，国外防病毒厂商占有着网络版杀毒软件市场约 80％ 的份额，这与其先进的防病毒技术有关。在网络版杀病毒软件方面，国内的北信源介人市场比较早，在市场中也占据了一定份额。2000 年 2 月，瑞星公司发布了其杀毒软件网络版，这表明我国网络反病毒技术已经有了长足进展。

在网络入侵检测领域，国外早已开展了早期预警系统及入侵检测技术的研究：在一些重要的政治、军事和经济网络上，对非法入侵实施监控。这些系统在保障网络安全、尽早发现入侵攻击迹象、分析入侵攻击的技术手段方面发挥着重要的作用。我国在这些技术上起步相对较晚，目前国外厂商在市场上占据了较大优势。

（三）价格竞争

2000 年，各网络安全产品价格之争日益激烈，尤其是在国内发展比较成熟的防火墙和单机版杀毒软件市场，表现得最为突出。

2000 年，在单机版杀毒软件市场参与竞争的国内外厂商已有 10 多家，其产品价格与 1999 年相比，普遍呈现下降趋势。为争夺网络安全产品这个巨大的市场，各厂家降价之声此起彼伏，瑞星单机版降至 80–90 元；Kill 的认证版也跌破了 100 元大关；PC—cumin 则以 28 元的低价销售；诺顿最新的中文单机版一改其贵族价格，以 199 元的价格进入市场，同时还推出了任何杀毒软件只要加一定金额即可以换取诺顿产品的促销策略；NAI 原有的杀毒软件在国内市场售价偏高，在家庭市场上处于劣势，新推出的杀病毒家庭版以 198 元的价格加入到竞争行列中。现有单机版杀毒软件价格基本上适合国内的消费能力。

在网络版防杀毒软件市场，国内外厂商的价格相差不多，基本上维持在数千元到一万多元的范围内。

比如电信、金融等的中端 100M 的价格在十多万元左右，而用于 IDC、宽带城域网的 1000M 的高端防火墙价格则在 100–250 万元之间。

（四）渠道竞争

渠道建设已成为网络安全厂商拓展市场的重要手段。

在防火墙市场，国内外产品的价格基本维持在同样的水平，但高中低端产品之间的价格差异较大。其中针对企业的低端 10M 以下的一般在 2 万元；针对行业用在防病毒软件的渠道建设中，国内厂商占有较大优势。

发展代理是大多数厂商渠道建设的核心工作。北京北信源公司的渠道分为以下几个层次单机版，主要是发展中间商（包括代理商、经销商），另外也在考虑通过一些书籍经销商来扩大销售，但数量有限；网络版，主要有三条渠道，即系统集成商、联邦等连锁软件店和建立在各地的信息安全中心。

北京瑞星电脑科技公司主要是通过一些大的连锁店，如连邦、赛乐氏和希望来建立他们的销售渠道。

北京江民新技术公司也是通过代理商渠道来销售，目前拥有 30 多家一级销售代理商。

国外厂商已充分认识到我国市场的潜力，在市场宣传和经销渠道建设方面下了很大力气。网络版杀毒软件的渠道建设得到加强，相应产品在连邦、赛乐氏等软件连锁店已有出售。

在防火墙产品市场，各厂商也主要通过发展代理商来开拓市场。如天融信公司在全国建立了三级代理体系，Net screen 公司在 1999 年将北京成捷讯公司作为其在国内的总代理后，为扩大区域市场，2000 年又在上海发展了华依、在深圳发展了华强等代理。

（五）服务竞争

目前，"软件就是服务"的理念越来越深入人心，这在网络安全产品方面表现得尤为突出。信息安全服务已不再局限于售后服务，而是贯穿从前期咨询、安全风险评估、安全项目实施到安全培训、售后技术支持、产品更新这种全过程的服务，这就对安全厂商提出了更高的要求。服务水平的高低也从一定程度上反映了厂商的实力，产品品质、服务质量、品牌的可靠度和公司的信誉度已成为顾客选择安全产品的主要准则。

在服务理念方面，一些安全厂商提出了"全程网络，安全服务"的概念，其中包括全时的安全产品状态监控、分析和安全专家的即时响应、从而为用户提供理想的安全防御体系。

NAI 针对国内市场的特点及其产品线优势，提出了包含七项措施的"价值链"即：产品本地化、市场本地化、渠道本地化、管理政策本地化、服务本地化、培训本地化、研发机构本地化。对企业用户，NAI 建立授权服务中心，为企业客户提供全面的技术支持服务；对中小企业，NAI 引入 Myopic.com 网站，为客户提供在线安全服务。此外，该公司还积极筹划在我国开办"NA I 大学"，与国内高校合作，建立网络安全实验室、讲授网络安全技术、普及网络安全知识。

2000 年，还出现了一些专门做信息安全服务的厂商，如北京中联绿盟公司提出，要通过提供远程渗透检测、全面安全检测、应用程序安全审计、整体安全顾问、安全外包、培训、紧急响应、远程集中监控、安全产品检测等项目为用户提供全方位的安全服务。

随着国内网络安全产品市场的启动和竞争的日益激烈，拓展产品线、提供网络安全整体解决、方案和完善的服务，已经成为网络安全厂商谋求长期发展的一种重要策略，技术实力的竞争将成为今后决定企业生存的关键因素。随着网络安全产品在各行业和企业应用的日益增加，安全服务也将成为广大网络安全厂商用以吸引客户的主要手段。软件就是服务的观念将逐渐被用户和厂商接受并付诸行动。

2001 年，我国国民经济将继续保持稳步增长的态势，以信息技术为核心的新科技革命将迅猛发展，国内产业结构调整和信息化的步伐将会加快，电子商务将会取得更大的进展，这将直接带动国内网络安全产品市场的持续快速增长。在这种良好的市场环境下，预计全年网络安全产品市场销售额将达到 11 亿元。

从网络经济发展对网络安全产品带来的需求看，防火墙、杀病毒、信息加密、入侵检测、安全认证等产品市场将具有巨大的市场前景，其中防火墙和高端的杀毒软件将占据市场的主要份额；同时，现有对网络进行被动防守的做法，将逐渐向网络主动检测和防御的技术方向发展。而入侵检测系统则是适应这种发展趋势的一种主动的网络安全防护措施，因此预计其需求量将呈快速增长趋势。

在过去 20 年来，企业用来保护自己的网络和业务关键数据的方式从来都不是最好的，现在又要悲哀地面对互联网上的威胁，心有余而力不足。很多公司继续使用防火墙、周边防御技术和反病毒网关来保护自己的网络。即使是在"美好的昔日时光"，黑客们只是为了取乐，他们为了证明自己，故意制造一些伤害，他们也很容易就可以攻破这些"受保护"的网络。如今的数据掠夺者们组织更加严密，而危害也更加严重，他们有更强烈的动机要找到你的关键数据。今天的黑客们，经常是由政府或者犯罪联合组织出资，试图盗取你的知识产权、商业机密和客户数据。他们一直在寻找新的方式来获取这些信息。虽然在周边防御策略上的开销在持续增长，可是严重的安全漏洞数目也在攀升。根据 Monet 研究所的数字，2007 年发生的安全漏洞数目比上年翻了一番还多，而从单一的数据漏洞恢复需要的成本平均是 630 万美金。来自 Privacy Rights Clearing house 的数据显示：在 2005 年至 2007 年之间，有 2.2 亿条数据记录被人窃取。

网络犯罪危害到了很多行业内的公司，包括：卫生保健、高科技、金融、教育和零售等行业。伴随着地下黑市的急速增长，毫不留情的盗贼们在寻找一切可能卖出价钱的数据，社保号码、个人身份信息和信用卡号码正在面临越来越大的危险。这是一个一本万利的买卖，一个银行账户可以卖到 3 万欧元。公司正在面临一个很普遍的问题：如何保证允许外来者进入的系统的安全？在封闭的网络内保证网络安全要容易得多。可以用一条深深的壕沟把坏人挡在外面。当公司开始在互联网上做生意时，一切都变了，公司的网络有了更多的出入口，而且是有意为之。在全球一体化经济中，成功的公司运行的业务软件应用，会提供他们与客户、供应商和合作伙伴的协作。但是在构建具备这样功能的软件时，也给黑客留下了一条通道。面向服务的软件设计、外包的软件开发和开源软件在企业应用的广泛使用，这都使得"安全"变得越来越不安全。你可以安装防火墙，但是业务应用和数据仍然暴露在外，而且脆弱无比。因为大多数软件都是在安全威胁不那么严重的时候开发的，安全不是软件开发团队的重要关注点，甚至没人跟他们说要注意这个问题。黑客们因此可以利用代码的缺陷来盗取最有价值的信息，并在你意识到问题之前全身而退。国家标准和技术研究所（NIS下）提出，超过 90% 的安全漏洞是由于应用程序代码中的薄弱环节造成的。因此，要想真正保护敏感数据，就得先从去除业务应用软件的弱点开始。因此，一种新的安全解决方案趋势应运而生，这就是"业务软件安全保证（Business Software Assurance，简称 BSA），"其核心在于：软件是可以在设计时就防范攻击的。即使黑客侵入了你的系统，软件也可以保护自己不受侵犯我将这个过程比喻为美国防范骨髓灰质炎传染的过程。要保护人们不受其病毒侵害，不是通过隔离或检疫的方式，而是给人们注射疫苗，让大家从身体内部进行免疫。通过使用新技术，软件开发人员可以为软件"接种"，通过快速查找和修复软件的弱点，使其免受侵入。BSA 为软件安全保证构建了业务上的实践，同时融合组织在安全和业务开发上的工作和优先级。相对以前由外而内的系统保护，现在可以由外而内地保护你的应用和数据。

第七节　计算机网络 WSE 软件安全

一、概述

Certify Software 公司 CEO John M. Jock：从现在开始往后十年，我相信世界中每一行商业软件代码都会经历一系列安全代码防御过程。在那之前，我们会一直见到新的安全漏洞，以及由此导致的大量的经济损失。

WSE 是 Microsoft 公司提供的一套功能强大的解决 Weber—vices 安全性方案，主要是面向架构师和开发人员，提供了多种场景的安全解决方案，大大简化了 Web services 安全性开发。WSE 的体系结构 WSE 是一种引擎，用于实现高级 Web 服务协议。它主要向输出的消息输送 head 标记内容；并且从收到的消息中，读取头标记信息。WSE 的体系结构模型基于输入和输出 SOA 户消息的过滤器管道。所有输出的 SOAP 消息都必须经过输出过滤器处理；所以输入的 SOA 户消息都必须经过输入过滤器处理。

WSE 很好地解决了 Web services 的安全问题，而且可以根据不同的应用需求，选择不同的安全认证方式。从而增强了 Web services 的安全，推动了 Web services 技术的广泛应用。

当前我国煤矿安全形势严峻，其中最主要的原因之一，就是信息的共享不足，没有及时获得足够的井下信息，对存在的安全隐患和已经发生的事故，不能做出及时判断并进行有效的处理。现有的煤矿安全监测系统虽然可以对井下的情况进行不间断地监测，但是由于它们不具有网络功能，无法做到信息的共享，造成了管理人员对运行状态不了解。针对这一现状，国家要求"加快安全生产信息系统的网络建设，提高政府网站的运行质量。搞好安全数据统计，加强调度和信息反馈、确保各种安全信息、数据的准确、及时"。

二、现代网络 WSE 软件安全模型的分析与应用

随着现代计算机网络的发展，Web Services 技术正被越来越广泛的使用，因此，基于 SOAP 消息的 Web Service 安全问题变得更加的重要。WSE 是 Microsoft 公司提供了一套功能强大的解决 Web Services 安全性方案，主要是面向架构师和开发人员，提供了多种场景的安全解决方案，大大简化了 Web Services 安全性开发。

（一）WSE 的特征

简单方便：可以通过使用 WSE 方便简单的构件安全的 Web Service。功能强大：身份

认证、数据保护和授权提供解决方案。支持消息级别的安全：消息在交互过程中，主要是利用 SOAP 的扩展进行的，而且对敏感信息都可以进行安全保护，因此 WSE3.0 的安全性是端到端的，即消息经过的中间结点可以是不信任的。具有很强的通用性：因为 WSE 遵守 ES-Security 规范，并且支持业界比较通用的安全认证方式 Username Token、X.509 认证和 Brokers 认证，因此其具有很强的通用性。应用广泛：可以根据不同使用场景的需要制定各种满足需要的应用场景。

（二）WSE 的体系结构

WSE 是一种引擎，用于实现高级 Web 服务协议。它主要向输出的消息填充 head 标记内容；并且从收到的消息中，读取头标记信息。它可以按照要求把输出的消息进行转换成加密或数字签名后的消息，并且解密收到加密后的消息原文，也可以通过 WSE 定义各种安全规范。

WSE 的体系结构模型基于输入和输出 SOAP 消息的过滤器管道。所有输出的 SOAP 消息都必须经过输出过滤器处理；所以输入的 SOAP 消息都必须经过输入过滤器处理。

（三）WSE 的处理过程

对输入输出过滤器的管理和配置是通过策略来完成的，策略描述了客户端和服务端进行通信和交互的约束、规范和要求等。每个策略都是由若干策略断言组成，策略断言实际上是定义客户端和服务端过滤器的具体约束规范。策略断言是用 Policy Assertion 类来实现的。另外，策略还包含一个输入管道和输出管道，输入管道中主要是存放对输入过滤器的策略断言，输出管道中主要是存放输出过滤器的策略断言因此，在 WSE 中，对 Web Service 的安全配制，实际上就是对每个服务的策略进行配置。当客户端收到消息的时候：Soap Web Response 将其分析成一个 SOAPE envelope 实例，然后依次传递给策略输入管道里面的过滤器处理。将 SOAP 中的设置保存到 SOAP context 中，便于客户端以后查询使用，当最后一个过滤器处理完成以后，把一个具有明文的 SOAP 消息传递给客户端处理。当客户端发送消息的时候：Soap Web Request 将发送的 SOAP 消息解析成一个 SOAPE envelope 实例，然后，依次把消息传递给策略输出管道里面的过滤器处理，从 SOAP context 取出相应的消息，对 SOAPE envelope 加入令牌或者保护处理等。最后，把保护处理后的 SOAP 消息到网络中传递，请求服务。

（四）WSE 应用场景

在 WSE 中，为了解决 Web Service 面临的各种安全问题，它提供了多种安全应用场景的支持。常见的安全场景有用户名和密码应用场景、匿名应用场景、X.509 认证应用场景、安全上下文应用场景和 Kerosene 应用场景等，这些安全场景都是基于消息级别的安全。下面我们详细的分析下各种安全应用场景的应用。

1. 用户名和密码安全场景

Username Token 认证。它是基于密码的认证方式进行交互的，即客户端和服务端是使用用户名和密码来进行认证的，通过包含用户名和密码的 Username Token 令牌来验证客户的信息。然后，使用 X.509 对消息进行保护：比如通过使用 X.509 的公钥对消息进行加密或者数字签名等。因此，客户端和服务端要进行交互就必须先获得服务端的 X.509 的证书。Username Token 认证的处理过程：首先，客户端把用户名和密码等认证信息加入到 SOAP 消息中，然后使用 X.509 公钥进行签名和加密后传递给服务端；然后服务端收到消息后对其进行解密和签名验证，并且提取出用户名在认证库中进行鉴定，如果认证成功则交给服务端的处理；最后，返回处理完的消息。Username Token 认证的分析通用性：该认证的实现是遵守 WS-Security1.1 规范扩展，它 OASIS 制定的业界标准。因此，可以应用到各种平台中，具有很强的通用性。广泛性：该认证方式，是一种传统的认证方式，在数字加密和数字签名出现以前，该认证方式就被广泛使用，因此，其应用比较广泛。角色绑定：该认证方式支持角色绑定，就是把用户的角色绑定到 SOAP 消息中，加密处理后发送到服务端。缺点：该认证方式是一种比较传统的认证方式，对密码的管理和弱口令等问题没有很好地解决。

2. X.509 认证应用场景

X.509 认证主要是把认证的主体标识和证书加密的密钥进行绑定，通过证书来进行身份的认证。在这种认证机制，有两个 X.509 证书，一个是 WSE 的过滤器模型另外一个是客户端策略处理过程是进行身份验证的证书，另一个是使用服务端的证书对消息进行保护的证书。因此，在进行认证前，客户端必须获得服务端的 X.509 证书。客户端：首先，把得到客户端的 X.509 证书绑定到消息上，并且使用客户端证书得私钥进行签名；然后，再使用服务端得公钥对消息进行加密；最后，发送带有客户端证书的消息。服务端：当收到消息后，首先对消息进行效验；然后，使用服务端得私钥、对消息进行解密，并且使用客户端得公钥对消息进行数字效验；最后，如果效验成功，则从消息中提取出客户端得证书，提交给服务进程处理，返回结果。X.509 认证的分析通用性：因为 X.509 是业界通用的一种安全通讯标准，因此，它可以在不同的平台下运行和使用。相互认证：对提供的每一方都可以很好自己的标识符进行标识验证。而且能够通过服务端的公钥保证消息的机密性，客户端的私钥对消息进行效验防止消息被篡改。应用范围：主要用在多组织边界或多自治域中，即每个组织或域之间不是可信的，它们只能够使用各自的证书来进行身份验证。证书的存储：如果客户端应用程序不是扮演的用户，则证书和密钥存储在本地计算机中；如果客户端应用程序是扮演的用户，则证书和密钥存储在当前用户证书的存储器中，这样可以防止其他用户使用和盗窃证书和密码。最小权限规则：就是给每个 X.509 证书的权限是满足需求的最小的。缺点：X.509 主要依靠非对称加密，因此对资源的消耗很大。

3.Kerosene 应用场景

Kerosene 应用场景：它主要是通过使用 Kerosene Ticket 来进行身份验证。在此应用场景中，出现了一个 Kerosene Distribution Center-DC，它负责管理验证了的用户的账户和密码。客户端的访问都必须通过使用 KDC 发布的 Kerosene Ticket 来进行验证，方可进行。其处理流程：首先，客户端先从 KDC 获得 Kerosene Ticket（客户标识），然后，把客户的标识信息和 Kerosene Ticket 一起发送给客户端，最后，服务端从 Kerosene Ticket 提取出客户端的标识信息和发送的标识信息进行比较，如果相同则验证成功 Kerosene 令牌认证分析通用性：Kerosene 通信安全认证也是业界比较通用的一种标准，因此，也同样支持不同平台的使用。相互认证：可以进行客户端和服务端的认证；便于管理：把账户和密码进行了集中的管理；支持角色的认证：可以把角色信息添加到，Kerosene Ticket 中，从而实现角色的验证。缺点：由于出现了 KDC 服务，因此给增加了安全认证的资源和管理难度。

4. 安全上下文应用场景

安全上下文应用场景：主要是当客户端和服务端在交互过程中，需要频繁的传递大量数据的时候。如果使用 X.509 认证或者 Kerosene 都会带来很大开销，比如 Kerosene 令牌就 1K，如果频繁交互每个消息都加上一个 Kerosene 令牌，这就大大降低了系统的效率。因此提出了一种轻量级的用于多消息的安全令牌安全上下文令牌。在交互过程中，客户端首先申请一个 SCT 令牌，然后，服务器返回一个 SCT 安全令牌。之后，客户端和服务端都通过使用此 SCT 令牌进行对称加密来保护消息。

WSE 很好地解决了 Web Services 的安全问题，而且可以根据不同的应用需求，选择不同的安全认证方式。从而增强了 Web Services 的安全，推动了 Web Services 技术的广泛应用。

第八节　基于 ARM9 的嵌入式软件开发

当今社会，嵌入式系统已经渗透到人们工作、生活中的各个领域，嵌入式处理器已占分散处理器市场份额的 94%。ARM 作为一种嵌入式系统处理器，以高性能、低功耗、低成本等优点占领了大部分市场。目前最常见的是 arm7 和 arm9 2 个系列。随着人们对系统功能提出了更高的要求，arm7 在某些应用中已经不能胜任，性能更加强劲的 arm9 处理器逐渐占据了高端产品市场。

一、嵌入式系统的定义和组成

（一）嵌入式系统的定义

嵌入式系统开发流程图根据IEEE（电气和电子工程师协会）的定义，嵌入式系统是"控制、监视或者辅助装置、机器和设备运行的装置"。目前，一个在国内被普遍认同的定义是：以应用为中心、以计算机技术为基础、软件硬件可裁剪、适应应用系统对功能、可靠性、成本、体积、功耗严格要求的专用计算机系统。

（二）嵌入式系统的组成硬件

嵌入式处理器、嵌入式存储器、外围接口、输入设备、输出设备。软件：硬件抽象层、嵌入式操作系统、中间层、应用软件。

（三）嵌入式系统的特点

1.超强的目的性和针对性

因为几乎每一套嵌入式系统的开发设计都有其特殊的应用场合，可以说这是嵌入式系统的最大特点。一般而言，嵌入式系统都是为特定的目的而量身设计的，专用性很强，它可以非常紧密地结合软件系统和硬件并最大限度地提高了应用系统硬件和软件的灵活性，可以运用最低的成本，花费最少的时间，同时以最快的速度的实现功能的相互转换。

2.系统精简，功能强大

嵌入式系统的系统软件和应用软件的区分不是很明显，鉴于这个优势，它们的功能设计及实现方式较为简单，这样对控制系统成本和实现系统安全都非常有利。

3.嵌入式操作系统的高实时性

实时性是对嵌入式软件设计的基本要求，而且因为其软件一般不是存贮于磁盘等载体中，而是固化在存储器芯片或单片机本身中，这对提高执行速度和系统可靠性非常重要。

4.自主开发能力比较薄弱

众所周知，嵌入式系统本身不具备自主开发能力，所以在系统设计一旦真正完成，用户就没有办法修改其中的程序功能，而必须借助一套专业开发工具和环境才能进行开发。基于ARM9的可扩展功能嵌入式系统，可以说不仅继承了ARM9系列微处理器性能高、功耗少的诸多优点，而且在此基础上，还充分考虑到用户的切身需要，对很多常用的外部设备接口进行了较大的扩展等方面的改进。

二、ARM9 微处理器

（一）ARM9 微处理器的性能

（1）时钟频率的提高：相比 ARM7 处理器采用 3 级流水线，ARM9 采用的是 5 级流水线。增加的流水线设计提高了时钟频率和并行处理能力。在同样的加工工艺条件下，ARM9 处理器的时钟频率是 ARM7 的 1.8-2.2 倍。

（2）指令周期的改进：指令周期的改进对于处理器性能的提高有很大的帮助。如果采用最高级的语言，性能的提高通常都在 30% 左右。

（二）ARM9 微处理器的特点

嵌入式系统用 ARM9 作为处理器具有三大明显特点：耗电少功能强、16 位 /32 位双指令集和众多合作伙伴。

三、嵌入式软件开发流程

（一）嵌入式微处理器

通用计算机中的 CPU 是嵌入式微处理器最核心、最基础的部位。嵌入式微处理器和标准微处理器相比，在功能上并没有什么质的差别，但由于嵌入式系统大多应用于一些特定的场合，为满足其特殊要求，标准微处理器在工作温度、抗电磁干扰、可靠性等方面的表现就显得力不从心，而嵌入式微处理器在这方面的功能得到增强，正好因其体积小、重量轻、成本低等突出优点很好地弥补了标准微处理器的缺陷。

（二）嵌入式系统开发概述

嵌入式系统的开发主要分为 3 个方面，即系统总体开发、嵌入式硬件开发和嵌入式软件开发。嵌入式系统不仅与硬件的结合非常紧密，而且对硬件有非常大的依赖性，甚至某些特殊的需求只可以通过特定的硬件才能实现。所以，在总体开发过程当中，为了更好地满足产品的需求，进行处理器选型很有必要。除此之外，如果存在某些功能通过硬件和软件都可以实现的情况，就需要着重考虑其成本和性能的优劣，以便做出最好的选择。一般来说，选择硬件来实现会不可避免地加大产品的成本，但却交叉编译环境能大大提高产品的性能和可靠性。其次，绝对不能忽视对开发环境的选择，它对于嵌入式系统的开发也有直接的影响。这里所说的开发环境主要包括嵌入式操作系统的选择及开发工具的选择等。比如，对开发成本和进度限制较大的产品可以选择嵌入式 Linux，对实时性要求非常高的产品可以选择 Works 等。

（三）嵌入式系统的独特之处

1. 交叉编译

交叉编译是嵌入式软件开发过程当中经常采用的编译方式。所谓交叉编译，简单地说，就是在一个平台上生成可以在另一个平台上执行的代码。其中，编译所担任的核心任务就是将程序转化成运行该程序的 CPU 所能识别的机器代码。而交叉编译就如同翻译一样，通过编译器把相同的程序代码翻译成不同 CPU。不过，需要注意的是，编译器本身也是程序，也要在与之对应的某一个 CPU 平台上运行。一般将进行交叉编译的主机称为宿主机，也就是实际应用当中经常提到的 PC，而将程序实际的运行环境称为目标机，即嵌入式系统环境。由于嵌入式系统的系统资源极其有限，与通用的计算机相比非常欠缺，无法在其上运行相关的编译工具，因此，嵌入式系统的开发就需要借助宿主机来编译出目标机的可执行代码。编译的过程主要包括编译、链接等几个阶段，因此，嵌入式的交叉编译也可分为交叉编译、交叉链接等过程，通常 ARM 的交叉编译器为 arm-elf-cc、arm-linux-gcc 等，交叉链为 half-hearted、armour-plated 等。

2. 交叉调试

调试是整个软件开发过程中不可忽视的一个环节。嵌入式软件经过编译和链接后，即进入调试阶段。嵌入式软件开发过程中的交叉调试与通用软件开发过程中的调试方式有很大的不同。在常见软件的开发中，调试器与被调试的程序往往运行在同一台计算机上，调试器是一个单独运行着的程序，它通过操作系统提供的调试接口来控制被调试的进程。而在嵌入式软件开发中，调试时采用的是在宿主机和目标机之间进行的交叉调试，调试器仍然运行在宿主机的通用操作系统之上，但被调试的进程却是运行在基于特定硬件平台的嵌入式操作系统中，调试器和被调试进程通过串口或者网络进行通信，调试器可以控制、访问被调试进程，读取或者按要求改变被调试进程的运行状态。

四、交叉开发环境的建立

对嵌入式系统而言，装备必要的资源是进行嵌入式应用程序开发的前提条件，对此，只能利用资源丰富的 PC 来开发，然后建立交叉开发平台。交叉编译器（cross-compiler）是进行交叉平台开发的主要软件工具。它是运行在一种处理器体系结构上，但是可以生成在另一种不同的处理器体系结构上运行的目标代码的编译器。要建立交叉开发环境，主要需要几个工具包：G cc，glib，bilinguals，g db 等。一般开发板都提供这些工具，如果不是使用的开发板，也可以在网上下载到全部软件包的，然后依次将它们安装在 PC 上即可。

这本书中通过对基于 ARM9 的嵌入式系统的结构与功能进行分析，给出了系统开发环境。这种新型的嵌入式系统结构清晰、通用性好、可扩展性强，可为各种嵌入式应用提供一套完整的软、硬件解决方案，在工业控制、电子、通信等各个领域具有较为广阔的应用前景。实践证明，基于 ARM9 平台的嵌入式系统具有很高的应用价值。

第九节 漏洞检测软件的设计与实现

随着信息技术的发展和 Internet 技术的广泛应用，如今的网络已经成为人们生活中不可缺少的一部分，人们对信息网络系统的需求和依赖程度正在日益增加。然而，任何事物都有两面性，网络技术的发展在给我们带来便利的同时也带来了巨大的安全隐患。由于网络技术正处在高速的发展过程中，所以很多网络协议和应用设计得并不十分完善，存在着一些安全漏洞。不法之徒利用这些漏洞可以攻击他人的网络，破坏网络的正常运行或者入侵他人的计算机非法获取隐私信息等等。因此定期地对网络进行安全漏洞检测成了网络管理员的一项必不可少的日常工作。网络安全检测技术是一种远程检测目标网络或 Internet 本地主机安全性脆弱点的技术，其原理是通过建立与目标主机 TCP/IP 端口的连接并请求服务，发现目标主机的各种 TCP/IP 端口的分配、开放的服务、服务软件版本和这些服务及软件呈现在 Internet 上的安全漏洞。安全漏洞扫描系统可以根据全面的安全漏洞集合对系统进行全面的测试，并对测试结果进行分析，最后对系统存在的安全漏洞给提出修补建议。因此，安全漏洞扫描系统可以在网络黑客动作之前，协助管理者及早发现网络上可能存在的安全漏洞，排除安全隐患。

一、常见的网络安全漏洞

（一）弱密码漏洞

弱密码漏洞是指网络用户没有意识到网络安全的重要性情况下，为了方便记忆而对像 FTP 和 POP3 等网络应用中设置了仅由数字或字母组成的简单密码。黑客可以采用专门的扫描软件配合一些密码字典对指定的服务进行模拟登录来探测用户口令，在成功取得口令后，可以取得对应用户的控制权限。以目前普通的计算机的运算能力，6 位以内的数字密码一般可以在 15 分钟以内破解。

（二）SQL 注入漏洞

对于 SQL 注入攻击，微软技术中心从两个方面进行了描述：脚本注入式的攻击；恶意用户输入导致被执行的 SQL 脚本受到影响。就其本质而言，利用的是 SQL 的语法，针对的是应用程序开发者编程过程中的漏洞。由于 SQL 注入攻击使用的是 SQL 语法，使得这种攻击具有广泛性。理论上说，对于所有基于 SQL 语言标准的数据库软件都是有效的，包括 MS SQL Server、Oracle、DB2、Easy-peasy、Mys 等。

（三）Unicode 编码解码漏洞攻击

此漏洞主要存在于 IIS5.0 中文版中，当 IIS 收到的 URL 请求的文件名中包含一个特殊编码，例如"%c1%h"或者"%c0%h"，它会首先将其解码为"0xc10xhh"，然后尝试打开这个文件。攻击者可以利用这个漏洞来绕过 IIS 的路径检查，去执行或者打开任意的文件。如果系统包含某个可执行目录，就可能执行任意系统命令。

（四）CGI 漏洞

CGI 是运行在 Web 服务器上提供客户端 HT-ML 页面的接口。由于 CGI 程序开发者的疏忽，许多 CGI 程序存在各种危险程度的漏洞。例如有的 CGI 程序允许远程攻击者在 Web 服务器上执行任意的命令，可能对服务器造成破坏；有些 CGI 程序本身，或者被其调用的函数缺乏对用户输入数据的合法性检查，未能滤除一些特殊字符，使得入侵者可以通过构造请求来达到入侵的目的。目前，大多数网站都使用免费的公共 CGI 脚本程序去驱动各自的 Web 服务，从而导致有缺陷的 CGI 脚本在 Internet 上泛滥开来。

三、软件设计与实现

（一）总体设计

网络安全漏洞检测软件的目标就是简化网络管理员的工作，并能够使非专业人员完成网络安全的测评，所以要求软件界面友好并且方便配置和使用。本软件主要分为主机信息检测模块、端口扫描模块、弱密码检测、SQL 注入检测、Unicode 漏洞检测和 CGI 漏洞检测等 6 个主模块进行设计。

（二）安全漏洞检测软件的实现

考虑到软件的稳定性、执行效率以及能适应不同操作系统平台使用，本检测软件采用了具有跨平台和多线程编程优势的 Java 语言进行开发，开发工具为 My Eclipse 结合 SWT UI、Java Mail HTTP-Client 等开发工具包。以下是本软件的几个主要模块的实现方法。

1. 弱密码漏洞检测模块的实现

本软件实现了对目标主机的 FTP、SMTP、POP3 和远程桌面等应用的弱密码漏洞检测，此类检测基本采用的方法都是通过编程模拟各种应用的登录过程，从字典中取出预先编辑的好的用户名和密码对循环尝试破解。以下以 POP3 服务为例说明弱密码检测的实现方法。进行 POP3 弱密码漏洞检测时，首先初始化创建一个 Socket 接口，连接目标主机的 110 端口；然后向目标主机发送一个用户名指令："USER user-name"；接收目标服务器返回数据，如果返回数据中包括"+OK"字符串则说明目标主机邮件服务器中用户名存在，否则用户名不存在尝试其他用户名；若目标主机返回用户名存在的信息，则向目标主机发送一个密码："PASS password"；接收目标服务器返回数据，如果返回数据中包括"+OK"，则说明密码验证通过目标主机存在 POP3 弱密码漏洞。

2.SQL 注入漏洞检测模块的实现

判断目标主机是否存在 SQL 注入漏洞可以分为整形参数判断和字符串参数判断两种形式，以下以整形参数判断为了说明 SQL 注入漏洞的检测方法。假定目标主机待检测 URL 为 "HTTP：//www.kahuna.net/list.asp?id='xx'"，当输入参数 xx 为整型时，通常 list.asp 中 SQL 语句原貌大致如下："select*from 表名 where 字段 =xx"。如果程序没有过滤好的话，可以采用以下方法判断："HTTP：//www.kahuna.net/list.asp?id=xxand1=1" 运行正常而与 "HTTP：//www.kahuna.net/list.asp?id=xx" 的运行结果相同，并且 "HTTP：//www.kahuna.net/list.asp.id=xx and 1=2" 运行异常，则 list.asp 中就会存在 SQL 注入漏洞，反之则可能不能注入。

3.CGI 漏洞检测模块的实现

针对目标服务器的 CGI 漏洞，可以先连接目标服务器的 80 端口，以 "GET+ 漏洞特征码＋协议名称"的形式向目标 Web 服务器发送一个特殊请求同时接收服务器的返回信息，根据返回的信息判断目标主机是否存在 CGI 漏洞。例如对于那些能给攻击者提供 Web 服务目录的 CGI 漏洞，因为漏洞造成的后果会导致泄露目标主机的目录信息，对于此类漏洞假的检测可以通过返回数据包中是否存在 "200" 字符串作为漏洞判别的依据。为了方便扩展，可以将 CGI 的漏洞特征信息存储在一个文本中，当有新的特征码出现可以加入到该文本中，每次检测时可以动态读取特征码文件中的特征信息。另外，利用 Java 编写多线程代码，可以同时读取特征码文件中多个特征信息，大大提高了检测效率。

本软件基本实现常见网络安全漏洞的检测，并且凭借 Java 语言的跨平台运行优势，使得软件可以运行在 Windows 和 Linux 等多种操作系统平台。但是网络技术在不断发展，安全漏洞和新的攻击手段也层出不穷，例如：XML 注入、跨站脚本攻击等。所以，本系统的功能还有待进一步的完善，特别是在可扩展性上进一步加强。

第十节　智能化安全的网络管理软件

电子政务和企业信息化工程的持续推进对网络管理（网管）软件产生了大量需求，并呈现持续增加的趋势。随着信息化浪潮的推进和企业间竞争的加剧，各类企业都通过不断地推出和完善自己在网上的业务和服务，并不断地提升网上业务质量，来最大限度地争取市场和用户，保持竞争的新技术的应用带来了多种的网络连接方式，网络的规模也越来越大。因此，对网络与系统进行综合监控和管理的网管软件是不可缺少的。

一、研究意义及技术背景

电子政务和企业信息化工程的持续推进对网络管理软件产生了大量需求，并呈现持续增加的趋势。据 IDC 在 2001 年发布的一份报告中指出：2001 年，中国网管软件市场（只包括软件许可证和维护费用）的规模约为 4 亿多元，预计该市场规模将在 2006 年达到 21 亿多元，2001~2006 的复合年平均增长率 CAGR 将达到 38.4%。据分析 2001 年，政府和企业所产生的需求分别占 14.9% 和 9.7%，不到总量的一半；但预计到 2006 年以后，需求的格局将会发生大变化，电信和金融行业的比重将下降到 40% 左右，政府、企业、交通、教育和其他行业将占到网管软件市场的 60% 左右。电子政务在中国的推广推动了政府信息化的建设，网络（包括网络硬件和网管软件）作为基础设施，成为电子政务必不可少的部分。同时中国的政府构架本来就是比较复杂的网络结构，不同的政府职能部门和不同级别的政府常常需要协同工作，因此，电子政务要求的网络基础设施相应的也会比较复杂，进而需要网管软件来确保网络的正常运转。

二、网络管理软件

目前市场上主流的网管软件都实现了设备管理、故障分析、网络监测等基本功能，只不过不同的网管软件，在实现这些需求时，在深度、广度、细节处理、技术实现等方面，会有所不同，因而也就造成不同网管软件水平的高下、质量的高下。目前，市场上许多成熟网管软件，比较著名的，国外的有 IBM Valvoline、HP Open View 和 CA Uni-center 等，国内的有游龙的 Site View、王强的 net strong、北大青鸟的 Inexpert 网管系统、神州数码的 Link Manager 等等。应该说，这些网管软件的功能强大，覆盖了网管的各个方面，但普遍存在易用性不大好，需要专业化的技术团队进行管理，可以称之为"网管软件的网管"，具有投入大、实施周期长的特点，而且运营和维护非常麻烦。同类技术产品在应用上和技术上都已经呈现出一定的特征和发展趋势。在应用方面，发展特征有以下几点：

①从侧重设备管理到侧重业务管理

早期的网管软件，着重点在于对网络设备的监控和管理，而现在的趋势是用户不再将设备的管理看作网管的本意，而是考虑如何管理网络来使之满足企业业务系统的需求，设备的管理变成了更加靠近后台的任务。

②从侧重故障管理到侧重性能管理

在网管软件发展的初期，故障管理是网管软件的重要功能，用户使用这个功能来保证网络的连通时间。随着网络技术的发展和企业应用对网络性能要求的进一步提高，性能管理变得越来越重要。用户需要良好的性能管理来保证 ERP、CRM 等高性能应用的正常运行。

③更加侧重系统的安全性

网络系统的安全性越来越重要。毋庸置疑，大家已经认识到了数据和网络安全性的重要，因此网管软件也相应地更加侧重于系统安全性的保证。典型的例子是网络授权管理和网络使用记录管理等功能的增加。

④更加侧重系统的互操作性

目前，大量的数据网络来自不同的厂商和不同的技术规范，网管软件常常运行在这些复杂的异构网络之上，因此网管软件是否能够满足不同系统的互操作需求，显得愈发重要。

⑤政府、企业等市场需求增长较快

除了电信、金融等大企业之外，政府和企业等市场已经逐渐发展成为网管软件的主要客户。预计2006年政府和企业等市场的需求量将占总需求量的60%。在技术方面，网管软件具有以下发展趋势：

①在技术的应用上与国际保持同步

国内网管厂商时刻关注国际网管标准的出台，关注国际相关网络组织、协会的最新动态，并能及时预测和把握最新网络技术，充分与国际接轨。国际上最新推出的各种网管技术，都会很快在中国网管行业中得到普及和应用。对于其中的部分技术，中国的网管业甚至可以结合自身应用的特点，使其更加深入地得到开发和利用。

②基于Web的网管技术将得到越来越多的应用

基于Web的网管系统可以通过Web浏览器十分方便地进行远程管理。Web技术具有灵活、方便的特点，适合人们随时随地获取信息的习惯。

③网管进一步智能化

网管系统在一定程度上结束了完全依靠人工来维护和管理计算机网络的时代。但是，网管系统并不能代替人，尤其不能代替具有专门网管知识的专家，网管系统还要依靠人去使用。管理软件只有实现高度智能化，才具有一个软件诞生的意义。全球网管软件的另一个奋斗目标也就是进一步实现高度智能，大幅度降低网络运转和维护人员的工作压力，提高他们的工作效率，真正体现运维管理工具的作用。从另一个角度讲，网管软件只有真正作为一个自动化、智能化的软件，才能满足用户的需求，经受住市场严峻的考验，最终为广大用户企业所接受。现在的网管软件虽然在一定程度上达到了自动化、智能化，但是从应用的灵活性、简便性、人性化等各个方面来讲，在很大程度上都还有进一步提升的空间，这些也正是各网管厂商进一步努力的方向。

④大型网络的综合化管理与个性化管理

毫无疑问，企业的网络即使规模不扩大，应用也会增加，网络系统只会越来越复杂。现在各企业的网管软件比较混乱，有专门的服务器网管软件，也有不同的网络设备厂商提供的设备管理系统，还有加强对应用系统管理的软件。这种多网管系统共存于一个网络系统的混乱局面，不仅失去了自动化、简单化管理的意义，而且会对系统的性能产生一定的影响，必须引进综合的完善的网管系统来加以解决。与此同时，随着应用的增添和网络布局的变化等，网管软件必须具备可个性化管理的特定，具有灵活定制、快速开发的特定。

第十一节　基于软件工程技术的网络安全方法研究

当今社会，计算机网络日渐走入人们的生活，网络在我们所接触到的各个领域都有着广泛的应用。同时，人们对于网络也产生了一定的依赖性，日常生活逐渐离不开网络的辅助。但是网络在迅速发展的过程中，也存在着很多不完美的地方，网络安全随时威胁着人们的生活。网络安全是影响人们日常网络生活的一个重要部分，在现今我国计算机网络技术的飞速进步中造成了一定的阻碍。我国计算机行业飞速发展，但是软件的开发方面存在一定的滞后，很多软件处于被国外垄断的状态，包括操作系统，我国目前在操作系统的开发上比较滞后，近期由于微软的垄断对用户造成了一定的不方便因素，我国开发出一套适合我国使用的操作系统，但并没有广泛使用。国外的系统和软件的使用，对我国的网络安全造成了一定的威胁。

一、计算机网络安全

（一）网络的设计理念

计算机网络安全涉及计算机技术中的各个方面，如网络技术、通信技术、密码技术等等。计算机网络安全的标准是网络中的硬软件、系统的安全受到保护，在发生恶意侵入时不受破坏。在网络刚产生时，人们对于网络的要求侧重于可用性以及其方便程度，那时对于网络安全性的认识和重视度都不高。因为最初的网络没有遍布全球，主要是局域网，所以基本不存在网络安全的问题，于是人们也没有做必要的防护。后来网络技术日渐进步，互联网遍布全球，将世界联系起来，网络安全问题便逐渐成为不可忽视的重大问题。网络具有关联性的特征，所以在进行网络上的操作时，很容易在安全方面受到威胁。目前的众多网络产品，也是基于基础网络协议进行发展开发的，与互联网有着同样的安全问题。

（二）网络开放性

开放性是互联网的最基本特征，互联网的基本准则之一就是自由开放。目前我们使用的网络，处于互联网产生以来开放性最强的状态。互联网从最初的局域网发展成为今天的世界性的网络，为的就是更加方便人与人之间的交流。网络的开放性为广大用户提供了丰富的资源，但也在同时为黑客提供了可乘之机。网络安全便成了开发者和用户共同关心的核心问题。

（三）网络的控制管理性

互联网将世界联系在一起，每个用户都是网络中的一个元素，个人计算机以及局域网都连接在公共网络中。网络具有的关联性使得对网络进行攻击时，只需要对网络中的关键点进行攻击，就可以对整个安全系统造成影响，就能够击溃整个安全系统。互联网中的关键点十分重要，若这个关键部位的安全保护做到位，互联网的安全便有了保障；若关键点丧失了安全性，整个互联网的网络安全就难以维持。安全系统被破坏后，网络运行环境就会变得复杂，缺乏可控性以及安全性。这对每个互联网中的用户都会造成严重的影响，轻则导致文件的丢失，重则造成金钱的损失。

二、网络安全威胁

网络面临着多方面的威胁，一方面在于网络信息的威胁，另一方面在于网络设施的威胁。网络安全受到威胁的首要原因是人为的疏忽，在对计算机进行配置时，因为操作人员产生疏忽，产生安全漏洞，这样便给了不法分子攻击计算机的机会。用户在对计算机进行设置时，没有浓厚的安全意识，例如口令密码设置不够安全以及防火墙不能及时维护，这些因素都会给电脑带来安全危害。网络安全受到威胁的第二个原因是他人的恶意攻击，其中包括两个方面：第一，主动攻击，这种方式是人为对数据流进行修改、延迟、删除、插入以及复制的操作，通过这种操作读计算机安全进行攻击，主要是对信息进行篡改和伪造；第二，被动攻击，这种方式是截获信息，通过特殊手段监视或是偷听信息，以达到信息截获的目的，这种方法比主动攻击较难发现。网络安全受到威胁的第三个原因在于软件漏洞，软件的漏洞通常会成为黑客进行攻击的主要目标，通过攻击漏洞可以摧毁整个安全系统，除了软件漏洞，开发人员在研发软件时会留有一个"后门"，方便对软件进行升级，这也容易成为黑客攻击的对象。网络安全受到威胁的第四个原因在于管理疏漏。

三、基于软件工程技术的网络安全防御技术

（一）防火墙

防火墙可以在硬件上进行建设，它起到了分离器、分析器和限制器的作用。它在两个网络进行连接和通信的时候发挥作用，对信息进行过滤和控制。防火墙包括很多类型，应用代理型、检测型和过滤型是最为常见的，使用防火墙，可以对内外网络正常运行提供保障，但防火墙也存在一定的弱点，它无法阻止 LAN 内部的攻击。

（二）访问控制

访问控制是通过对操作系统中访问权限进行设置，限制访问主体对访问客体的访问。访问控制是通过软件技术对网络安全进行防御的主要手段，它通过对网络资源进行保护，使网络资源避免非法的访问。访问控制技术主要包括入网访问控制、网络权限控制、属性控制以及目录级控制等。

（三）杀毒软件

病毒是主要以一个程序的方式存在和传播的，也有些病毒是以一段代码的形式。病毒

运行后，会对计算机造成破坏，使计算机无法正常运行，严重的则会损伤计算机的操作系统，使整个系统崩溃，乃至使硬盘遭到损害。计算机病毒还有自我复制的功能，他们可以自身进行复制后，通过移动设备和网络大肆传播出去，感染网络内开放的其他计算机，对其他计算机也造成破坏。对于计算机病毒的防治，可以分为几个模块，分别是病毒检测、病毒防御和病毒清除。目前市面上有很多种类的杀毒软件，选择高质量并且及时更新的杀毒软件，是十分重要的。安装杀毒软件后，要及时对电脑进行病毒扫描，检测出病毒的存在后，要及时进行处理和清除，保障计算机不被病毒感染，达到保护计算机安全的目的。安装好的杀毒软件，不仅是对于一台计算机安全的维护，也是对网络安全的维护，杀毒软件及时清除病毒，防止了病毒通过网络传播出去，造成大批计算机系统遭到破坏。

网络安全是一个备受关注的话题，本小节内容对基于软件工程的计算机网络安全进行了探讨。要在软件技术方面实现网络安全的维护，就要加快技术的革新，要进行技术研发，就要投入足够的资金。所以，要保障网络安全，也需要得到国家的支持，有了国家的资金支持，才能更加顺利地进行软件的开发，推出更多的安全防护软件，并且在用户中普及，这样才能更好地维护网络安全。另外，网络安全的维护还需要每个互联网用户提高安全意识。提高安全意识，一方面是要注意保护自己的信息，不要随意在网络上泄露自己的个人信息；另一方面，就是要重视安全软件的使用，利用软件弥补系统的不足，对病毒进行查杀，对漏洞进行修补，使计算机达到较为安全的状态，这样才能对网络安全起到很好的保护。

第十二节　航测遥感网络生产中的数据安全与管理

随着计算机与网络通信技术的飞速发展和航测遥感内业生产全面实现数字化作业，网络在航测遥感生产领域中的应用越来越广泛，作用越来越大。但是，同时也带来了许多问题，比如，各航测遥感生产单位普遍建立的局域网可能导致航测遥感生产数据丢失，影响航测遥感生产。因此，如何保证网络上的航测遥感生产数据安全，排除泄密隐患，防止数据丢失，对于保持安全生产、提高生产效率尤为重要。

一、计算机网络安全与管理数据安全

建立在计算机信息安全的基础上，因此计算机信息安全是一个非常关键而又复杂的问题。计算机信息系统安全指计算机信息系统资产（包括网络）的安全，即计算机信息系统资源（硬件、软件和信息）不受自然和人为有害因素的威胁和危害。计算机信息系统之所以存在着脆弱性，主要是由于技术本身存在着安全弱点、系统的安全性差、缺乏安全性实践等问题。计算机信息系统受到的威胁和攻击除自然灾害外，主要来自计算机犯罪、计算机病毒、黑客攻击、电压不稳定，信息战争和计算机系统故障等。要做到计算机信息安全必须同时保证单机数据安全和网络安全，而航测遥感生产中单机数据往往所占区域较小，所造成的危害也较小，因此应当首要保证网络安全，尤其是保存成果文件的数据安全。安全策略主要通过以下三个方面考虑：

（一）计算机硬件

采用硬件安全策略的目的是保护计算机系统、网络服务器、打印机等硬件实体和通信线路免受自然灾害、人为破坏和搭线攻击、验证用户的身份和使用权限、防止用户越权操作和数据的非法进出，确保航测遥感生产在一个良好的网络环境中进行。通常采用在硬件上隔绝网络连接的方法为航测遥感生产建立独立的生产局域网。局域网的组网形式应当采用带有域控制器的星形网络进行统一管理，防止非法计算机接入。封闭除专用外接口外的一切网络终端计算机数据交换接口，卸掉软驱、光驱等设备，在 BIOS 中关闭 USB 接口，主机箱及无法封闭的 USB 接口采用封条贴死，USB 键盘及鼠标使用封条粘在面板上，封条采用易损材质，若撕毁则无法复原。打开机箱进行维修或维护等操作必须经过计算机管理员同意，操作完成后，再次使用封条封住，并将事件内容记录在案。域控制器应当设立在单独的服务器之内，禁止除网络管理员之外的任何人进入。计算机管理员定期巡查计算机接口情况，严格禁止任何计算机同时接入内部局域网和与外部相接的网络。外部 Internet 应当使用专用的计算机接入到有相关工作需要的人员，并且两台计算机之间不得连接。采用物理隔绝的办法可以避免来自外部的大部分危害，例如计算机病毒、黑客攻击等，同时可以防止数据被非法拷贝，保证国家重要数据不流失。

（二）计算机软件

在硬件上采取措施的同时还应当在软件上采取措施。采用服务器操作系统的域级组策略，限制客户端只能使用与工作相关的程序，并对不同的用户进行单独设置，以适应网络安全的要求。当需要安装其他程序或者系统补丁时，须通过信息部门审核，并统一安装调试。客户端的系统安装必须由信息部门或计算机管理员负责，严格限制管理员权限的使用，必须具有域管理员的用户才能具有安装、删除软硬件的功能，并做好记录。访问控制是网络安全防范和保护的主要策略，它的主要任务是保证网络资源不被非法使用和非常访问。这也是维护网络系统安全、保护网络资源的重要手段，可以说是保证网络安全最重要的核心策略之一。具体内容包括入网访问控制、网络的权限控制、目录级安全控制、属性安全控制、网络服务器安全控制、网络监测和锁定控制、网络端口和节点的安全控制、防火墙控制。网络管理员应当对所有的权限进行设定，限制越权访问、保护数据的安全，这样就可以防止源于内部的安全问题。

（三）计算机安全管理制度

安全管理是一个广泛的理念，计算机环境中出现的不安全问题并不是全部由单纯的计算机设备本身造成的，相反更多的问题是由其他非计算机技术因素引起的，只是最终通过计算机的载体实现而已。因此对于航测遥感网络生产的安全管理，不应该仅仅是对计算机设备的安全保护，还要对相关人员进行安全规范化管理，建立完备的计算机网络安全管理制度，这是弥补安全漏洞的一个重要途径。首先，各单位需要明确参与生产的各类人员的权力与义务，落实安全责任，责任到人，防止因疏于管理造成的非法进入计算机控制室和各种非法拷贝、偷窃、数据丢失，破坏活动的发生。其次，建立资料安全管理制度，单独设立专用计算机作为网络数据的出入口，对数据的进出实行登记，检查进入的数据是否符合规定，符合规定则进行存档，若要拷出数据，则应当对拷贝数据的人员、单位、时间、内容等信息进行详细登记，并经领导审批。同时，这台专用的计算机必须安装杀毒软件和防火墙，对连接的磁盘、USB 设备等执行严查的查毒，坚持先查毒后使用的原则。

二、建立安全生产管理信息系统

使用硬件和软件安全策略能够有效地保护数据文件，但这种保护通常是保护目录或文件的安全，而生产中随时对每个工序的文件进行详细的权限控制则需要建立生产管理信息系统来实现。数字化地图生产是采取流水作业的方式进行，通过图幅流动，了解和掌握图幅进入每个工序的流通状况，是地图生产中组织管理的重要方式。在安全的网络环境中建立的航测遥感生产管理信息系统反映图幅生产状态的控制信息和统一管理各工序产生的图幅数据文件。图幅生产状态的控制信息在生产过程中变化的过程称为信息流，各工序产生的图幅数据文件在生产过程中变化的过程称为数据流，依据图幅的状态设置相关文件的访问权限，即通过控制信息流来控制和保护数据流，达到数据安全的目的。国内存在较多成果资源管理数据库，但航测遥感生产管理信息系统较少，有些航测遥感生产管理信息系统在信息流方面控制得较好，但数据流缺乏控制，仅记录图幅是否完成，而忽略了对航测遥感生产过程文件的控制，航测遥感生产过程文件应当同成果文件一样进行严格的保护。建立航测生产管理信息系统，对确保数据安全有非常重要的作用，它能够对每一幅图、每一种成果文件都进行权限的授权和审核，只有通过审核才能够获得作业数据，作业员仅对作业图幅文件及接边文件享有访问的权限，防止作业人员获取其他图幅数据。系统中还应当记录操作日志，详细记录操作人员的登录名、登录电脑、时间、检索或下载成果数据名称等内容，以供档案管理监督分析。航测遥感生产管理系统的最终成果将提交到成果库中，满足成果管理的要求，从而全面实现航测遥感生产过程及成果的安全科学管理。航测遥感生产管理信息系统离不开数据库，数据库应选择能提供海量数据存储和有较高级别安全管理能力的大型数据库系统。数据文件可以直接入库，也可以放置在操作系统权限控制下的专用目录中，该专用目录应当集中在专用的数据库服务器上并隔离在网络室中，推荐采用磁盘阵列容纳海量数据。数据的读取和存储使用专用的程序实现，禁止除网络管理员和专用程序外任何访问数据的操作。任何操作都应当写入系统日志，必须有当事人的签名、时间等，做到有据可查。

三、数据备份

计算机系统总是避免不了故障的发生，数据备份是确保航测遥感数据安全的必不可少的重要步骤，以便在数据丢失时迅速恢复，防止计算机软、硬件故障或病毒造成的数据损失。任何工序上交的成果文件都应当备份，包括扫描航片、加密成果、编辑成果、工序管理文档等，而可以通过既有文件快速再生的中间过程文件可以不用备份，例如航测遥感采集过程中的像对文件等。由于航测遥感生产需要备份的数据量较大，因此选择合适的数据备份方式就非常重要，以前通常用磁带、光盘、DVD 等方式进行备份，现在则可以采用大容量活动硬盘或磁盘阵列柜进行数据备份。由于这些备份非常便捷，建议采用大容量活动硬盘或磁盘阵列柜直接备份的方式，而这些磁盘备份也可能存在机械故障、病毒感染或受潮等原因，因此应采用双备份的方式同时备份两份数据。备份数据应当在专用库房中妥善保管，编号存档，备份时详细记录备份的时间、内容、存档位置等信息，方便随时调用，有条件的单位还应当建立自己的档案管理信息系统，方便进行查询和统计。

测绘遥感产品的安全问题越来越受到人们的重视，本文探讨了航测遥感生产过程中数据安全的问题，提出了通过网络安全措施及使用信息系统保护数据安全的具体措施。但是，世界上没有绝对的安全生产环境，安全在于不断加强管理、提高防范意识，应当提高生产人员遵守安全生产规定、保护登录密码的意识，建立一系列完善的制度并严格执行，依靠制度管人，不能靠人管人，只有这样，才能保证数据的安全与使用。

第十章 现代电力工程技术与网络安全的发展

第一节 现代智能电网发展概述

智能电网是为了实现能源替代和兼容利用，在创建开放系统和建立共享信息的模式基础上，整合系统中的数据，优化电网的运行和管理。它主要是通过终端传感器将用户之间、用户和电网公司之间形成即时连接的网络互动，实现实时（real-time）、高速（high-speed）、双向（two-way）地读取数据，整体性地提高电网的综合效率。智能电网可以利用传感器对发电、输电、配电、供电等关键设备的运行状况进行实时监控和数据整合，遇到电力供应高峰时段，能够在不同区域间进行及时调度，平衡电力供应缺口，达到对整个电力系统运行的优化管理。智能电表可作为互联网路由器，推动电力部门以其终端用户为基础，进行通信、运行宽带业务或传播电视信号。智能电网系统安全稳定运行、需求侧管理、分布式电源等是推进智能电网建设的原动力。智能电网综合应用通讯、高级传感器、分布式计算等技术，提高了输配电网络的安全性、可靠性和效率。在可再生能源发电所占比例较大的电力系统中，储能技术的应用解决了保证系统正常运行的可行途径。智能电网要求储能系统有足够大的储能容量、足够快的功率响应速度、足够大的交换功率、足够高的储能效率、足够小的放电周期、足够长的使用寿命、足够小的运行费用。

一、智能电网技术的发展

中国数字化电网建设涵盖了发电、调度、输变电、配电和用户各个环节，包括信息化平台、调度自动化系统、稳定控制系统、柔性交流输电、变电站自动化系统、微机继电保护、配网自动化系统、用电管理采集系统等。实际上，目前中国数字化电网建设可以算是智能电网的雏形。

（一）参数量测技术

参数量测技术是智能电网基本的组成部件。先进的参数量测技术获得数据并将其转换成信息，以供智能电网的各个方面使用。它们评估电网设备的健康状况和电网的完整性，进行表计读取、消除电费估计及防止窃电、缓减电网阻塞及与用户的沟通。未来的智能电网将取消所有的电磁表计及其读取系统。取而代之的是可使电力公司与用户进行双向通信的智能固态表计。基于微处理器的智能表计有更多的功能，除了可以计量每天不同时段电力的使用和电费外，还有储存电力公司下达的高峰电力价格信号及电费费率，并通知用户正在实施的费率政策。更高级的功能还有用户自行根据费率政策编制时间表，自动控制用户内部的电力使用策略。对于电力公司来说，参数量测技术给电力系统运行人员和规划人员提供更多的数据支持，包括功率因数、电能质量、相位关系（WAMS）、设备健康状况和能力、表计的损坏、故障定位、变压器和线路负荷、关键元件的温度、停电确认、电能消费和预测等数据。软件系统将收集、存储、分析和处理这些数据，为电力公司的其他业务所用，未来的数字保护将嵌入计算机代理程序，极大地提高可靠性。计算机代理程序是个自治和交互的自适应软件模块。广域监测系统、保护和控制方案将集成数字保护、先进的通信技术以及计算机代理程序。在集成的分布式的保护系统中，保护元件能够自适应地相互通信。这样的灵活性和自适应能力极大地提高了可靠性，因为即使部分系统出现了故障，其他的带有计算机代理程序的保护元件仍然能够保护系统。

（二）智能电网通信技术

建立高速、双向、实时、集成的通信系统是实现智能电网的基础，没有这样的通信系统，任何智能电网的特征都无法实现。因为智能电网的数据获取、保护和控制都需要这样的通信系统支持，因此，建立这样的通信系统是构建智能电网的第一步。通信系统和电网一样深入到千家万户，共同形成 2 个紧密联系的网络——电网和通信网络，实现智能电网的目标和主要特征。高速、双向、实时、集成的通信系统使智能电网成为动态的、实时信息和电力交换互动的大型基础设施。通信系统建成后，可以提高电网的供电可靠性和资产利用率，繁荣电力市场，抵御电网受到的攻击，提高电网价值。适用于智能电网的通信技术需具备以下特征，a）双向性、实时性、可靠性，出于安全性考虑理论上应是与公网隔离的电力通信专网；b）技术先进性，能够承载智能电网现有业务和未来扩展业务；c）最好还具备自主知识产权，具有面向电力智能电网业务的定制开发和业务升级能力。通过智能电网客户服务实现电网与客户之间实时交互响应，增强电网综合服务能力，满足互动营销需求，提升服务水平。

（三）信息管理系统

智能电网中的信息管理系统主要包括采集与处理、分析、集成、显示、信息安全等 5 个功能。

1. 信息采集与处理

包括详尽的实时数据采集系统、分布式的数据采集和处理服务、智能电子设备（intelligent electronic device，IED）资源的动态共享、大容量高速存取、冗余备用、精确数据对时等。

2. 信息分析

对经过采集、处理和集成后的信息进行业务分析，是开展电网相关业务的重要辅助工具，纵向包括"发电—输电—配电—需求侧"4级产业链业务分析和"国家—大区—省级—地县"4级电网信息分析；横向包括发电计划、停电管理、资产管理、维护管理、生产优化、风险管理、市场运作、负荷管理、客户关系管理、财务管理、人力资源管理等业务模块分析。

3. 信息集成

智能电网的信息系统在纵向上实现产业链信息集成和电网信息集成，横向上实现各级电网企业内部业务的信息集成。

4. 信息显示

为各类型用户提供个性化的可视化界面，合理运用平面显示、三维动画、语音识别、触摸屏、地理信息系统（GIS）等视频和音频技术。

5. 信息安全

智能电网必须明确各利益主体的保密程度和权限，保护其资料和经济利益。因此，必须研发大系统下的网络生存、主动实时防护、安全存储、网络病毒防范、恶意攻击防范、网络信任体系与新的密码等技术。

（四）智能调度技术

智能调度是智能电网建设中的重要环节，智能电网调度技术支持系统是智能调度研究与建设的核心，赋予全面提升调度系统驾驭大电网和进行资源优化配置的能力、纵深风险防御能力、科学决策管理能力、灵活高效调控能力和公平友好市场调配能力的技术基础。

（五）高级电力电子技术

电力电子技术是利用电力电子器件对电能进行变换及控制的现代技术，节能效果可达10%~40%，可减少机电设备的体积并实现最佳工作效率。目前，半导体功率元器件向高压化、大容量化发展，电力电子产业出现了以 SVC 为代表的柔性交流输电技术、以高压直流输电为代表的新型超高压输电技术、以高压变频为代表的电气传动技术，以智能开关为代表的同步开断技术以及以静止无功发生器、动态电压恢复器为代表的用户电力技术等。柔性交流输电技术是新能源、清洁能源的大规模接入电网系统的关键技术之一，将电力电子技术与现代控制技术相结合，通过对电力系统参数的连续调节控制，大幅地降低输电损耗，提高输电线路输送能力，保证电力系统稳定水平。高压直流输电技术对于远距离输电、高压直流输电拥有独特的优势。其中，轻型直流输电系统采用 GTO，IGBT 等可关断的器件组成换流器，使中型的直流输电工程在较短输送距离也具有竞争力。此外，可关断器件组成的换流器，还可用于向海上石油平台、海岛等孤立小系统供电，未来还可用于城市配电系统，接入燃料电池、光伏发电等分布式电源。轻型直流输电系统更有助于解决清洁能源上网稳定性问题。高压变频技术最大的优点是节电率一般可达 30% 左右，但缺点是成本高，并产生高次谐波污染电网。同步开断（智能开关）技术是在电压或电流的指定相位完成电路的断开或闭合。目前，高压开关大都是机械开关，开断时间长、分散性大，难以实现准确的定向开断。实现同步开断的根本出路在于用电子开关取代机械开关。

（六）分布式能源接入技术

智能电网的核心在于构建具备智能判断与自适应调节能力的多种能源统一入网和分布式管理的智能化网络系统，可对电网与用户用电信息进行实时监控和采集，且采用最经济与最安全的输配电方式将电能输送给终端用户，实现对电能的最优配置与利用，提高电网运营的可靠性和能源利用效率。分布式电源（DER）的种类很多，包括小水电、风力发电、光伏电源、燃料电池和储能装置（如，飞轮、超级电容器、超导磁能存储、液流电池和钠硫蓄电池等），一般来说，其容量从 1kW 到 10 MW。配电网中的 DER 由于靠近负荷中心，降低了对电网扩展的需要，提高了供电可靠性，因此，得到广泛采用。特别是有助于减轻温室效应的分布式可再生能源，在许多国家政府政策的大力支持下，迅速增长。目前，在北欧的几个国家，DER 已拥有 30% 以上的发电量份额。在美国 DER 目前只占总容量的 7%，预期到 2020 年时其份额将达 25%。大量的分布式电源并于中压或低压配电网上运行，彻底改变了传统配电系统单向潮流的特点，要求系统使用新的保护方案、电压控制和仪表来满足双向潮流的需要。然而，通过高级的自动化系统把这些分布式电源无缝集成到电网中协调运行，可带来巨大的效益。除了节省对输电网的投资外，还可提高全系统的可靠性和效率，提供对电网紧急功率和峰荷电力的支持及其他一些辅助服务，如，无功支持、电能质量改善等；同时，它也为系统运行提供了巨大的灵活性。如在风暴和冰雪天气下，当大电网遭到严重破坏时，分布式电源可自行形成孤岛或微网向医院、交通枢纽和广播电视等重要用户提供应急供电。

二、美国智能电网

目前，智能电网研究较为成熟的主要是美国。美国多个州已开始设计智能电网系统，GE，IBM，西门子，Google，Intel 等信息产业龙头都已投入智能电网业务。美国能源部正在发起建立智能电网信息共享交流平台和信息库，资助智能电网技术研发项目，把清洁能源和智能电网作为中美能源领域合作的重要内容。美国科罗拉多州的波尔得市是美国第一个智能电网城市，每户家庭都安装了智能电表，人们可以很直观地了解当时的电价，从而把一些事情，如洗衣服、熨衣服等安排在电价低的时段。电表还可以帮助人们优先使用风电和太阳能等清洁能源；同时，变电站可以收集到每家每户的用电情况。一旦有问题出现，便重新配备电力。在美国西弗吉尼亚州，阿勒格尼电力公司（Al-Alleghenies Energy）的"超级电路"项目（Super Circuit pro-eject）把先进的监测、控制和保护技术结合在一起，增强了供电线路的可靠性与安全性。该电网整合了生物柴油发电、能量储存及先进的计量基础设施（智能仪表）和通信网络，迅速地预测、确定并帮助解决网络问题。美国科罗拉多州科林斯堡（Fort Collins）及该市拥有的公用事业公司支持多项清洁能源计划。其中，一项涉及在 5 个用户区域内把太阳能和风能等近 30 种可再生能源结合在一起。该计划与其他一些分布式供电系统共同支持该市称为 Fort Zed 的零能耗区。美国夏威夷大学（University of Hawaii）研制的配电管理系统平台，采用智能计量作为门户站，综合了需求反应、住宅节能自动化、分布式发电优化管理、配电系统的储存与负荷、允许配电系统与主电网中其他系统协调的各种控制手段。美国伊利诺伊理工学院(Illinois Institute of Tech-enology)的"完美电力（Perfect Power）"项目，应用先进技术建设的微型电网原型，能够对主电网的变化做出反应，增强电网的可靠性，降低对电力的需求。

第二节　电力系统自动化发展历程及趋势

一、电力系统自动化的概念和组成

电力系统是变压器、分配、各种用电设备、生产、消费电能的发电机、输送和电力线路构成的一个统一整体。电力系统自动化是指为了保证电力系统经济、可靠和安全的运行，并且向电力用户提供合格的电源，从而使用各种具有控制功能，决策和自动检测装置的系统，通过数据传输系统与信号系统就地或远方的控制、调节并自动监视电力系统的全系统，局部系统或各个元件。电力系统的电能质量和运行的可靠性和电力系统的自动化水平有着非常密切的联系。电力系统各环节的调度自动化与自动化水平的高低和现代电力系统的安全性密切相关。电力系统自动化根据电能的分配与生产过程主要包括电力工业管理系统的自动化、火力发电厂自动化、水力发电站综合自动化、电网调度自动化、供电系统自动化、电力系统信息自动传输系统和电力系统反事故自动装置等七个方面的内容。电力系统自动化的主要目标是提高管理效能与经济效益，保障系统安全运行，保证供电的电压和频率满足要求。

二、电力系统自动化的发展历程

（一）自动调节的单项自动装置

20 世纪上半期，单机容量不足 10 万 kW，电力系统的容量在 500 万 kW 左右。那时的电力系统自动化主要是过程自动调节与安全保护的单项自动装置。当时以汽轮机的危急保安器，电网调度自动调节，发电机电压的自动调节，发电机的各种继电保护，并网的自动同期装置，汽轮机转速和锅炉的安全阀等装置为主。

（二）运用远动通信技术的新型自动装置

50 年代到 60 年代，电力系统的规模由几百万千瓦上升到上千万千瓦，单机容量由不足 10 万 kW 涨到了 20 多万 kW，并且以区域联网的形式在经济调度，综合自动化和系统稳定等方面有了新的规定。厂内自动化方面开始采用炉，电和机单元式集中控制。以离线计算为基础的经济功率分配装置与模拟式调频装置开始在系统中装设，远动通信技术也得到了广泛的应用。电气液压式调速器，可控硅励磁调节器和晶体管保护装置等各种新型自动装置得到广泛运用。

（三）电网实时监控系统

70 年代到 80 年代，整套软硬件功能齐全的以计算机为主体的电网实时监控系统开始出现。采用闭环自动起停全过程控制和实时安全监控的 20 万 kW 以上的大型火力发电机组开始出现。大坝监测、水力发电站的水库调度以及电厂综合自动化的计算机监控等监控系统开始应用。微型计算机广泛应用与各种继电保护装置和自动调节装置当中。

（四）自动化电力系统的全面化

随着控制技术，通信技术和计算机技术的发展，现代电力系统已成为一个通信、电力电子、控制、电力装备和计算机的统一体（CCCP），主要表现在配电网自动化、变电站自动化和电网自动化 3 个方面。科技的迅猛发展推动配电网自动化的进步，配电网的网格化程度随着电网建设的发展越来越高。在我国，光纤通信作为主干网的通信方式得到共识，由馈线终端，子站和配电主站构成的三层结构已经得到普遍的认可。在光纤通信的基础上完全可以实现馈线自动化，标志着智能配电系统的出现；变电站自动化系统是利用多种先进的技术对变电站二次设备进行优化重组，它可以收集比较齐全的数据信息，并且做出相关的分析判断。现代电网自动化调度系统的核心是计算机，首先，它可以在判断失误或是处理不当的情况下进行自动检测和调度，有效地避免了国民经济损失，同时也对人身安全与设备安全进行了有效的保护。其次，通过调度自动化的手段实现电网的经济调度，具有发电多，节省能源，供电多和损耗少的优点。最后，可以实现监控电网的运行是否在正常范围之内，从而满足用户计划用电要求，保证电能质量。

三、电力系统自动化的发展趋势

（一）监测控制与数据采集并用的 SCADA

变电站自动化的一个主要特点是监控集成与保护系统的发展，实现数据共享。而实现数据共享的主要手段就是 SCADA，它把监控与保护功能整合在同一个装置中，把分布式的变电站 SCADA 集成到微机保护中，使继电保护所处理的数据与其他一些数据一样，使监控与保护共用一个硬件平台，从而获得明显的经济性。

（二）数字化的变电站自动化系统

各种类型的新型互感器越来越受到国内外的欢迎。根据调查发现，这种受欢迎的新型互感器就是包括二次变换器的一个或多个电流或电压传感器与基本的连接传输系统的电子式互感器。简称为 EVT 的电子式电压互感器与简称为 ECT 的电子式电流互感器相互组合就构成了一个电子式互感器装置。它的功能主要包括不断完善变电站自动化系统结构和提高技术性能，从而全面促进数字化的变电站自动化系统的实现。

（三）DMS 全面建立配电管理系统

全面建立配电管理系统不仅是适应现代电力系统技术快速发展的需要，而且对提高电气综合管理水平也有一定的帮助。通过全面建立配电管理系统，管理人员能够清楚地掌握电量、功率、电压和电流等不同的运行参数，随时监控整个电力系统的运行情况，这样不仅大大减少了用电量，而且有利于电力平衡负荷监控的精确计量。再者，DMS 系统通过改变现行的变电值班和运行操作模式，真正实现了无人值守变电站的管理方式，从而大大地减少了人员的占用。大大优化了电气设备保护控制，大大减少了大面积停电故障的发生，同时也有利于供电系统可靠性的提高。最后，通过 DMS 系统，可以建立快速电气事故处理机制，使故障停电的时间大大减小，从而减少了对生产装置的影响。

虽然人工智能，通信和计算机等领域的新思想与新技术为电力系统自动化的发展提供了技术支持和保障。但是随着现代社会对电能供应的安全、优质，经济和可靠等多个指标的要求越来越高，还有电力系统向自动化提出了更高的要求，电力系统自动化技术不断地由向高端和整体的方向发展。区域化、适应化、智能化、最优化和协调化是当今电力系统自动化的发展趋势。未来的电力系统自动化还有很大的发展空间。

第三节　电力系统面临的挑战与分析

随着我国电力系统在国民经济中的重要性，电网企业要针对行业特点，结合企业特性、员工状况，坚持以人为本和实事求是的思想，加强员工的思想教育，在企业领导者和基层员工中树立忧患意识，竞争意识和创新意识，以正确应对电力体制改革中遭遇的困境和新问题，不断的推进电网企业的改革和快速发展。电网企业要积极准备迎接新的挑战，研究并找到电网在低碳能源环境下提高供电可靠性的措施。

一、供电可靠性对低碳电力系统提出的挑战

目前，由于新建电站的投资很大和建设周期长的原因，如何保证电网在向低碳电力系统过渡中的供电可靠性一直是一项十分有意义的研究课题。因此，为了保证供电可靠性就

要求：一是低碳电力项目提供一个十分有利的建设环境，选择最合适的建设时机和地点，要做到既不能对于低碳发电投资不足而也不能使化石燃料发电投资降不下来，因而影响低碳电力系统目标的实现，也不能过量投资低碳发电而使得充当系统调峰发电的化石燃料发电的投资不足，因而影响系统的供电可靠性。二是建成全新的低碳发电市场机制和管理架构政府出台的政策是为了促成一个多样化的低碳发电技术构成，这样就可以通过降低单元式发电技术或者单元式发电燃料所产生的发电风险而提高系统的供电可靠性水平。

（一）低碳电力系统面对不确定性的挑战

任何设施的建设都要考虑投资回报率，投资回报率的期望值直接影响对发电容量的投资，而投资回报率受到多种因素的影响，其中包括技术成本、用电需求预测值、电能批发市场价格、化石燃料价格以及碳排放价格。投资总是存在着不确定性，但是，由于要向低碳电力系统过渡，所以不确定性就更加严重，这些严重的不确定性将会阻碍或者推迟对于发电容量的投资。下文将要分析论述那些对于投资者而言是很难控制和管理，同时又对于发电投资有着举足轻重影响的不确定性因素，例如碳排放价格、用电需求和电价等。

（二）不确定的国际碳排放限额以及交易机制

随着环境问题被全世界各国高度关注，气候变化已经是一个国际性的大问题，其关注度不断地提高（例如各国对于抑制气候继续变化而进行的讨价还价的哥本哈根会议），我们认为，与其他一些国家一样，英国的碳减排费用支出计划以及欧盟的碳排放指标交易市场（简称 EUETC）中的排放限额都会发生一些变化。对于 2020 年而言所要回答的问题是，加快向低碳经济过渡的速度以便英国政府应对国际上的压力，对于电力系统中的供电商意味着什么（给供电商带来哪些方面的挑战，它们该如何应对这些挑战）。

（三）不确定的用电需求量

随着社会的不断发展，以后的用电需求量必将变得更加不确定，即使是 2020 年之前的用电需求也很难准确估计。用电需求的不确定性来源于一些因素的影响，其中包括未来经济增长的情况，所能够实施的提高能效的措施，电价行情以及供热业和交通业的用电比例（例如热泵和电动汽车的推广程度）等方面。另一方面，由于未来经济增长率的不确定性以及其他的不确定性因素所致，对于未来高峰用电需求的预测结果存在着明显的不确定性。且特别指出，这些其他不确定性因素中的一个重要因素是未来分布式发电会增加多少。

二、电力市场条件下的电力系统可靠性分析

在电力市场条件下，原先在垄断运行情况下的系统可靠性指标应重新考虑，整个电力系统的可靠性指标应分为与发电有关和与输电有关的可靠性指标。电网扩展规划的目的是寻找一个满足目标用户对负荷的要求，并保证在正常及合理事故条件下正常供电的经济性最好的网络。以往的电网扩展规划一直将经济性作为规划的目标，可靠性指标用于校验提

出的经济规划方案。在目前的电网规划中，主要考虑的是充裕度方面的可靠性指标，但随着人们对电网可靠度要求的不断提高，电网规划的安全性问题越来越受到重视。实际的电网扩展规划是一个极为复杂的工程问题，需要考虑的因素极多，其中许多因素又难以定量化、确定化，具有多目标性、不确定性、非线性、整数性和多阶段性等特点；经济性一直受到重视，提高电网的可靠性虽然增加了电网的资金投入，但却可以带来经济效益，如停电损失的减少等。当可靠性投资与可靠性效益得到平衡时，从社会效益的角度，电网扩展规划达到最优。因此在复杂的电网扩展规划中，处理好经济性和可靠性的关系是很重要的。电网规划的学者们在建立规划的数学模型方面做了大量的工作，根据可靠性和经济性指标的不同处理方法，电网扩展规划的数学模型可分为确定性和可靠性模型。确定性模型的目标函数只考虑经济性指标，以确定性可靠指标 N-1 原则为约束条件之一。根据目标函数的经济性指标的不同，确定性模型可分为运输模型和最小费用模型。运输模型认为所有线路送到负荷点的负荷矩的总和最小时的接线方式是最短的；最小费用模型以投资回收费用、设备折旧维修费用和电能损耗费用之和为目标函数，直流潮流、传输功率限制、网架限制及 N-1 原则为约束。这 2 种模型方案尽管具有一定经济价值，但没有从可靠性和经济性综合考虑全社会效益，于是可靠性模型应运而生。人们不再仅以供电方节约投资为目的，而开始注重投资的效益，以用户的停电损失为基础，提出了可靠性价值。目前对上述数学模型的求解方法主要集中在启发式优化法和数学优化法 2 种。在目前电网规划中，可靠性估计主要是对由经济性指标确定的不同规划方案进行可靠性校验，电力规划部门不能对规划方案的可靠性和经济性进行灵活评价和比较，对于实际的电网而言，由于事故的不断出现，安全稳定性越来越受到重视，而目前所考虑的可靠性仅限于过负荷的问题。因此，在电力市场条件下，对于大型电网及多阶段的规划问题有待深入和进一步完善。

（一）电力系统设备可靠性

电力系统设备可靠性是指用于电力系统的设备或产品在规定的条件下和规定的时间内完成规定功能的能力，它综合反映了一种设备性能的优良。按照电力设备在生产过程各阶段应用的目的和任务大致可分为：可靠性设计、可靠性实验、制造阶段可靠性、使用阶段可靠性以及可靠性管理。可靠性准则指为达到可靠性水平，在发电系统、发输电合成系统、输电系统、电气主接线系统及配电系统应满足的条件。电力系统要求对可靠性提供技术支持，对原有的可靠性准则进行修订。增大了在电力市场条件下电力系统发生故障的风险。首先，用户需求的不确定性增大；其次，多个市场贸易主体的分散决策过程导致电力和电能量贸易的不确定性增大，使电力系统运行条件不断变化。为此，要经常对风险进行预测和评估，制定化解风险的对策。

（二）运行方式的可靠性

在电力市场条件下用户可以任意选择供电者以双边贸易的形式确定发电和用电的模

式，因此系统潮流可能与预测的不一样，由此产生新的运行问题，如可能导致输电阻塞、电压崩溃及不稳定等。解决该问题的关键在于要有强有力的在线分析软件去发现隐患。为了维持系统安全运行，调度员必须要安排足够的辅助服务如运行备用、无功支持及负荷调节，这种运行模式和垄断市场的情况完全不同。电力网络的阻塞，就是电力网络某些部分可能趋于功率极限，而使电力系统运行承受很大的风险。阻塞是电力市场条件下网络运行的一个核心问题。双边交易比联营交易更能体现市场自由竞争的利益，但这种交易模式会给电力系统的统一调度带来困难。缓解电力网络的阻塞是保证电力市场环境下电力系统安全运行的关键。在电力市场环境下，电力交易瞬息万变，电力调度既要保证公平竞争，又要保证安全运行。在这种环境下，必须全面制定新的安全运行导则，并为运行服务开发新的软件。这些软件的主要任务应包括二维护系统可靠运行，对输电系统情况进行估计，稳定校验，规划、安排辅助服务，确定辅助服务要求及定价，是否接受电能交易合同、修改市场参与者的调度要求，确定开机的最低要求，进行阻塞调度，确定输电系统阻塞电价，进行发电机组过负荷的调整。这些软件不仅要更多地注意经济与安全的协调，而且还进一步提高其计算效率以满足系统分析及时性的要求。

（三）辅助服务的可靠性

辅助服务是电力市场的最重要的特征之一，关系到电力系统的安全运行与可靠性。它是电力系统必须具备的一种满足供电质量和电力系统安全水平的机制。在传统的电力系统管理运行方式下，因为电力系统研究和关心的对象是电能，所以辅助服务问题一直未能引起足够的重视，在电力市场中，发电厂为用户提供的辅助服务应该是有偿服务。因此必须量化这些服务并给予合理的补偿，使辅助服务的供应者能够得到应有的报酬。辅助服务与发电、输电、配电的各个环节紧密相关，而且为达到某种期望的运行状态，系统调度员需要采购并协调各种辅助服务，这就增加了电网运行和控制的复杂性，因而增加了导致电网功角不稳定、电压不稳定、过负荷和电力系统崩溃等的因素。辅助服务向电力系统提供有功和无功电源使输电系统安全稳定运行。根据市场结构的不同，辅助服务的交易可在电能交易或独立系统运行中进行，可以捆绑在一起成套提供，也可以分开提供。在电力市场条件下，如何量化辅助服务并制定合理的价格，在运行中如何优化其结构、协调各方面的利益是电力市场理论和实践的难点，至今尚未得到很好的解决。

电力市场的推动打破了电力工业传统的垄断模式，对电力系统规划、运行等诸多方面产生了深远的影响。在新的环境下，保证电力系统安全可靠运行将面临许多新的问题，值得我们深入研究和探讨。

第十一章　不同国家建设电网的战略概述

第一节　欧盟的智能电网

欧盟委员会最近提出，加快智能电网部署需在以下5个方面做出努力：制定技术标准；确保对消费者的数据保护；构建制度框架，鼓励智能电网部署；确保零售市场公开、有竞争、服务消费者；继续支持技术创新和系统创新智能电网在传统电网中加装了智能计量和监测系统，可使供电者和消费者进行数字交互。对智能电网的优势人们有广泛共识：它有助于消费者、家庭、公司、其他电网用户和能源提供者之间的互动和交流，可以加强电网管理，提高针对性，使电网更为安全，并降低运行成本。智能电网将是未来去碳电力系统的骨干，可融合大量的岸上和近海可再生能源和电动车辆，同时保持了常规发电能力和电力系统的充裕度。此外，使用智能电网还可能提高欧盟技术提供者的未来竞争力和全球技术领导能力，如大部分是中小企业的电力和电子工程产业。最后，智能电网还为传统的能源公司以及信息通信公司（包括中小企业）这样的新入市者提供了平台，使它们既能创新能源服务形式，又能关注数据保护和网络安全事宜。这种机制可增强零售市场的竞争，刺激温室气体减排，促进经济增长。在欧洲，安装了智能电表的家庭减少了10%的能源消费。据预测，2011年全球智能家用电器市场为30.6亿美元，到2015年将增长至151.2亿美元。因此，智能电网可极大地促进智慧型、可持续和包容性增长战略的实施，其中包括"有效利用欧洲资源旗舰计划"提出的目标，以及欧洲的能源和气候目标，它们都是能源内部市场的核心。从长远来看，欧盟《2050年有竞争力的低碳经济建设路线图》将智能电网列为建设未来低碳电力系统的主要手段，可提高需求方效率，增加可再生能源和分布式发电比例，促进交通实现电气化。当前在欧洲，实际投资与最优化投资间存在巨大差距。电网运营商进行大量投资的意愿不强，除非采用一种公平的成本分担模式，并在短期成本与长期效益间达成适当的平衡。投资者正在价值链上努力寻找平衡成本和效益的最佳模式。现在人们还不清楚如何整合复杂的智能电网系统，如何选择划算的技术，对未来的智能电网应采用什么技术标准，消费者是否会欣然接受这项新技术。欧盟需要尽快解决这些问题，以加快智能电网部署。欧盟委员会提出了5个工作重点。

一、制订欧洲智能电网统一标准

2011 年 3 月 1 日，欧盟委员会发布命令，要求欧洲各标准化组织在 2012 年底前制定出智能电网相关标准，促进实施高水平智能电网服务和其他功能。委员会将监督命令的执行情况，若进展不够快将进行干预（如定义网络代码等），确保按时完成计划，确定必要标准。委员会还将关注信息通信技术领域欧洲和国际标准的进展。

二、解决数据隐私和安全问题

欧盟委员会将关注各国可能涉及智能电网数据保护的部门法律条款。欧盟智能电网专家组一致认为，应在智能电网设计时就考虑到隐私问题。此外，保障支撑智能电网基础设施的安全和弹性也十分重要。

三、制订有利于智能电网部署的激励措施

欧盟委员会将制订部署智能电网的激励措施，比如修订并实施《能源服务指令》，定义网络代码，贯彻关税法案。委员会还将制订各会员国安装智能电表、进行成本效益分析的方法指南，要求成员国制订智能电表和智能电网目标实施计划。通过其在地区计划中所发挥的作用及其在欧洲输电运营商联盟中的活动，欧盟委员会将鼓励、促进、协调在欧洲和地区层面部署智能电网的行动。

四、确保向消费者提供竞争性智能电网服务

在修订《能源服务指令》后，欧盟委员会将规定对提供给顾客信息形式和内容的最低要求，以及获取信息服务和需求管理的最低要求。委员会还将对有关指令的执行情况进行监督，以利于建立透明、竞争的零售市场，形成以智能电网和计量为基础的各种服务（如实时定价和需求反应）。如有必要，委员会则可能会复审《能源服务指令》。

五、继续支持创新及其迅速应用

今年在考虑了《欧洲电网计划》所明确的需要后，欧盟委员会将为智能电网快速部署推出更多的大规模示范计划，要采取新手段和方法去撬动融资。今年委员会还将推出《智能城市和社区计划》。欧盟希望通过上述行动促进智能电网在欧洲更快更广地得到部署。

六、可再生能源在电力方面的应用

欧盟的能源状况是需求大于供给，目前 50% 的能源依赖进口，据估测到 2030 年欧盟的能源将有 70% 依赖进口。因此，自 20 世纪 90 年代以来欧盟加大了对可再生能源的研究和发展力度。若干年后，欧盟依靠可再生能源从根本上解决其能源紧缺问题也许会真的变为现实，主要原因欧盟之所以将发展可再生能源特别是风能、水能、太阳能和生物能列

为其能源政策的重中之重，主要是基于下列几方面的考虑。

1. 开发利用可再生能源有利于减少温室气体——二氧化碳的排放量，这也是欧盟保护环境的一个重要目标。

2. 增加可再生能源的比重有利于可持续发展。

3. 开发可再生能源有利于增强欧盟的能源供给安全，减少对进口能源的依赖。

4. 与传统能源相比，开发可再生能源具有竞争力。尤为重要的是，开发可再生能源诸如风能、小水电、生物能和太阳能的有关技术在经济上是可靠的和具有竞争力的。欧盟委员会的《欧共体战略白皮书》专门就可再生能源制定了相关策略，即到 2010 年，将可再生能源的比重翻番，从现在的 6% 提高到 12%，并提出了实现这一目标的行动计划。

（一）发展状况

1. 风能

就可再生能源的经济成功性而言，风能发挥了领头羊的作用。风能发电技术取得了显著的成果，单机容量大大增加。仅以德国为例，单台风能发电机的平均容量从 1995 年的 470 千瓦增加到 2001 年的 1280 千瓦；而且，风能发电厂的规模也显著扩大。下一代风能发电机的单机容量将提高到 3000 千瓦–5000 千瓦的水平，一些厂家已经进入中试阶段。欧盟的风能发电在全球独树一帜，目前占有全球新装风能发电容量的 67%，美国为 25%。其中，德国更是一马当先，累计风能发电总装机容量达 875 万千瓦，占世界总装机容量的 1/3。基于德国所做的政治承诺，该国 2003 年的风能装机容量将达到 265 万千瓦，比上年增长 43.7%。同样，西班牙的风能发电也获得了空前的发展，由于 2001 年一下子增加了 121 万千瓦的装机容量，从而使该国占据了欧盟风能发电第二把交椅的位置。丹麦 2000 年的风能装机容量为 55 万千瓦，2001 年为 12 万千瓦，虽然有所下降，但是到 2002 年底依然达到了总装机容量 241 万千瓦的规模。欧盟其他成员国也日益重视风能发电，比如，意大利 2001 年风能发电装机容量就达到了 30 万千瓦。欧盟的风能发电已大大超出计划的目标，到 2003 年就超出计划装机容量 750 万千瓦。根据目前的发展速度，2006 年时就将提前 4 年达到欧盟 2010 年 4000 万千瓦的目标。到 2010 年时，欧盟的风能发电总装机容量将达到 8500 万千瓦的规模。

2. 小水电

欧盟的小水电资源非常丰富。据统计，欧盟现在小于 1 万千瓦的微水电装机容量为 482 万千瓦，有待开发的微水电潜在容量为 111 万千瓦，到 2000 年底，欧盟小水电的总装机容量为 1026 万千瓦。其中，意大利和法国处于领先地位，装机容量分别为 222 万千瓦和 201 万千瓦。在欧盟所有成员国中，西班牙的小水电发展速度最快，1990 至 2000 年间，新装小水电达到 57 万千瓦。与风能发电相比，小水电发展缓慢，落后于既定目标。过去 5 年里，小水电装机容量的年均增长速度仅为 1.55%。按此发展趋势，到 2010 年时，小水电的总装机容量将为 1200 万千瓦，比计划目标的 1400 万千瓦少 200 万千瓦。

3. 生物能

欧盟将生物能分为三类，即木材能源、沼气和生物燃料。①木材能源据统计，在欧盟各种可再生能源领域生产的初级能源中，有 58% 来自木材。不同于风能和水能，木材是一种古老、传统的能源材料，取自于欧洲超过 1 亿公顷的森林。在欧盟成员国中，法国是利用木材获取能源最多的国家，仅 2000 年一年就利用木材生产了 980 万油吨当量的能源。其他的木材能源大国还有瑞典（830 万油吨当量）和芬兰（750 万油吨当量）。尽管木材初级能源的主要部分是热能（家庭取暖、工业锅炉），但利用木材燃烧生产蒸汽再转化为电能也不可忽视。为了达到上述白皮书设定的目标，从现在到 2010 年，欧盟必须用木材生产 5270 万油吨当量的能源，当然主要产品形式是电能。为达此目标，欧盟还必须尽快解决有关技术和财政问题，利用木材生产能源尚有相当的潜力可以挖掘。根据统计，目前的年增长率在欧盟成员国中的最落后的国家和最发达国家分别为 10% 和 1%。以目前的发展速度计划，到 2010 年，欧盟将达到 6200 万油吨当量的水平，大大低于白皮书设定的 1 亿油吨当量的水平。②沼气 1990 至 2000 年，欧洲的沼气发展呈持续稳定的增长态势。据统计，目前欧洲共有约 3000 个沼气生产厂，为了满足其生产需要，还必须增加 450 个废生物物质储藏中心，这些沼气年均生产约 230 万油吨当量的能源，该数约占欧洲总生物能源的 5%。英国是欧盟所有成员国中的最大沼气生产国，全国共有约 400 家沼气生产厂，年生产 89 万油吨当量，占欧盟生产总量的 39%。德国是第二大生产国，2000 年的生产量为 52 万油吨当量；德国沼气生产量增长最快的领域是利用农业废生物生产沼气。法国是欧盟的第三大沼气生产国，其生产潜力在欧盟国家中最大，约为 350 万油吨当量，而目前该国年生产的沼气能源仅为 16 万油吨当量。根据欧盟委员会描绘的宏伟蓝图，到 2010 年，沼气设施的发电容量应达到 100 万千瓦、生产沼气能源 1500 万油吨当量。如果要达到这一目标，从现在起，每年的增长率必须达到 30%。③生物燃料根据不同的分解方式分为两类：一是将生物燃料分解为乙醇，再由乙醇发动机转化为电能；二是将生物燃料分解为生物柴油，再由生物柴油发动机转化为电能。1993 至 2000 年，欧盟的乙醇（用甜菜、玉米、大麦和小麦生产）生产量增长了 4 倍，从 4.75 万吨增长到 19.1 万吨。在欧盟的 15 个成员国中，只有 3 个国家真正从事了这一工作，法国为第一生产国，2000 年生产乙醇 9.1 万吨。西班牙的乙醇生产厂 1999 年投产，2000 年生产乙醇 8 万吨，主要原料为大麦。瑞典虽也在 3 国之列，但生产量远小于上述两国，该国 2000 年建设了一个中试生产厂，生产乙醇 2 万吨，安装了新的蒸馏设备后，2001 年的生产量达到 4 万吨。与乙醇的发展相比，生物柴油（由油料作物如油菜生产）的开发利用更为迅速，1992 到 2000 年，欧盟的生物柴油从 5.5 万吨增长到 70 万吨，其中法国的生产量占 47%，达到 32.8 万吨。德国紧跟其后，2000 年生物柴油生产量为 24.6 万吨。除法、德外，欧盟尚有 3 个国家生产生物柴油，即意大利 7.8 万吨，奥地利 2.7 万吨以及比利时 2 万吨。到 2003 年底，欧盟的生物能源生产量将达到 480 万吨。即使如此，依然不能达到欧盟委员会设定的到 2010 年达到 1700 万吨的水平，因为按目前的发展速度，到 2010 年时生物能源的生产量只能达到 1170 万吨。也就是说，倘若欧盟要实现既定目标，就必须加大资金和技术投入，促进生物能源以更快的速度发展。

4. 太阳能

2000 年欧盟成员国新装太阳能板 104 万平方米，比 1999 年增加了 23 万平方米，其中，德国和奥地利是两个领先的国家。截至 2000 年底，欧盟成员国太阳能板的安装面积累计达到 960 万平方米。德国为开发太阳能还专门开展了一项名为 "Solar Planar" 的宣传运动。2000 年德国安装太阳能板 61.5 万平方米，2001 年新装面积达到 90 万平方米，比上一年增长了 46.3%，而且，德国计划从现在到 2005 年以每年 30% 的增长率安装太阳能板，大力开发太阳能。法国 2001 年安装太阳能板 4.6 万平方米。法国正实施一项名为《太阳能计划》的项目，设想从现在起逐年增加太阳能板安装面积，到 2010 年达到年度太阳能板 100 万平方米的规模。估计到 2010 年，欧盟的太阳能板面积将达到 8000 万平方米，但是，这与欧盟委员会制定的 1 亿平方米的目标尚有一定的距离。启示和建议欧盟对可再生能源的开发利用十分重视，不仅制定了详细的发展目标，而且在行动上也确实大大地加强了有关工作，并取得了显著的成效。我国是能源消费大国，特别是随着经济的强劲增长、工业化进程包括西部大开发的有力推进，还有小汽车进入家庭的步伐日益加快等因素的影响，我国对能源的需求愈来愈大，能源紧缺的状况将会越来越明显。加上我国是煤消费大国，农村地区直接燃烧煤对空气造成的污染也是十分惊人的，在保护环境和实施可持续发展的呼声日益高涨的当今世界，我国加大可再生能源的开发力度显得尤为紧迫和重要。作者提出以下建议：

1. 加大四大可再生能源包括风能、水电、生物能和太阳能的开发投入和推广使用力度

一方面是为保护环境（因为我国是二氧化碳的排放大国）；另一方面也出于对化石能源终有枯竭之日的考虑，从而减少对化石能源特别是煤的依赖。

2. 根据我国的特点，因地制宜大力发展某一种和某两种类型的可再生能源

我国地域辽阔，西北地区太阳能资源非常丰富；中南和西南地区水资源丰富；沿海及西北地区风力资源丰富，可以说，在我国根据各地不同特点发展可再生能源大有可为。

3. 借鉴他国技术，加强我国对可再生能源领域的科研力度。德国、法国、西班牙等均在可再生能源的某些领域有过人之处，值得我们借鉴

我国已经从发达国家引进了与可再生能源领域相关的技术和设备，在此基础上，进一步强化这方面的国际合作；同时加大自主研究力度，掌握核心技术。只有这样，才能降低成本，才能将大规模推广利用可再生能源技术的设想变为现实。

第二节　美国电力市场

1992 年以前，美国电力体制采用垂直一体化管理，大部分电力企业同时拥有发电、输电以及供电业务；用户只能在其居住地区的电力供应商处购电，电价由电力企业所垄断，市场没有竞争。

随着燃料价格的上涨，通货膨胀和利率的上升以及核电成本的飙升，美国很多州的电力价格开始大规模上涨，很多用户将涨价原因归咎于电力公司的垄断经营，电力市场参与者和用户对于公平竞争以及无歧视开放输电网络的呼声日益高涨。

美国电力市场目标是通过建立竞争性的电力批发市场，降低发电投资以及运营成本；同时对输电、配电环节进行监管。由于输配电网有输送通道建设的网络特性，所以美国电力市场对于输配电环节使用监管手段进行约束。

于是美国电力市场化建设之路开始起步了。

一、法律框架

1996 年，联邦能源管理委员会 FERC 颁布了 888 号法令，主要是无歧视开放输电网络，888 号法令全面规定了要纠正在垄断性输电线路开放中的不正当歧视，实现输电网络的开放，包括网络输电服务和点对点输电服务，要求输电网络要开放输电服务，提供具有最少服务条款和条件的非歧视输电服务。

888 号法令明确电网的拥有者不能同时拥有发电和供电企业，鼓励建设 RTO（区域电网运行中心）/ISO（独立系统运行中心）来管理整个输电系统的运行。RTO/ISO 通过将输电网络的运行控制权与其所有权以及发电、输电运行控制权分离，有效的分析具有自然垄断性质的垂直一体化电力系统运行功能。RTO 负责调度职责范围内的电网，有权决定调度指令。

888 号法令要求 RTO/ISO 具备以下功能：

1.RTO/ISO 必须独立于每一个电力市场参与者。

2.RTO/ISO 是系统所有用户的公平代表，RTO/ISO 以及其股权与电力市场参与者没有利益关系。

3.RTO/ISO 必须为所有合格的用户提供开放的、非歧视的输电服务，RTO/ISO 进行输电计划安排。输电服务必须按着全网统一的、费率计价的费率表收费。

4.RTO/ISO 必须负责短期方式下的电网的可靠运行。

888 号法令颁布不久，1996 年，FERC 颁布了 889 号法令，为了配合输电网络开放 889 号法令对电力市场参与者提出了信息公开要求，并对信息公开做了量化规定。

1999 年，FERC 颁布了建立 RTO/ISO 具有决定意义的 2000 号法令，明确 RTO/ISO 实行统一的实时运行模式，明确 RTO/ISO 应该履行以下职责。

1. 价格管理与设计；

2. 阻塞管理；

3. 并行潮流管理；

4. 辅助服务；

5. 确定系统内总可用输电容量；

6. 市场监管；

7. 计划与扩容。

在此框架下，美国形成了加州、中西部、新英格兰、纽约、西北、PJM\ 东南、西南、SPP、德州 10 个区域电力市场。

二、市场基本框架

美国电力市场建设，与其自然特性有关。具备以下特点，一是产权比较分散，全国电力公司数量众多，规模差别比较大；二是区域电网的调度运行是通过电力公司自发形成，调度运行模式差别较大；三是没有全国层面的调度管理机制，各个区域电力系统之间采用联合调度。

1. 输电网的独立与开放

2002 年，美国提出标准电力市场的设计 SMD。SMD 提出分离输电公司的发电和售电业务，成立独立的输电服务商 ITP，其职责建设、拥有、管理和运行输电网络，成为市场的管制环节，不能开展市场中的交易业务，无歧视开放输电网，提供标准化服务。

2.SMD 交易模式

交易种类上，SMD 提出电能交易、容量交易、辅助交易、输电权交易。建立容量市场保障电力供应的能力；建立批发市场，提高效率；建立辅助市场，保障电力交易稳定实施。

交易方式上，取代以往的集中交易模式，推荐双边交易模式。

交易时间序列上，分为长期、日前、小时和实时四种。

3.SMD 交易电价模式

SMD 推荐电能上网电价采用节点边际电价（LMP）。目前，美国电力市场大部分采用 LMP 理论，包括 PJM、纽约电力市场、新英格兰、德州、加州电力市场。

SMD 对输电价采用两部制电价，包括容量部分和电量部分，即输电容量费用和电量传输费用。

三、PJM 电力市场特点

PJM 电力市场是宾夕法尼亚 - 新泽西 - 马里兰联合电力市场。PJM 成立于 1927 年，是北美最大的互联网电力系统，也是世界上第四大集中调度的互联电网。

PJM 是电力市场比较成功的案例，其不拥有任何输电线路、变电站、发电机组或者其他电力设施，是一个独立的实体，与任何电力市场参与者没有关联。PJM 是市场的中立方，负责市场的组织和输电网络的可靠运行，本质上说，PJM 是一个不拥有电力系统资产的调度和市场运行机构。

PJM 是一个典型的 RTO，其职责实在安全的约束下，实施经济调度，使用成本最低的机组来满足系统负荷，致力于运行一个可靠、高效的基于报价的市场。

PJM 设立一个独立董事会和成员委员会，成员委员会由发电商、终端用户、输电公司、配电公司和其他供应商五个专业委员会组成，成员委员会就成员的需求向董事会提出建议。

四、美国电网的安全"软肋"

来自网络的攻击让电网"受伤"成千上万的人生活在黑暗之中，医院陷入混乱和停滞，银行大厦遭到围攻。这样的情景，不是"占领华尔街"运动造成的，而是针对美国电网的网络攻击的模拟预演，完全可能造成的灾难性后果。美国政府研究人员经过跟踪调查发现，通过利用一些网络和设备漏洞，来自美国境外的黑客组织能够很容易实现控制并摧毁某些电厂的发电机。美国安全业界分析人士，通过对于电网安全态势的研判，曾预警提醒过美国政府。他们认为，一次针对电网的全面攻击可能导致大片地区停电，其破坏程度相当于几十个飓风同时来袭，这样的结果，无疑具有极其严重的灾难性。于是，美国电力监管部门也对相关电力服务的公用事业公司提出警告和改进要求，希望这些电力企业能够纠正现有以及后来发现的各种网络信息系统设计缺陷。然而，现实的情况是，尽管经过了 4 年多的行业整体的意识提升和系统防护改进，美国信息安全专家在进行相应的评估后，却认为发电厂以及金融机构、交通系统等基础设施在面对网络攻击时变得比以前更加脆弱了。美国国防部长利昂·帕内塔在今年 6 月确认其任命的听证会上说："我们面对的下一次珍珠港事件很可能是一次网络攻击，令我们的电力系统、电网、安全系统、金融系统和政府系统陷入瘫痪。"利昂部长的这个思考无疑是具有前瞻性的，据相关评估资料显示，在美国，一轮针对重要基础设施的网络攻击可能造成超过 7000 亿美元的经济损失，相当于 50 个大型飓风同时袭击美国造成的损失之和。然而，也有持怀疑态度的人认为，这种风险和预测的结果数据，是不是被那些向电力企业提供信息安全技术服务的公司夸大了，另外，其他发达国家（例如英国等）是不是也容易受到攻击。但美国相关部门官员和顾问专家们则一致认为，美国是最容易受到网络攻击的国家，因为美国企业和民众十分依赖互联网。而电力又是美国社会和民众经济秩序，工作生活最基础的平台。因此，有分析人士指出，只要一小拨黑客联手，就能够关闭很多提供电力服务的工厂和公司，而这些企业机构有可能恰好是正在实时为储存食品和维持社会秩序提供必要的电力支撑。据美国近期破获公布的多起网络攻击案件表明，对电网的黑客攻击比对军事通信，银行和电信企业等行业机构发动的网络攻击或许还更容易一些。目前在德勤会计师事务所任职的美军网络行动特遣部队前指挥官、退役中将哈里·拉杜奇说："能源和其他部门仍然存在巨大的安全漏洞，因为它们在最初设计时并没有考虑到网络安全问题。"尽管美国电力行业大部分企业都认为，它们的系统一向十分可靠，而且正在不断改进信息安全防护措施。但上个月由美国电力行业协会和监管部门联合发布的行业网络安全"路线图"承认，针对电网的网络威胁发展进化速度"比业界研发和部署防御措施的速度还要快"。那项计划的目标是在2020年之前部署网络安全系统。在美国等国家，电网是按照地区划分的，从理论上说，这应该能够限制网络攻击一次可能给一个地区造成的损失。但如果纽约、华盛顿或其他主要城市长时间停电，就仍有可能产生灾难性的连锁影响（严重的食品短缺在7天内就出现等等），而且在一个地区奏效的恶意软件也可能在其他地区奏效。强大的实力和巨大的弱点美国相关媒体认为，电网等基础设施网络安全隐患问题出现的根本原因就在于美国基础设施的监管和所有权十分杂乱，由于很大一部分基础设施服务单位不是政府所有，而是私有企业所有，因此为网络安全升级"埋单"的几乎总是私营部门而不是政府，这就造成两个难以解决的核心问题：一是因为企业会进行成本核算等行为，导致了在网络安全系统投入上的限制；二是网络安全各自为战、各扫门前雪的现状，导致了行业统一的安全标准、体系及协防机制难以形成，这使得美国的基础设施防御变得更加困难。该媒体还称，在其他某些国家，因为政府对公用事业公司拥有更大的控制主导权，能够更直接地主导相关行业企业机构，步调一致地进行网络安全系统防御的整体构建和升级改造，就能避免美国现在出58/ 中国信息安全 /2011.11CNITSEC 的这种乱而无序的状况。但最令美国国防部门感到不安的还是美国电网缺乏安全防护措施。红虎安全公司的约翰·波莱特说，许多发电厂以及厂里的车间和管线都依靠自动化设备运转，这些设备的程序可能被人远程篡改，其结果之一是，连普通计算机用户所需的身份验证都不需要。波莱特在红虎安全公司对150多个发电厂进行安全评估后说，所有设备制造商都"存在系统性问题"。今年8月的"黑帽"黑客大会上，有专家在演讲中表示，只要在谷歌上使用特殊的搜索方法就能够确定一些控制系统的位置，然后下令关闭或加快电力供应，从而有可能摧毁一座发电厂或水处理厂。这些控制系统中有很多都是在互联网普及之前设计的。据美国国防部透露，来自美国境外的黑客就曾成功渗透了美国政府部门系统和技术安全企业系统，包括反病毒软件公司赛门铁克和其他为政府网络提供安全防护的集团，这一事实说明了网络威胁的程度。这种间谍活动不但是一种巨大的威胁，而且也说明真正的网络战行动将是很容易实施的。曾担任美国国家安全局局长和中央情报局局长的迈克尔·海登说："在网络领域，侦察才是更难实施的任务。一旦进入网络，不被人发现要比破坏或摧毁网络难得多。"即使重要设备的弱点被公布于众（比如一种赛门铁克系统的主密码在今年夏天被曝光），混乱的管理体制也使得美国官员很难对此采取行动。曾就电网面临的网络威胁写过一本书的乔·韦斯说，作为行业监管机构的北美稳定供电公司并非对所有电力运营商都拥有监管权，所以一直不愿采取严密的安全防护措施。在国外媒体纷纷探讨美国基础设施信息安全防御薄弱的同时，几乎所有的媒体都承认，美国或许也拥有全球最强大的网络攻击能力。去年发生的"震网"事件让人们至今印象深刻，业界专业人士普遍认为，这场通过微软和西门子软件漏洞传播病毒并破坏伊朗核设施的"震网"攻击揭开了一个战争新纪元的序幕。很多人认为，从美国"震网事件"的强悍出击，到美国电网"软肋"漏洞毕现，再次证明以美国为首的国际网络科技高度发达的国家既具有强大的实力也存在巨大的弱点，在那次攻击之后，"震网"的编码在黑客论坛上广为流传。迈克菲公司和战略与国际问题研究中心在今年的一项调查中发现，近一年来，全世界有大约85%的公用事业网络曾被犯罪分子和间谍机构渗透，而在"震网事件"出现之前，这一比例仅为50%多一点儿。当然，美国的部分媒体，也有这样的观点，在网络空间，攻击方永远是占据优势的一方，具备强大的网络攻击能力，也是努力加强国家网络防御的有效手段，即中国人常说的"进攻是最好的防守"。他们只需要找到一个漏洞就能渗入整个系统，而那些试图防御的人则需要堵住所有安全漏洞，而这似乎是一项不可能完成的任务。刚刚离任的五角大楼网络政策主管罗伯特·巴特勒对某媒体记者说，这就是为什么网络"是一个以攻为主的空间"。建立无懈可击的网络防御如此之难，这一事实正促使西方国家政府将更多精力放在攻击上。美国参谋长联席会议副主席詹姆斯·卡特赖特上将说，美国的网络开支中有90%花在了防御上，而只有10%用于威慑，这与传统武器开支的分配比例截然相反。他认为需要扭转这种分配比例。他说，美国需要让人们认识到，如果他们发动攻击的话，"我们有能力和实力对此采取行动"。

五、家庭无线网络设备的通信和信息模块智能互动电网标准

发展智能电网是美国启动百年能源产业变革的战略前提在能源战略转型的进程中，我国智能互动网络经历从战略研究到运转设计的转变，这个转变要以思想变革为先导，适应世界对智能网改革的潮流并居于领导地位。这就要求我国以电力产业为基础的对智能互动网体系和架构的设计，应该以开放的意识，迅速合成已有成果，以更高的智慧实施制高点战略，促进智能网与新能源同步发展。美国的智能电网原本是小布什时代电网变革的产物，但仅停留在传统能源管理的内部调节上。而奥巴马则要集中发展可再生能源，并希望起到从长远上替代传统能源的主力作用，由此美国电网体系就必须改革，电网需要更新为新的"能源高速公路"，以有效地将美国爱荷华州、俄亥俄州等地的太阳能、风能，海洋能和地热能等电力供应连接起来。经过比对，奥巴马政府认为发展可再生能源的战略大前提不是直接发展这个产业，而是需要优先建立发展可再生能源的战略大舞台，这个舞台就是智能电网。而且，智能电网的改革提升规模有多高，可再生能源的发展空间就有多大，所以，发展智能电网是美国启动百年新能源产业变革的战略大前提，也是美国发展新能源的生命线。这个战略规划值得我国电网和新能源产业认真分析和借鉴，从战略上透视美国智能电网的体系设计和思想基准智能电网的初期设计理念建基于自动抄表的流程和体系要求。因

此，自动抄表、数据监测和智能调度构成了这个体系的主要发展目标，但是，以这个架构不可能将电网现代化的战略运转到价值最大化，也很难实现跨产业的电网集成革命，难以构成奥巴马政府能源革命的核心竞争力。因此，美国能源部和美国智能电网标准设计机构与组织联合进行了整合设计，从而将智能网络体系推进到了前所未有的高度，并且预留了与时俱进的巨大空间，这个空间就是将电网的现代化改革打造为囊括电动交通、楼宇智能管理、可再生能源运转、卫星、芯片技术、电力数据管理系统等集成的革命。从美国时间2009年5月18日美国公布的《智能网络互动标准前期框架标准1.0版》来看，美国智能电网的设计基准和体系运转周期具有以下发展内涵和特征。第一，美国智能电网首期框架标准设计的基准是什么？为了满足2009年5月交付美国众议院专门委员会表决《美国清洁能源和安全法案》的需要，美国商业部辖下的国家标准技术研究院（NIST）在2009年4月28-29日的会议上，确定了美国智能网的首批标准，这个标准必须有效解决互动智能网初期的框架协议和互动标准，为此，它的初期基准不可能很完整，因而必须是开放型的，还必须反映美国互动智能网的发展成果。美国互动智能网的设计者选择了以下五个领域来架构美国互动智能网的体系：一是先进的计量设施管理体系；二是楼宇智能化管理；三是发电和配电互动智能化管理；四是通讯和IT安全体系；五是家庭网络管理。同时，NIST巧妙地借鉴了16个现有标准，初步拟定了这五个互动智能网领域的战略基准，其体系见附表：这个标准一举将美国互动智能网的标准延伸到了电力系统、IT和通信系统、家庭网络和楼宇管理，将美国电力系统的作业能力提高到前所未有的高度，值得认真借鉴。第二，美国智能电网正在设计的第二期框架标准的基准是什么？近期美国国家标准技术研究院（NIST）又通过2009年5月19日和20日的会议确定了美国互动智能网第二阶段的主要设计目标。这将至少包括如下五个方面：一是智能网优先应用项目的管理；二是奠定需求侧反应系统的标准；三是电动运输体系；四是广域可视化；五是储能。估计这个阶段至少涉及20-30个标准的设立，如果争议大也可能较少一些。此阶段标准的公布时间大约应该在2009年6月底和7月。第三，美国智能电网初期总体的框架标准何时产生？我预计美国国家标准技术研究院（NIST）应该在2009年8月底至9月完成第三阶段的互动智能网的标准设计。至此，美国智能电网互动标准前期框架体系的1.0版可以初步拟定。

第三节　中国发展现代电网的策略

一、概述

国家发展改革委员会于今年8月9日正式核准晋东南经南阳至荆门特高压交流试验示范工程（发改能源[2006]1585号），次日国家电力改革专家杨名舟即以"杜鹃夜半犹啼血，不信东风唤不回"的决心上书国家领导人，痛陈"建设全国性百万伏特高压交流电网之弊"，表达了一批老专家们挽狂澜于既倒的悲情。

不久，国家领导人对杨名舟上书做出批复，并要求国家有关决策部门最高领导了解情况并汇报。虽特高压试验工程已于 8 月 19 日正式奠基动工，但是一场关于"全国性特高压电网"的争论风暴无疑正在酝酿之中。据悉，上述晋东南经南阳至荆门特高压交流试验示范工程，线路全长 654 公里，申报造价 58.57 亿元，动态投资 200 亿元——据相关人士估算，该试验可谓学费高昂，其静态投资相当于日本新一轮对华低息经援 740 亿日元的折算总额，动态投资相当于 2005 年国家减免农业税的总和。假如特高压电网在全国全面推开，未来投资高达 4060 多亿元，据有关专家估算配套动态投资将达 8000 多亿元，总投资相当于两至三个长江三峡工程项目。

杨名舟发出了对特高压电网的"六大质疑"，包括"试验之疑"、"决策之疑"、"问责之疑"、"典礼之疑"、"事故之疑"和"技术之疑"。其中"决策之疑"掷地有声：这一相当两到三个三峡的巨大工程，为什么不能像三峡工程上马之前那样，采取全国人大、全国政协无记名投票的方式？

对于特高压电网的责难，最终落到国家电网公司头上，指其力推全国一张网，意在"釜底抽薪"，从技术上真正削弱区域电网公司的主体地位，以达到维护电网垄断体制的目的。

"特高压交流电网一旦形成，全国一张网即宣告形成，垄断在技术上即形成屏障，区域电网的 500 千伏网架必须解列，成为配电电网，区域电网公司即被架空，区域电网公司的体制模式和区域电力市场即失去依托，则从体制上、技术上彻底堵死了区域电网公司的发展之路，其大一统垄断体制将不可动摇，中央关于电力工业改革 5 号文件确定的目标将无法实现，27 年改革成果将功亏一篑"——上述言辞振聋发聩，它正是杨名舟于 2005 年底致国家最高领导人信中的一段话，也正是以那封信为缘起，2006 年初国内舆论掀起了对于"中国电力工业体制改革成功与否"的一波质疑。

有消息称，国网公司已先后与北京、上海、陕西、青海、江苏等 24 个省（自治区、直辖市）地方政府签订电网发展和农村户户通电工程纪要，其大意在于地方以同意发展特高压电网为条件，国网公司许以巨额投资建设地方电网进行对此，杨名舟认为国网公司正采用"倒逼"的策略，冀望从地方突破中央，以达成目的。

"国网公司不仅仅通过地方倒逼中央，同时也通过国外倒逼国内，据我所知，国网公司在与俄罗斯签署的供电协议中也加入了将采用特高压输电的条款，意欲将特高压一锤定音。"国内资深能源专家韩小平说。

（一）2002 年的改革争论

全国性特高压电网的建造构想提出之后，各方质疑不断，认为其在经济上、环境上不可行，而其线路走廊占用的土地资源和物力亦是难以承受，而更重要的问题在于电网运行的"安全性"。

原华中电力集团公司总工程师张育英认为百万伏的特高压交流全国大联网无论在战时和平时都蕴藏着巨大的安全运行风险，全国一张覆盖下的电网如果某处受到破坏或遭到打击，将导致整个电网崩溃，给国家经济和安全带来不可估量的损失——今年"7·1"华中电网河南大事故便是很好的例证。从国外的经验看来，关于特高压电网的研究早已中断，虽日本、俄罗斯和意大利建有少量的百万伏电网，也都是按 500 千伏电网降压运行。

但诚如中国投资协会能源发展中心张杰副秘书长所言，假如争论都集中在技术性问题之上，就恰恰忽略了争论的本质所在——特高压电网的建设与中国电力体制改革之关联。建设特高压电网真正意味着中国电力工业体制改革成果的全面沦陷吗？

2002 年关于电力体制改革的 5 号文件形成之前，最强烈要求改革的就是地方电力企业。这并不难理解，2000 年时，全国总装机容量是 3.2 亿千瓦，原国家电力公司占有一半的装机容量，其余一半属地方及少量的外资、民资，在这种情形之下，国家电力公司既有电厂，又有电网，对于国电下属的电厂，无论是发电量、电价和电费都优待，而对于非中央的地方电力企业，则发电量、电价和电费三不到位。改革也不能搞半拉子工程啊，既然已经放开了发电端的准入门槛，实行厂网分离也就是大势所趋——这正是"5 号文件"所确定的改革方向，而原国电公司下属的电厂分归华能等 5 个发电企业。

但对于究竟是发展区域电网，还是全国统一电网的问题，保守派和改革派双方意见相持不下。在改革派看来，当时中国已经自然发展了六大区域电网：华北电网、华中电网、华东电网、南方电网、东北电网和西北电网，因此六大区域电网应该独立——日本有九大电力公司独立管理运行，美国分成中东部、西部和德克萨斯州三块，十大安全管理区域独立管理运行，欧盟已经连成一张电网，里面有十几个国家的电网都独立管理运行，中国的国土面积那么大，地区差异那么大，为什么要由国网公司统一管理呢？

实际上，在这个问题上最后达成了妥协的方案，即成立国家电网公司和南方电网公司，一大一小两个公司，南方电网公司作为区域化的试点，先运行几年，有实践经验之后再进一步改革；同时，"5 号文件"也明确了国家电网公司的主要职责："负责各区域电网之间的电力交易和调度，处理区域电网公司日常生产中需网间协调的问题……"——这一界定，凸现出"优先发展区域电网"的改革走向。

但是，与"5 号文件"所确立的市场化改革方向背道而驰的是，2002 年电力改革后，区域公司虽然由分公司恢复为子公司，却与省公司一样为全资子公司，国家电网公司和过去的电力部或者国家电力公司一样，对其实行集中、垂直、一体化的垄断管理，而且比电力部或国家电力公司时期对人、财、物的行政管理更加集中，更加垄断，区域公司的发展受到的压抑有增无减。据此，电力体制改革资深专家陈望祥在接受本刊采访时评价国家电网公司性质为"半行政性、半企业性"（"半企业性"是因为它收取三峡电站销售给各区域电网公司电力电量的过网费和部分区域与区域之间交换电力电量的过网费）。

同时，重组后的南方电网公司，也像原国家电力公司一样实行一体化管理，在体制上将广东、海南、云南三省电力公司由原来公司法登记的具有现代企业制度的公司制企业，采用行政手段，撤销董事会等法人治理结构，实行总经理负责制，解除董事会、监事会的现代制衡机制，改制为 10 多年前的企业法登记的国有企业，并将原有部门设置的人力资源部、总经理工作部改变为人事部、干部处和办公室，干部一直管到分公司的处级干部的任免。

在这种情状下，呼吁撤销南方电网公司、重组国家电网公司的呼声渐高，而面对当前种种电力乱象，中央政府也到了必须有所作为的关头。但是，正如杨名舟所言，如果在这个关口上，全国性特高压电网获批，全国一张网最终形成，它便从体制上、技术上彻底堵死了区域电网公司的发展之路，并使得大一统垄断体制不可动摇。

（二）西煤东送和西电东送

"新世纪最奢侈的晒太阳工程"是一些资深电力专家封给"晋东南至荆门特高压交流试验示范工程"的称号，他们认为特高压送华中，根本没必要，该工程不过是以试验示范之名，行华北与华中电网的联网工程之实。理由在于，"十一五"期间，三峡将送华中 1000 万千瓦的容量，鄂、湘、赣、川、渝将新增发电装机容量 7000 多万千瓦，到 2020 年，将接受西部水电 3000 万 ~4000 万千瓦，届时，华中电网总装机容量将达 2 亿多千瓦，湖北荆门仅是一个中等城市，根本无法消纳特高压输送的强大电力，且近期荆门一个 180 万千瓦的电厂即将投产，华中根本不需要晋东南和河北电网送电。

对于全国性特高压电网在经济上的可行性，反对方同样表示极大的质疑。比如，大电网理论专家蒙定中指出，交流 1000 千伏电压等级不仅当前，将来也不是电网发展的需要：对长距离输电的经济性，它不如直流输电，比如同等输电容量下，输电距离为 1000 公里时，前者投资为后者的 1.5 倍；2000 公里时，前者投资为后者的 2 倍；对中、短距离输电的经济性，它不如 500 千伏同塔双回紧凑型线路；同时，最大容量机组和直流输电都无必要直上其网架，所以根本没有作为线路网架的使用价值。

从现实的角度来看，2004 年我国跨省、跨区的电量交换不到全国总发电量的 5.4%，即使到 2010 年也到不了 10%-12%，因此投入数千亿资金建设全国性特高压电网也有可能会遭遇"晒太阳"窘境。

但以主建方的立场看来，"特高压国家电网"的思路是："以构建华中—华北坚强的同步电网为核心，以晋陕蒙宁煤电基地和西南水电开发为契机，在华北与华中电网率先建设贯通南北的百万级交流通道，将华中与华北构筑成为联系紧密的同步电网……"当然，该思路的契机存有一个预设：由于华东电力市场空间庞大，需要大规模地接受来自晋陕蒙宁煤电基地的电力。

电力改革资深专家陈望祥先生首先对于"晋陕蒙宁煤电基地"的设想表示质疑，他认为在晋、陕、蒙、宁严重干旱和荒漠化地区建设大型煤电基地，面临的首要问题是水资源问题。据中国煤矿规划研究院调查，全国 13 个煤炭基地，98 个已开发，正开发和待开发的矿区，有 70% 矿区缺水，其中 40% 严重缺水。

"设想在晋、陕、蒙、宁布置大型火电站群总容量在 1.2 亿千瓦以上，通过 100 万伏级交流输电网向华中、华东地区输送，必须要有水资源的充分保证。据了解电力规划设计部门在调查大火电厂水源时，往往只取得当地地方政府甚至地、县一级政府的一纸承诺，而没有报请中央授权的水主管部门的审查和批准，所以有一些大型煤电基地的建设条件仍然是不落实的。"在陈望祥看来，电是可以替代的，而水资源却无法替代，为了避免利用水资源的矛盾，大型火电厂可以在南方多水地区建设，而不必非要和西北部人民生活、生态环境去争用稀缺的水资源。

此外，华东电力市场空间固然庞大，而华东已接受西部水电，到 2020 年将达到其总装机容量的 20%-25% 左右，同时华东地区也已经开始大规模地发展本地区的核电，天然气发电和沿海沿江港口的煤电，通常来讲一个区域接受外来电力不能超过该区域总装机的 30%，如此一来，尚有多大的空间可以留给晋陕蒙的煤电？

综合不同角度的观点，可见真正不可回避的问题在于：在资源和环境制约的情况之下，长距离输煤和长距离输电这两大方向的利弊何如？诸多老专家曾力主的"远送煤、近送电"，采取输煤和输电相结合，"煤电并举"的方针是否反而比较实际？

杨名舟认为，既然我国已建成铁路，于 2020 年建成的第二通道神黄线和第三通道张家口至曹妃甸线的总输送能力将近 7 亿吨，强大的西煤东送动脉可满足东南五省电厂的用煤需求，且在经济、安全、技术功能上数倍于特高压电网，为何不在关注未来几十年国家可持续发展的战略眼光下，在统筹我国 500 千伏电网的发展空间和铁路运输线发展能力的基础上，确定我国西部能源东送的基本国策呢？

（三）打破自上而下的思维定式

"垄断经营的体制性缺陷日益明显，省与省之间市场壁垒阻碍了跨省电力市场的形成和电力资源的优化配置，现行管理方式不适应发展要求。"——这是 2002 年确立电力体制改革市场化方向的"5 号文件"开头对于改革必要性的一段陈述。

破除垄断，突破省间壁垒，优化资源配置，正是确立区域电力市场主体的初衷。但从今日电力行业的现状观之，无论大一统的国家电网，还是作为区域公司试点的南方电网，并未依循 2002 年所确立的改革方向发展运作，甚至被指责其垄断性比改革前更深。如中国能源网信息总监韩晓平所说，这一局面甚至还不如计划经济时代，因为当时政府还会承担责任，但是今天的电网公司既不需要对用电市场承担义务，也不需要对发电企业承担责任，造成整个系统的混乱，不仅危及电力行业自身的良性发展，也影响煤炭、运输、节能和金融安全。

面对如此情状，人们自然会怀疑拆分国家电网的有效性。在杨名舟看来，光拆分电网只不过是在形式上破除了垄断，即使在 2002 年改革时中央采纳不妥协的方案将国家电网拆分成 6 家区域公司，也只不过是将一家垄断分成了 6 家垄断而已，而电网改革的精髓在于：在确立区域电力市场的前提下，将中央和地方的电网资产合理分权，并同时将相应的监管权移交地方。

在中央和地方合理分权的思路下，推进企业制度创新，通过逆向投资重组国家电网公司成为改革可能的突破口——为打破垄断，需要从根本上突破长期以来只能由中央一家自上而下投资控股进行资产重组改革的思维定式，转变为由多家区域电网公司共同出资持股组建国家电网公司的企业制度创新模式。当然，杨名舟认为，重组国家电网公司的前提，是要以资源优化配置为原则重新划分区域电网，因为现有的六大区域电网，在历史上按行政区划形成，行政色彩浓厚，省与省之间资源缺乏互补且贫富不均，电力市场缺乏活力，甚至造成资源省缺电，引发省间矛盾。

同时，为避免区域电网公司形成垄断，应当在进一步界定省、区域电网公司资产的前提下，由区域内各省电网公司将其省内输电资产出资共同发起组建区域电网股份有限公司，区域电网公司和省公司分别在国家和省国资局资产单列，各自独立。

再者，将各区域、省电力公司的电力调度机构从电网经营企业中独立出来，又是上述改革思路的点睛之笔，也唯有如此，才可能形成公开、公平的竞争机制。

"先立法，后改革"，通常是发达国家改革的成功经验。因此，企业的制度创新也离不开法律的保障，抓紧进行一拖10年之久的《电力法》修改是为当务之急——由于法律滞后，为强势集团所利用，使得改革效果大打折扣，背离改革初衷，只有新的法律出台，明确改革主管部门及其职责，确立电力工业监管体系、电力市场框架、电力企业权利及义务，使改革有推动的主导力量，使利益各方对改革有一个预期，才能避免改革的停滞与混乱。

上述改革的思路，从内容上来说，是着眼于企业的制度创新，而就战略的高度而言，是要建立一个中央和地方在输配电管理权上合理分工、适度分权的新的电力工业管理体制框架，使得它有利于平衡中央与地方的利益关系，更多地得到地方政府对于改革的拥护和支持。

诚如杨名舟所言，无论电力行业，或者石化行业，要破除垄断，都需从企业制度创新乃至平衡中央及地方利益以减少改革阻力的战略高度出发，并依此寻求变革的突破口。

二、中国智能电网发展现状

中国经济社会的高速发展，电力需求与日俱增，伴随而来的是中国电力工业建设已经进入了快速发展的时期。电网建设规模不断扩大、电网负荷变化剧烈、不同区域负荷分布不平衡。此外，电网架构依旧非常薄弱，急需进行坚固与补强。由于中国能源资源分布以及经济发展均很不均衡，因此，必须提升电网的输送能力。发展大跨度、远距离、大容量输电，加强统一协调和统筹规划，形成统一调度运行的统一或联合电网。智能电网作为整个电网发展过程所衍生出来的高级产物，必将引起一场新的电力工业的改革，这场改革将会涉及电力行业的各层各面，也将对社会经济发展带来不同程度的影响。

（一）中国智能电网的五大内涵

1. 坚强可靠

坚强、灵活的电网结构是以后智能电网的基础。坚强可靠是指在极端的故障及其干扰事件发生时，电网依旧能保持着整体运行的安全稳定，以此来保证供电能力。

2. 经济高效

在我国火力发电中只有 1/3 的能量转化为电能，由于输电网络设备等的结构，还有 8% 的电能在输电过程之中损失。因此，引入智能电网可以提高我们的资源使用率、电网设备的利用率、输电设备的使用率，同时也降低电力系统运行过程中的维修成本以及建造成本，从而实现了经济高效的主要目标。

3. 清洁环保

清洁型能源产业，尤其是以太阳能及风能所带动的产业在全球崛起，但是清洁能源的间歇性以及不稳定性所引起的功率来回波动对电网的坚强可靠性提出巨大挑战，智能型电网的建设使得清洁能源的大规模使用得到了有力保障，从而实现了电网建设清洁环保的目标。

4. 友好互动

友好互动的智能电网是指电源与负荷方都主动与电网进行协调互动。通过这种互动促使电力用户发挥更加积极有力的作用，达到电力运行高效化、社会效益增强、环境保护实现等多方面的成效。

5. 透明开放

透明开放是指保障光伏发电、风能发电等新兴的清洁能源能够合理地接入，集成传统的集中式发电、新兴分布式发电、保安电源等多种类型的电源，实现分布式发电的并网运行，从而达到满足电力用户的多样化需求的目标。透明开放的智能化接管控制平台将实现我国分布式可再生能源的有效开发及高效利用。

（二）中国智能电网技术特征

智能电网在技术层面上包含自动化、数字化、信息化、互动化这四项基本特征。

1. 信息化电力系统

信息化主要表现为以下几个方面：第一，电力系统和通信的传输方式主要以光纤、数字微波为主，电缆、卫星、电力载波等各种方式一同存在。第二，电力企业同时也开展信息化管理。第三，国家电网公司从工程，并已取得一定的优异成绩。

2. 数字化

我国卢强院士指出，数字化阶段的目标是实现安全、管理、运行等信息的传递、获取和使用的数字化。而智能化阶段的基本目标则是在数字化的基础上，实现全局性决策以及智能决策的自动分解、执行。现在电力系统的离线仿真软件都是机电暂态分离与电磁暂态，实时仿真的主要步骤还是依靠数模混合仿真统。电力系统实时数字仿真器（Real Time Digital Simulator）逐步得到了越来越广泛的应用。电力系统仿真必然朝着整个过程实时全数字的方向发展。

3. 自动化

传统电力系统自动化按照领域可划分为调度自动化、厂站自动化和配电自动化（DA）。新一代的系统自动化伴随着计算机和网络技术的飞速发展，以 Internet 技术、Java 技术、数据库技术、面向对象技术、安全防护技术、中间件技术、多代理技术、厂站自动化技术、电力市场运营技术等为基础，实现了最新的突破。智能配电网具有新技术内容多、与传统电网区别大的特点，对于实现智能电网建设的整体目标有着非常重要的作用。

4. 互动化

智能电网中的互动化包含两层含义：发电与电网之间的互动以及电网与用户之间的互动，用户的参与是我国电力市场改革的必然趋势。发电侧开放和用户侧开放，是电力市场化改革的两个重要方面。用户侧同时拥有可并网的分布式发电设备，可以根据实时电价信息，积极地参与到电力平衡的供需中。但目前我国用户侧还停留在大用户直购电的试点阶段。

（三）智能电网建设中存在问题

根据中国智能电网建设过程中技术特性，本文拟首先从信息化、数字化、自动化、互动化这四方面对中国智能电网建设存在问题进行分析，其次从中国智能电网发展的重点智能输电网及智能配电网这两方面对智能电网建设过程中存在问题进行分析。

1. 智能电网建设中技术层面存在的问题

（1）在电力系统信息化的建设中暴露出很多问题

例如：缺少统一的标准体系，存在重复建设；信息孤岛众多、信息集成度低，无法互相合作发挥整合效益；生产控制系统和企业管理信息系统通常相互分离；在信息化飞速的建设过程中，过多地投入到了自动控制设备、数据信息的收集共享，主要忽视了对信息的整理和挖掘。

（2）在电力系统数字化建设过程中暴露出如下问题：厂站侧的数字化进程在调度侧之后；调度侧的高级应用系统相对来说比较丰富和先进，但是厂站侧大多停留在数据采集、传输阶段，当前的"数字化变电站"仍然处于示范阶段，离实际的规模应用还有一段距离；

调度侧的高级应用系统缺少统一和集成的标准，对某些元件的数学模型还得有更进一步深入研究。

（3）在电力系统自动化发展过程中存在如下问题：调度侧各种控制系统或辅助决策系统，仍需要人工手动参与才能实现闭环控制这样的举措，除了这些还缺少智能专家系统支持。厂站端的自动控制装置依然以 PID 控制为主，在一些场合下 PID 并不能满足智能电网对自动化的要求。

（4）在电力系统互动化发展过程中存在如下问题：在发电商竞价上网的过程中，"三公（公正、公开、公平）"原则的力度远远不够，其主要原因是电力市场透明度不够，这样不能够真正实现发电与电网的互动。可再生能源发电（尤其是风力发电和光伏发电）的装机容量飞速增长，但是，目前对可再生能源发电并网的相关研究（如对系统影响、并网技术规范等）相对较晚一些。用户侧软件配置和硬件装置还不具备与各个电网智能互动化的条件。

2. 智能输电网建设存在问题

世界各国在建设智能电网时需要首先处理的问题都不同，但是总体来讲电力系统的统一配置是否能够保证解决智能电网的关键所在。当前我国智能电网发展中需要解决的大约以下几点实际问题：智能化设备和设备智能化、系统的智能化和智能化系统、新材料、提高供电的可靠性、保证电能质量、远距离输电、多端直流输电和柔性输电、设备的运行状态监测、输电线路防雷、防污秽等。信息安全已逐渐成为智能电网安全稳定运行和可靠供电的重要基础，是电力企业生产、经营以及管理的重要部分。

3. 智能配电网建设存在问题

智能配电网是将通信技术和高级配电技术互相结合，计算机技术与测控技术相结合为现为用户提供优质终端服务的系统。智能配电网发展存在的主要问题如下：配电系统自动化涉及专业多、覆盖面大、系统接入设备型号多样化、通道形式多样、以及相关技术标准尚未统一。

（四）中国智能电网发展建议

中国智能网建设是一项庞大而又复杂的工程。在智能网建设过程中不仅需要学习外国智能电网建设经验，更需要结合我国发展背景及其国情所需；不仅需要电力行业的相互配合，更需要全社会的积极参与。在遵循国家电网公司既定政策的基础上，要统筹全局，实现安全性与经济性的协调优化，对重点技术难关加大人、财、物等各方面的支持力度。完善以信息化、数字化、自动化、互动化为特征的智能电网建设，实现输电网、配电网建设的经济性、安全性、可行性，迎接来自环境、市场、用户、新兴技术等方面的挑战。

三、自动化系统智能化建设关键技术

（一）农网自动化系统现状

1. 县级调度自动化系统

目前，东、中、西部地区在县级电网建设规模、全社会用电量、人均用电量、县供电企业平均用电量方面存在较大差距，导致在县级调度自动化建设水平、应用水平、实用化水平方面存在较大差距。此外，县级调度自动化建设缺乏专业、高素质的技术人才队伍。县级调度自动化系统软件集成厂商、系统型号和硬件型号比较多的现象仍然存在，质量参差不齐，给统一的运行、维护和管理带来了困难。调度自动化技术已经在中国发展了几十年，但是县级调度自动化技术并没有明显的技术革新，传统的 SCADA 功能还占主流，PAS 等高级应用功能及技术并没有得到很好的推广应用。

2. 农网配网自动化系统

就当前我国配电网的现状来看，农村配电网总体架构体系和关键技术缺乏合理的、适应未来坚强智能配电网特征的研究与论述；同时我国对于坚强智能配电网的研究还处于起步阶段，缺少目标规划和方法论的指导，主要体现在以下几个方面：配电网网架结构相对薄弱，制约供电能力提升，配网自动化应用范围小，实用化水平较低。配电网相关技术和管理制度欠缺，亟待完善。公司系统缺乏规范统一的配电网制度标准，急需对现有的标准体系进行梳理和规划，建立统一的技术和管理体系文件。

3. 农网变电站自动化系统

变电站自动化是将变电站的二次设备（包括：测量仪表、信号系统、继电保护、自动装置和远动装置等），经过功能的组合和优化设计，利用先进的计算机技术、现代电子技术、通信技术和信号处理技术，实现对全变电站的一次设备和输、配电线路的自动监视、测量、控制和保护，并实现与调度主站进行信息交互等功能。目前，农网中的变电站综合自动化系统广泛使用的技术主要有：数字信号处理（DSP）技术、数字通信技术和光纤技术、计算机网络技术和现场总线等技术。这些技术基本上都是从 20 世纪 80 年代开始发展起来的，目前已经大量在实际工程中应用，也取得了较好的效果。但是，随着技术的不断发展和实际工程的需要，变电站自动化技术还应在满足相应要求的条件下，不断开阔设计思路，运用新技术、新原理，增强设备功能、优化设备工艺，以满足智能变电站自动化的技术要求。

4. 信息网络通信现状

农网自动化系统需要借助于有效的通信手段，将远方数据安全可靠的传送到调度及配网主站，因此信息网络通信技术及基础建设至关重要。目前，应用于农网自动化的通信方式主要有光纤通信、租用电信网络通信、电力线载波通信、无线通信（CDMA/GPRS 等）

等方式。光纤通信除了具有频带宽、信道多和衰减小的特点外，还具有抗强电干扰的最大优点，是农网自动化目前的主流通信方式，光纤网络通信与无线通信互为热备用通信通道的模式在很多地区都在应用，并取得了很好的效果。一小部分地区由于基础薄弱或者地域限制，目前采用租用电信网络通信、ADSL 通信或者载波通信等方式。

（二）农网自动化系统智能化关键技术

1. 新型农网智能调度技术

思考智能调度是建设中国特色的坚强智能电网的关键内容之一，是智能输电网的神经中枢，是维系电力生产过程的基础，是保障智能电网运行和发展的重要手段。电网的快速发展要求电网运行更加智能化，传统的经验型分析型调度模式已经不能适应新要求，必须结合科技进步，打造智能化的电网调度。农网智能调度技术研究是为实现县级电网智能化调度的基础，是实现新型农网智能化建设的一项重要课题。新型农网智能化调度自动化系统是综合利用各种现代化先进适用技术，面向县级调度全维度业务和调度生产全过程，实现量测、建模、分析、决策、控制、计划和管理全方位智能化，形成安全防御、经济优化、高效管理三位一体的区域全景可视化多维监控的农网调度体系。农网智能调度的基本内涵是：安全可靠、统一协调、灵活高效、经济环保、公正友好。未来的农网智能调度体系的特征是：一体化集成支撑，全景化预警监控、可视化多维展现，精益化决策管理。农网智能调度的依托载体是农网一体化智能调、集、配、管（调度自动化、集控站自动化、配网自动化、调度管理信息化）技术支撑平台，通过该平台实现调度自动化的应用功能，同时实现调度、集控站、配网及调度管理的统一集成和协调运行。新型农网智能调度技术研究的方向和内容主要包括：研究农网调集配管支持系统的一体化支撑技术、实时数据总线技术和应用集成技术；研究面向农网调度机构的区域全景可视化多维监控技术，其中包括：研究农网多维分析预警监控结果的可视化整合展现方法，研究农网调度辅助决策结果、事故恢复手段可视化展示方法；研究外部气象与灾害信息基于电网地理潮流图的可视化展现方法；研究农网调度计划与安全校核结果的可视化展示方法；研究地理信息系统在农网区域全景可视化多维监控平台中的应用技术；研究农网可再生及分布式能源运行数据采集和监视技术；研究适应新能源特性的电网频率、联络线功率、电压无功的控制技术；研究可再生能源发电能力预测技术、负荷需求预测技术、考虑可调节负荷的农网安全约束机组组合和经济调度技术、发电备用管理技术、以及其他新能源调度控制关键技术。

2. 新型农网智能配网技术

思考农村配电网是农网体系中一个核心环节，它是输电网与用电网之间的纽带，也是整个电力系统中线路最多、网络拓扑最为复杂、网架最为脆弱的一个环节，所以在农网智能化中智能配电网的工作是重中之重。农网智能配电技术研究的目标是采用更加经济、可靠、先进的传感、通信和控制终端技术，实现对配电网运行状态、资产设备状态和供电可靠状况的更实时、更全面和更详细的监视，提高电网的可观测性。研究智能配电网控制理论和方法，实现电网自愈控制。研究分布式电源并入配电网运行控制与保护技术，优化发输配用各环节的协调调度。研究利用电力电子技术，实现电能质量控制和电能的灵活分配，降低损耗、提高供电可靠性和电能质量，最终形成技术领先、切实可行、认识一致的智能配电网整体解决方案、系统及设备，为全面建设农网智能化奠定坚实基础。新型农网智能配网技术研究的方向和内容包括：研究自愈控制技术在配电网中的应用；研究自愈控制下的配网分析软件的架构和数据交换模型；研究配网故障快速定位、自动隔离和恢复的智能化调控技术；研究配电网的实时全景信息采集技术；研究交互式智能配电终端信息交换方式及快速交换方法，以获取周边节点的运行信息及状态，快速判断配电故障局部区域，智能式、分布化地处理线路故障；研究配网广域测控的实现方法；研究配网关键节点同步测量方法及相关监控节点间信息实时交互方法；研究该测控体系对传统 DSCADA 的应用扩展研究；研究在该体系下进行配网电压无功优化控制、DFACTS 控制、分布式电源孤岛保护与控制、分布式电源调度、配网故障测距与定位的应用方法。

3. 新型农网智能化变电站技术

思考在农网系统中，变电站作为配电网的电源点，是整个农网的数据采集源头，是新型农网智能化的重要组成部分。随着分布式能源和微型电网的接入、电网智能运行调度、FACTS 技术的应用等一系列新技术的引入，广域同步测量系统（WAMS）的应用，对继电保护技术在基础原理、功能配置、试验验证等方面提出了新的要求。因此在此基础上，研究智能化变电站技术在农网中的应用是实现农网智能化的一个重要环节。为了实现农网中智能化变电站技术的应用，需要开展以下技术的研究：研究广域同步相量测量技术向 100kV 及以下变电站应用与延伸的关键技术；研究实时动态测量技术以实现广域的保护定值整定与系统的广域保护；研究基于 IEEE1588 对时协议的对时技术及相关设备：具备 IEEE1588 主时钟装置、具备边界时钟或透明时钟功能的网络交换设备、具备 IEEE1588 从时钟功能的保护测控装置的各种实现技术；研究智能变电站通信网络和系统的评价模型和评价标准；研究站内通信和网络系统的仿真模型和仿真技术，开发仿真和评估工具；研究通信网络的在线故障检测技术、故障恢复技术、网络冗余拓扑结构中的负载均衡控制技术、基于服务质量和等级的流量控制技术，提高通信网络的可维护性、可自愈性和自适应性。

随着中国统一坚强智能电网建设的逐步推进和发展，随着电子技术、计算机软硬件技术和通信技术的发展，随着智能化的农网自动化关键技术的研究突破和工程应用，具备全景化预警控制、可视化多维监视、智能化故障处理、一体化运维支撑、精益化配调管理特征的智能农网自动化系统将为"三新"农电战略赋予新的内涵，将为社会主义新农村建设提供更好服务和更先进的技术。

第十二章　电力安全技术

第一节　电力系统安全概述

一、概述

（一）影响电网安全运行的主要因素

1.设备因素

设备因素是造成电网运行故障的主要因素。产生设备故障的原因既包括设备自身固有可靠性出现了问题，如设备使用寿命和自身缺陷等，也包括自然因素造成的损坏。通常情况下，设备的固有缺陷会体现在各种偶然因素均具备的情况下，是因设备运行中出现零部件故障或设备计划检修而造成运行受阻的。如果设备在特殊情况下运行，引发多种连锁反应，则极易造成大范围停电的状况发生。此外，变电站的设备若存在异常运行方式，也会严重影响到输电线路运行的可靠性。随着城市用电负荷的不断增长，致使电力系统经常处于上限运行的状态，这也是导致电网事故频发的重要因素。

2.人为因素

人为因素是指因调度人员的调度管理工作不到位或是因操作人员出现误操作、不规范操作，以及一些人为的盗采破坏而影响电网安全运行的因素。人为因素一般与工作人员的综合素质高低以及该地区人文素质高低和环境治安程度息息相关。当前，全国范围内已经推广使用电网调度自动化系统，但是在实际操作中，调度人员仍然存在责任感不强、安全意识不足等问题，为电网运行埋下了安全隐患。调度自动化系统具备遥控、遥测、遥调和遥信功能，然而部分部门往往只重视现场操作、忽视运行管理、重视检修、忽视维护，尤其缺乏对调度自动化系统关键部位的维护。部分操作人员的安全意识淡薄，没有足够的责任感，使其在修改主站数据库时存在较大的主观随意性。此外，调度人员的整体素质有待于进一步提高，由于调度自动化系统拥有较高的科技含量、相关技术更新速度快，就这要求调度人员必须具备较高的业务素质。但是，当前一部分运行人员的业务素质偏低，在未能全面掌握设备操作技能的前提下处理一些突发故障设备，极大地降低了故障处理效率，严重时会导致事故扩大化。

3. 自然环境因素

自然环境因素是影响电网安全运行的重要因素之一，主要包括大雾、气温、雨雪、污秽闪络、电晕、雷电等与输电设备安全运行相关的天气情况。此外，如洪水、台风、泥石流等一些难以预测的因素，也是影响电网安全运行关键因素。

（二）确保电网安全运行的有效策略

1. 开展状态检修，确保电网安全运行

所谓的状态检修主要是指借助先进的检测仪器和设备对电网的实际运行状态进行系统的分析、监测和判断，其属于一种定期检修，可有效地确保变电站内各设备始终维持在正常操作指数规定的范围之内。现如今，随着电网逐步向智能化方向发展，常规的检修方式已经无法确保电网安全运行的需要，为此，开展状态检修已经势在必行。对变电站进行状态检修具体可采取以下几种技术手段：

（1）绝缘监测

在电力系统正常运行的过程中，系统一般会受到温度、湿度以及电流等因素的影响，这样一来系统中的电气设备便很容易发生绝缘故障。为此，加强对电气设备的绝缘监测能够进一步确保设备稳定运行。

（2）油中气体监测

通过对变压器油中气体的颜色及其浓度的监测，能够判断出电气设备是否老化和故障，而且还能发现电气设备中存在的隐性故障，这样便可以按照故障情况及时采取相应的措施加以解决处理，以确保电网运行的安全性。现阶段，我国在对变压器油中气体进行监测时主要采用的都是 sp3430 分析仪，该仪器能够利用数据对变压器内的气体含量进行测算，进而能够获得变压器的运行状态及老化程度。

（3）避雷装置在线监测

在电网供电单位应当采取避雷针装置，通过电流计数器能够准确反映出在工频电压下的各项数据和指标，然后再利用监测设备便可以为状态检修提供可靠的依据。

（4）压力监测

由于电网中普遍采用的都是真空开关，为此，可采用气体压力表对这些开关的压力变化数值进行采集，以此来判断操作箱的温度和湿度是否符合安全运行的要求。

（5）红外监测

红外线监测仪器可以通过对电气设备的温度进行检测，进而判断出其具体的运行状况，这样一来能够节省大量的人力和物力。

2. 健全电网应急制度，加强安全生产管理

就电网的安全运行而言，其不仅关乎电力部门的切身利益，而且还关系到广大人民群众的利用电网和公共基础设施的安全问题。为了有效地确保电网的安全运行，应当不断完善安全运行管理机制，并建立一套反应迅速、运行协调的电网应急机制。具体可采取信息化的方法，使电网运行安全预警系统更加完整，从而确保电网运行应急体制的有效性。此外，还应当全面观测落实预防为主、安全第一的政策，并将工作的重点放在预防和制止电网故障上。现阶段我国电力基础设备存在严重被破坏的情况，这给电网的安全运行造成了极大的影响，为此，有关部门应当加大对盗窃和破坏电力基础设施等违法行为的惩治力度，从根本上确保电网安全运行。此外，还应当赋予电网调度一定的法律权威，并根据相关规定制定电网运行方式。可以电网的安全稳定运行是电力企业和用户的共同职责，这就要求用户应承担起确保电网安全运行的责任，已经发现电力故障应当及时上报给相关部门，尽可能将事故影响控制在最小范围内。

3. 提高工作人员综合素质

想要进一步确保电网运行的安全性，就必须不断提高电网人员的综合素质，首先，应当不断加强对电网调度员的安全教育和思想教育工作，借此来增强他们的工作责任心，以确保电网安全稳定运行；其次，还应加强对电网运行的业务培训，提高他们的专业技术水平，这样即使发生安全事故也能很好地进行处理，有利于保障电网运行的安全性。

（三）研究电网安全性的两种方法——还原论和整体论

1926 年，斯穆茨创用"Holism"（整体论）一词，用以指"宇宙中制造或创生整体的根本作用要素（fundamental factor operative）"（P98）。这是一个存在论的概念。1951 年，奎因在《经验论的两个教条》一文中首次使用"reductionism"（还原论），用来指这样的理论主张："相信每一个有意义的陈述都等值于某种以指称直接经验的名词为基础的逻辑构造。"这是一个认识论的概念。显然，斯穆茨的"整体论"所要超越的并不是奎因所批判的理论还原论，而奎因在迪昂基础上所主张的整体论也不是为了建立斯穆茨意义上的一种新的存在论。这自然引发一个困惑，处于不同层面的两种主张为何会被认为是针锋相对的乃至产生持续不绝的激烈争论？事实上，虽然整体论与还原论的专门术语的创用很晚，但其思想传统却可追溯久远，其当代讨论还拓展至自然科学、社会科学、人文学科各领域中的许多问题，涉及存在论、认识论与方法论多层面。本文将在厘清基本术语的基础上，展开不同研究纲领的细致比较，依据对生物学、社会学等经验领域争论的形式化，搭建一个能反映整体论与还原论主张的争论框架，以揭示出整体论与还原论的争论实质。

1. 厘清混淆之处

在整体论与还原论的争论中，由于对"整体"、"部分"的不同界定，有的学者不对思考层面与观点强弱进行区分，而出现了混淆。因此，有必要首先给予澄清。

（1）"整体"和"部分"

"整体"、"部分"及其相互关系是争论中最为核心的概念，其内涵却是多样的。"整体"的内涵很丰富，不仅仅是指"整体大于部分之和"。不同整体论者都试图给出关于"整体"的定义。斯穆茨把宇宙进化中的整体理解为一个不断上升的"动态趋向"，这一趋向呈现为一个动态上升的层级，由低层的物理组合物、化学化合物到有机体、心灵，最高层为个性。（P98-99）贝塔朗菲在建立一般系统论时，把系统（整体）理解为相互作用元素的集合（set）。有机论（organism）的一个典型观点是认为整体是部分之间的"内在联系"。当代复杂性科学着力强调整体是一种超越部分的"涌现"（emergence）。"部分"也有很多不同的定义："组分"（composition，欧阳莹之）、"个体"（individual）、"成员"（member，斯穆茨）、"主体"（agent，霍兰）、"实体"（en-sty，布拉德利）。基本概念如此开放与多样，加大了我们讨论的困难。例如，对于水（H2O）来说，它的"部分"究竟是一个个独立的水分子，还是氢原子与氧原子？或反过来问，对于氢原子与氧原子来说，一个个独立的水分子还是一滴水才是它的整体？在迪昂—奎因论题（Dubhe-Quine thesis）的讨论中，迪昂主张，物理学家从来也不能使一个孤立的假设经受实验检验，而只能使整个假设群经受实验检验。物理学必须作为一个整体，把完整的物理学理论与整个实验定律群进行比较。（P209-222）还原论者对此的反诘是，我们如何界定"物理学整体"与"整个实验定律群"？这一"整体"的边界存在吗？对于还原论者，"部分"常指独立存在的个体或实体，"整体"是指整体论者所指称的那个由个体所组成的存在物（强还原论者认为不存在整体，只存在个体的组合）；对于整体论者，"部分"则是指组成整体的若干个体、成员或组分，"整体"是指超越组分之上的并具有组分所不具属性的对象。此外，"部分"与"个体"也常常混用。在本书当中，"个体"指不可再分的、组成整体的最小单元（实体、成员、元素）；"部分"指可再分的构成整体的组分或组件（子系统）于仅由若干个体组成的整体（没有次级组件）来说，"个体"也可视为"部分"。

（2）观点上的强与弱

无论是整体论还是还原论，都存在着强与弱的不同表述。强还原论植根于还原论的绝对理想，把对象视为"积木"，认为对象"不过是"、"无非是"某些更为基本的部分，高层次现象源于更低层次组分的相互作用。强还原论认为并不存在超越部分之上的整体，科学的任务就是要不断揭示最底层的简单实体。弱还原论与此明显的不同在于，它并不全然否认整体的存在，也承认分割会损害整体，不排斥在对部分的认识中以适当方式引入整体的思考。关于整体论的讨论，还要注意"绝对整体论"与"相对整体论"的区分。绝对整体论只承认整体，甚至把整体等同于宇宙全体或"一"，取消部分与组分的存在，在方法论上坚决反对分割。事实上，当把某一对象视为一个不可分解为任何部分的个体时，这个整体就是对象本身，整体论成为一种特殊的"个体论"或"单子论"（Monaco），这显然不是我们所理解的整体论；而当把对象及其一切潜在关系视为整体时，该整体就是宇宙的全部（totality），整体论成为无所不包的"全体论"。在科学研究上，我们无法把一个"单子"视为"整体"，也无法以宇宙全体为对象。绝对整体论的这两种假设均消解了科学意义上的"整体"。斯穆茨指出："绝对论者，把'整体'这一表述应用于全部存在、宇宙全体、宇宙全部观念（tout ensemble of universe），整体被视为某种统一或存在。这样的巨大整体可作为终极目标，但其路线却不是我们可以跟从的。"（P100）与绝对整体论不同，相对整体论不把整体作为不可分割的对象，而把整体视为基于相互关联组分之上的整合，整体是更大整体的一部分，具有相对性。在此讨论的整体论均为有边界的相对整体论，它们有强弱之分。强（相对）整体论反对分割，但承认整体边界的存在。弱（相对）整体论接受整体边界，也接受整体指导下的自上而下的分割。由此，弱还原论与弱整体严格来说，"系统"与"整体"是有差异的，但从广义的整体论视野不妨把"系统"理解为"整体"的一种定义形式。贝塔朗菲曾明确指出，他是以整体作为系统论的目标的。"不具任何部分的个体"是莱布尼茨对"单子"的基本界定。

（3）存在论、认识论、方法论的混淆

整体论反对还原论的常见观点是："由于对象是一个整体，所以我们必须以整体论方法处理"或"由于还原论方法损害了整体，所以还原论应被抛弃"。此类论证均暗设了存在论、认识论与方法论的同构，其暗含的哲学主张为：存在论对象与方法论对象是同一的，理论实体与物质实体是同一的，或把认识论的"理论还原"等同于存在论的"性质还原"。这一暗设是造成整体论与还原论各执一词的重要原因。内格尔指出，在理论还原的研究中，"还原"是指一组在经验上可确证的陈述推出另一组陈述，尤其是指不同层次或不同性质科学陈述间的一种推导。如我们把宏观态有关温度的陈述还原为微观态的分子运动学理论陈述，"还原"在这里所强调的是陈述之间的逻辑关联。然而，在众多还原论的讨论中，"还原"常常被理解为"一个对象的性质（properties）推出另一种性质"。内格尔反对这种存在论与认识论的同一，因为这一预设不是明显的，而是存疑的。欧阳莹之指出了存在论与方法论的同构假象，她认为："系统由按规律相互作用着的部分物理建构而成，并不意味着系统的所有描述都是通过逻辑建构从支配部分的规律中得出。系统行为是其组分的因果结果，并不意味着系统行为的概念是其组分运动概念的数学结果。这些推断依赖于对世界结构、理论理性结构及二者相互关系的强假设。它们要求我们对世界的概念化程度必须达到能够运用逻辑的或数学推导于复杂性的各种系统中，这种强假设令人怀疑。方法论并不重演存在论。"这表明，我们不能依据暗设的"同构"以某一层面的论据来反击或支持另一层面的主张。整体论与还原论在不同层面上的争论有何实质不同？罗伊金认为：存在论层面主要争论"实在"的相关问题，实体、事物、自然界由什么存在物构成；什么属性、联系、功能可归因于这些存在物？认识论层面争论"关于实在的知识"，讨论不同理论之间的逻辑关系，特别是关于不同领域、不同层次理论之间的关系；方法论层面争论获取知识的方式，涉及方法论原理、准则和策略的争论。可见，存在论层面的争论是世界构成方式、存在对象之争，如世界本质是整体还是部分？认识论层面的争论集中于理论确证与理论根本的争论中。逻辑经验主义者坚持分析与综合的严格区分，认为科学理论必须能够还原为简单的少数几个能为经验所检验的原子命题。整体论者则反对分析与综合的区分，强调科学理论的意义是一个整体，不能通过分解为一个个孤立命题来进行检验。方法论层面争论是研究策略与研究进路之争，应以何种方式来研究／处理问题。在当代生物学关于分子生物学的争论中，还原论强调科学家必须把寻求大分子解释（如基因）作为方法论准则，反还原论者则认为这种努力既无必要，也无法成功，并且坚信还原论最终会滑向取消主义（eliminator）。

2. 纲领之争

厘清了以上模糊与混淆之处，可以看出还原论与整体论之争不是个别术语、零散观点的争论，而是多层次研究纲领的较量。除非我们找到它们在不同论域研究纲领的"硬核"，否则难以展开真正深入的比较。需要说明的是，我们不是要去罗列各领域还原论或整体论的具体观点，而是要抽去具体的内容，着力从形式上进行深入比较，揭示其逻辑硬核。这种相容性在物理学研究中有不少实例，如基本粒子物理学的量子场论描绘的是一个整体世界，其中各个部分均是作为一个整体——场的一部分加以定义的。

（1）还原论纲领

还原论思想最早可追溯到古希腊自然哲学家留基伯、德谟克利特等提出的原子论。德谟克利特断言："任何元素［原子］都不是从别的元素［原子］产生的……这个共同体［同质原子］是一切事物的根源，但它们之间只有大小和形状的差别。"古希腊原子论开创了以不变的单一实体作为世界本原的传统。近代还原论的纲领首推笛卡尔所确立的四条分析规则，强调自上而下的演绎分析，把高层次复杂问题分解为低层次可以处理的简单问题，再用自下而上各层次简单问题的解决替代高层次复杂问题的解决。1958年奥本海默和普特南在《统一科学工作假设》一文中对还原论纲领给予了较为完整的表述："1）一个很好展开的还原概念（由 Kenny 和奥本海默所定义）相容于部分—整体关系（微观还原）。2）一种由不同科学分支描述不同层次实在的有序。特定层次上的事物是由邻近较低层次上的更简单的元素所组成。3）一个基于物理学基础（最基本的科学层次）之上的科学统一方案。这一方案是反活力论的，总体上比知识论更形而上学化。4）有经验支撑的宇宙进化中的信念。在宇宙的进化过程中，某一给定层次上的对象结合成较高层次上的整体。时间上较晚出现的事物可以依据时间上较早的事物和过程来说明。"不难看出，这一纲领总体描述的是弱还原论主张，第三点是强还原论主张。还原论纲领在物理学、化学领域取得成功后向其他学科广泛渗透，但在面对生物、社会等问题时却面临挑战。贝塔朗菲把现代生物学中的还原论研究纲领归结为三种主导观念：一是分析和累加的观念，把复杂的生命实体和过程分解为可分析的基本单位，再通过并列或累加这些基本单位和过程来解释复杂对象；二是机器观念，把生命组织视为由细胞等基本单位组成的聚集体，把发育等生命过程视为由基本单位、基本结构所决定的机器运行；三是反应理论观念，即动物的行为被分解为被动地反射的总和或反射链。罗斯曼把强（微观）还原论概括为两点：一是我们能根据事物的基本组成部分（它们的潜在结构）的全面知识，来达到对所有现象的理解；二是整体没有超越部分特性的任何自己的特性。还原论纲领在社会学中表现为个体主义方法论，孔德、斯宾塞均持此立场，他们认为，社会如果只是人们为了达到某些目的而组成的一种手段体系，那么这些目的只能是个人所创造出来的。因此，只有通过个体才能解释整个社会现象，社会学规律不过是个体心理学规律的总结。在哲学取向上，还原论纲领有强烈的一元论取向。阿加奇认为，还原论不仅是对一般意义上的"what is common"、"generality"的追求，它更主要的是一元论意义上对唯一"根本要素"、"unity"的追求。存在论以"单一同质实体"作为存在本质，认识论追求以"单一理论"来解释，方法论以"不可分个体"或"简单部分"作为研究对象。还原是一种思维由连续到离散、由整体到部分的分解操作。需要注意，对于强还原论者，"整体"是指"整体对象"、"整体现象"抑或"对象"，他们并不承认存在强整体论意义上的整体。强还原论纲领的"逻辑硬核"主要包括以下几点：

1）整体（对象）没有超越其构成部分特性的任何自己的特性，高层次事物由低层次事物结合而成，整体只是部分的集合。

2）部分先于整体对象，部分是整体的原因，离开部分无法认识整体。部分与整体间遵循从部分到整体的上行因果关系分析。

3）只有基于部分/个体之上所建立的理论才是根本的和彻底的。

（2）整体论纲领

整体论思想在西方可追溯到古希腊的柏拉图和亚里士多德对整体与部分的讨论，近代活力论、突现论、有机论等均是整体论哲学的重要资源，但是，把整体论作为一种科学研究纲领则是20世纪以来的事情。1912年格式塔心理学把"整体"纳入心理学的研究纲领。1945年贝塔朗菲提出的一般系统论可视为整体论的第一个较完善的科学范式。20世纪60—70年代复杂性科学异军突起，被视为21世纪的"整体论科学"。这里，我们以生物学与社会学领域的整体论思想作为范例展开分析。贝塔朗菲所建立的机体论与系统论观念可作为生物学的一个整体论纲领，包括：

1）作为整体的系统观念，强调有机体的整体性和组成单元之间的内在组织性，必须在分析的同时深入研究整体；动态观念，有机体处于一种动态有序中，需要以动态的观念进行研究；

2）主动的系统观念，有机体具有主动地自我调整特性。在强整体论者看来，这不是一个强整体论纲领，因为"分解"还是纲领的重要环节。罗斯曼结合细胞研究对生物学中的还原论与整体论研究纲领做了详细的比较。生物学中的还原论纲领与整体论态度还原论纲领整体论态度部分构成整体，部分是整体的原因前半句弱接受，后半句不接受整体没有超越其构成部分特性的任何自己的特性，整体是部分的集合反对，整体大于部分之和部分是整体的充要条件，部分知识是对生物整体精确认识的先决条件反对，部分知识只是整体的必要非充分条件我们能根据事物的基本组成部分的全面知识，来达至对所有现象的理解反对：整体必须通过整体属性来认识；不认识整体就无法认识部分在社会学领域，迪尔凯姆坚持整体主义方法论立场。他认为社会是由个人所组成，但社会不是一种简单的个人相加的总和，个人心理现象是不能解释社会现象的，必须"通过社会去解释社会现象"，卢瑟福对此有较为全面的概括。个体主义方法论与整体主义方法论个体主义方法整体主义方法 MI（1）：只有个体才有目标和利益 MH（1）；社会整体大于其部分之和 MI（2）；社会系统及其变迁产生于个体的行为 MH（2）；社会整体显著地影响和制约其部分的行为或功能 MI（3）；所有大规模的社会学现象最终都应该根据只考虑个体，考虑他们的气质、信念、资源以及相互关系的理论加以解释 MH（3）；个体的行为应该从自成一体并适用于作为整体的社会系统的宏观或社会的法律、目的或力量演绎而成，从个体在整体当中的地位（或作用）演绎而来，生物学中的强微观还原论与社会学中的个体主义方法论纲领没有什么实质不同，均为强还原论，但二者在对整体论的理解上却有显著不同。生物学中的整体论主张整体必须通过整体属性来认识，是强整体论。如罗斯曼强调："在对系统整体缺乏全面认识的情况下，即使是由最充分的分子细节所支持的理论，亦无法确证。"社会学中的整体论则主要是强调结合整体的观点来研究个体，这是弱整体论。菲立普斯把社会学和生物学中的整体论思想概括为三种主张，并与还原论进行了对比。在菲立普斯的这一方案中，整体论包括强、弱整体论，而还原论则只是弱还原论。整体论 I 强调还原论方法不适用于整体对象，脱离整体的还原论方法无法认识部分；整体论 II 强调了存在论与方法论上的分裂，部分就是部分，整体就是整体，不能通过部分来认识整体，即必须"把整体当作整体"而不是试图"把整体当作可分解的部分"；整体论 III 是整体论方法的认识论诉求，整体论需要建立指称整体和整体属性的术语与方法。当贝塔朗菲说"仅仅知道有机体的个别要素和过程，或者用机器式结构解释生命现象的有序性，都不足以理解生命现象"时，他是一名整体论者；而当他说"进行分析，不仅对于尽可能多地了解个别组分是必要，而且对于了解把这些部分过程联合起来的组织规律，同样是必要的，而这种组织规律正是生命现象的特征"时，他更像一名还原论者。

1）以物理—化学诸科学为典型代表的分析方法，在应用于某些情况，例如在应用于生物有机体、应用于社会，甚至在应用于作为一个整体的实在时，证明是不适当的。

2）整体大于部分之和。

3）整体决定着其各个部分的性质。

4）若将部分与整体相分离而孤立地加以考虑，就不能理解这些部分。

5）各个部分是动态相关或相互依存的。

坚持认可分析—机械论方法，但可接受有机论的一些论点整体论 II 对一个整体，即使在它得到研究之后，也不能根据它的部分对它进行解释反对整体论 III 需要有指称整体及其属性的术语接受依据以上比较，强整体论纲领的"逻辑硬核"主要包括三点：

1）整体大于部分之和，具有部分所不具有的更高层次属性；

2）无法依据部分来预测整体，整体对部分有直接影响，必须考虑下行因果作用；

3）基于部分的理论与术语无法解释整体，只有基于整体的理论才能认识整体。

3. 争论实质

（1）争论框架依据

以上的讨论，整体论与还原论之争所涉及的三个层次讨论可归结为：对象之争、路径之争与理论根本之争。弱还原论与弱整体论相互基本兼容，是对强整体论与强还原论对立观点的调和，因此它们基本可视为同一立场。不同立场的逻辑关系为：强整体论与强还原论为对立关系，而弱整体论／弱还原论分别与强整体论和强还原论为蕴涵关系。由此，我们列出一个整体论与还原论的争论框架。按通常的哲学理解，对象之争是关于"何物存在"的争论，属存在论问题；路径之争是关于"从何处入手研究"的方法论之争；而理论根本之争则是典型的认识论之争。从总体上看，真正对立的是强整体论与强还原论，弱整体论与弱还原论是对它们观点的调和。以下我们结合罗斯曼关于生物学中肌肉收缩现象研究案例对此进行说明。整体论与还原论的争论框架核心争论强整体论强还原论弱整体论／弱还原论对象之争：以整体为对象还是以部分为对象？

整体大于部分之和，具有部分所没有的高层次属性；

整体决定部分的属性；

部分构成整体，没有部分就没有整体；

部分决定整体的属性；

部分构成整体，整体具有部分所没有的高层次属性；

整体与部分相互影响与相互制约路径之争：脱离整体能否认识部分，通过部分能否认识整体？

脱离整体、基于部分的分析方法是不适当的，部分只有在整体中才能得到理解与认识；

分割会损害整体，对一个整体，不能根据它分割后的部分对它进行认识和解释；

只有通过部分才能认识整体；

"分割"或"分解"只是一种科学程式，使我们能通过部分探究本质；

脱离整体、基于个体的分析方法是不足够的；

恰当分割是必要的，只有认识了部分才能认识整体理论根本之争：基于整体的理论才是最根本的理论吗？

需要有专门指称整体和整体属性的术语与描述；

基于整体的理论才是最根本的理论，需建立专门的整体论方法；

整体指称只是一种形式，个体指称才具实质意义；

基于部分（个体）之上所建立的理论才是根本和彻底的；

引入整体属性术语有利于更好的分析和整合；

根本的理论应同时包括整体与部分在生物学上，肌肉收缩被认为是一切动物运动的基础，探索肌肉收缩机制长久以来都是许多生物学家关心的一个重要问题。

在存在论上，强还原论者认为：真正实在的只是部分，整体只是部分的一种"随附"，所以必须以部分作为研究对象；强整体论则强调：整体本身就是整体的原因，所以必须以整体为研究对象。强整体论者海尔布伦主张："只有一个细胞是完好无损的整体时，它才是有生命的。要认识生命，我们就必须认识它的属性，即其作为整体的属性。"强还原论者圣乔其则认为肌肉的构成部分——肌细胞蛋白质才是肌肉收缩的研究对象。在方法论上，强整体论者认为整体必须通过整体来认识，对于强还原论者来说，只接受从部分进行研究。海尔布伦从活细胞的整体入手，认为肌肉收缩与细胞的运动有关，得出的结论是，在神经的刺激下，钙离子从肌细胞皮层扩散到中心区，引发凝胶状态，导致肌肉收缩。圣乔其的研究小组则从肌细胞蛋白入手，通过分离法提取了两种蛋白，最后得出结论：肌肉收缩是肌动蛋白质与肌球蛋白质受到 ATP 激发后，由其所具有的某种可逆性的凝结或沉淀的特征所导致。这自然会导致一个认识论问题，究竟哪一个理论才是肌肉收缩的最根本理论？强整体论者认为，只有关于整体的理论才是根本的，那自然是海尔布伦的理论更为根本的；强还原论者则认为只有关于部分的理论才是根本的，圣乔其的理论更为彻底。后来科学的发展最终表明，圣乔其提出的超沉淀机制是不正确的，但两种蛋白质的区分是正确的。他发现了肌肉收缩的核心化学物质，即内在原因。海尔布伦关于溶胶与凝胶的理论是不正确的，但钙离子的作用却是正确的。他揭示了肌肉收缩的外在原因，即这一过程的激活方式——刺激如何导致肌肉的反应。结果，他们研究了同一机制的十分迥异却紧密关联的不同方面。

（2）形式分析

争论的一个核心是：究竟该以"整体"、"部分"还是"整体与部分的结合"作为研究或理论的对象。为了突显这一争论的实质，我们需要对其进行一些形式化分析。设存在一整体 s，三个体 a，b，c，以及 s（a，b，c），M 指代方法论，T 指代解释理论。还原论与整体论争论的形式化分析争论层面强整体论强还原论弱整体论/弱还原论存在论 S（a，b，c），S（a，b，c），方法论 Ms，M（a，b，c），Ms（a，b，c），认识 Ts，T（a，b，c），Ts（a，b，c）由于方法论与认识论在此问题的逻辑形式上是相同的，所以我们仅需在存在论与方法论上展开分析。存在论层面上，强整体论认为存在一个不可分割的 s，强还原论认为存在若干个体 a，b，c，弱还原论/弱整体论（WHR）认为，存在一个由 a，b，c 组成的对象 s（a，b，c）。依据还原论者与整体论者常常使用的同构假设：存在论优先于方法论与认识论，并且彼此保持同构关系。于是，如果对象是整体，那就必须采用整体论方法并建立以整体为对象的根本理论，反之则需采用还原论方法建立基于部分的根本理论。这一强假设在方法论上表现为，强整体论主张从 s 出发开展研究，建立 Ms，强还原论主张从（a，b，c）入手，建立 M（a，b，c）。由于 s 在形式上完全不同于（a，b，c），这自然导致强还原论与强整体论各执一词，无法通约。那么能否通过建立一个整体与部分的相结合的理论来解决纷争呢？这就产生了弱整体论/弱还原论的主张：如果对象是一个由部分组成的整体 s（a，b，c），我们就能也必须建立基于整体与部分的理论 Ms（a，b，c）；或者依据同构假设，也可反过来说，由于我们要建立基于整体与部分的理论，我们就必须视对象为一个由部分组成的整体 s（a，b，c）。那么，Ms（a，b，c）能否化解争论呢？或者说，整体与部分相结合的理论就是比整体论或还原论更好的路径？在形式上分析，Ms（a，b，c）包括以下假设及其推导，基本假设：P1，Ms（a，b，c），Ms ∨ M（a，b，c）P2，Ms（a，b，c）→ Ms ∨ M（a，b，c）P3，Ms（a，b，c），Ms ∧ M（a，b，c）假设的推导：P4，Ms ∨ M（a，b，c）→ Ms（a，b，c）P5，Ms（a，b，c）→ Ms ∧ M（a，b，c）P6，Ms ∧ M（a，b，c）→ Ms（a，b，c）新的假设：P7，Ms（a，b，c）→ [Ms ∨ M（a，b，c）] 如果接受 P1，那就必须接受 4，即或者强整体论，或者强还原论均可蕴涵 Ms（a，b，c），这一理解违背我们对弱整体论／弱还原论的理解，因为这里没有任何"结合"之意。2 是 1 的弱化，Ms（a，b，c）蕴涵强整体论或者强还原论，即 Ms（a，b，c）成立，二者之一就成立，这一理解显然过于宽松了。3 主张 Ms（a，b，c）蕴涵着强整体论与强还原论的合取，反之亦然。这一理解广为研究者们所接受，并且由于 P3 → P5 → P2，P3 可取代 2。罗斯曼在肌肉收缩案例中所倡导的就是这样的结合，我们必须同时采用强整体论与强还原论的路径才能揭示出对象的本质。"同时"在此是指逻辑关系的"并（and）"而不是指同一时间。在研究中，我们一方面要建立整体层面自上而下的"宏观约束"，另一方面要找到基于部分层面自下而上的"微观机制"，综合二者就能更好地解决问题。这就是欧阳莹之所倡导的"综合微观分析"。她以计算机编程为例指出："只有当自上而下的分析得出可把握的片断时，我们才着手进行自下而上的工作，写下程序的细节。甚至到那时我们还要记住整个程序的结构。"然而，这一理想模式却难以解释肌肉收缩的案例。海尔布伦因为反对从细胞的部分来寻找肌肉收缩的原因，才找到细胞收缩的整体层面上的规律，而圣乔其坚定地反对关于细胞的整体预设，从部分中发现肌肉蛋白质的规律。与罗斯曼对此案例的解读不同，肌肉收缩现象的实质能得以揭示，既是还原论的功劳，也离不开整体论的贡献，但很难归功于研究者坚持了"整体与部分的结合"。事实上，在科学探索的诸多领域这种现象是普遍的，研究者必须二者择一。当迪尔凯姆强调"个人现象不同于社会现象，个人意识不能解释社会现象，要解释社会现象只能根据社会本身的性质"时，他所要做的工作就是要超越个体的层面去揭示社会的整体属性，或者说为了揭示社会的整体性，就必须超越个体。在理论上，造成这种结合困难的另一个深层原因是"规律缺乏"（absence of law）。罗森伯格在剖析分子生物学所引发的争论中指出，还原论与反还原论均面临规律缺乏的困难。还原论者要面对还原理论与被还原理论，以及二者之间联系理论的缺乏；反还原论的功能生物学也需要解决依据什么规律给出普遍描述的困难。"如果没有任何规律或并不包含任何说明（explanation），反还原论者也是错误的。"还原论需要建立基因与生物宏观性状的联系才能展开分析，而整体论取向的功能生物学则需要确立哪些微观要素决定了某一功能的实现。依据这一分析，Ms（a，b，c）似乎应理解为一个新的假设：P7，Ms（a，b，c）→ [Ms ∨ M（a，b，c）]。于是，真正的 Ms（a，b，c），既不是基于整体的 Ms，也不是基于部分的 M（a，b，c），而是关于"由部分到整体"的新理论。该理论必须面对整体与部分之间的跨层次涌现问题。在对生命起源问题的思考中，考夫曼强调，生命是一个基于化学"积木"的自催化过程，但它"在开端处就涌现为整体"。复杂性科学的发展表明，当下科学前沿要解决的最大难题，不是某一生命形式由哪些化学积木构成（部分的观点），也不是如何描述这一生命形式的整体形态（整体的观点），而是必须解释生命是如何（由部分）生成整体的。"生成"这一观念已超出了整体与部分相结合的意味了，甚至不存在"部分"。由此，Ms（a，b，c）无法通过"结合"来完全囊括强整体论 Ms、强还原论 M（a，b，c）的主张。总之，整体论与还原论的争论是极为复杂的。我们认为，理论上真正对立的是强还原论与强整体论，这一对立源于存在论层面二者关于"整体"与"部分"异质性假设，其后又依据同构假设，在方法论与认识论上表现为完全不同的形式。如果接受同构假设，这一对立注定无法消除。弱整体论／弱还原论虽然试图对强整体论与强还原论进行调和，但并未就此解决二者的争论，它们要面对整体与部分之间的跨层次涌现问题。这一争论框架可作为未来更为深入的讨论的一个基础。"在生成性整体中，不存在所谓'部分'，如果要勉强把过程的某一阶段结果作为整体的'部分'，那么这种'部分'就是整体本身！"论整体论与还原论之争深入剖析这些争论的逻辑内核，可建构出一个涉及存在论、方法论与认识论的争论框架，核心问题包括：对象之争，研究对象究竟是整体还是部分？路径之争，究竟该采用从整体到部分还是由部分到整体的研究方法？理论根本之争，究竟是整体论还是还原论才是最为根本的理论？在这些争论中，强整体论与强还原论是严格对立的，而弱整体论与弱还原论相互兼容。

二、如何做好电力企业安全运营及良好规划工作

由于我国社会经济的良好发展，使得我国对于电力资源的需求量不断地增大，为了满足人们的用电需求，应该做好电网的合理规划，满足人们对于电力资源的需求，同时也要做好电网的安全运行工作，只有做好良好的规划和安全运行工作才能良好地满足人们的用电需求，实现电力资源的合理利用。

（一）如何做好电网的合理规划工作

1. 电网规划

首先要确保电力系统的安全稳定性电网的规划的首要目的就是为了让电力资源能够满足人们的生活和工作需要，所以在进行电网规划的时候，必须要做好电力系统的安全稳定性，只有保证了电力系统的安全稳定性才能长期有效地满足人们的需求。所以在进行电网规划的时候要收集各个地区和各个行业的用电信息，对于各个行业和各个地区的用电量进行系统的分析，要确认各个地区的用电性质，根据这些因素进行综合的规划，要综合考虑到各个方面的因素，其最终目的就是实现电力系统的安全稳定性，实现资源的优化配置。

2. 做好输电线路的布局和容量问题

因为各个地区的用电量的不同，各个地区的用电性质的不同，以及各个地区的用电分

布不同，所以在进行电网规划的时候要注意各个地区的特点，根据各个地区的特点来进行具体的规划，根据地区的运气负荷和负荷特点对地区的输电线路的容量和布局进行合理的规划，要根据地区的特点对已有的输电线路进行改造规划，对于不能改造规划的进行新建规划，要对变电站的位置等进行规划，从而实现输电线路的布局的合理规划。

3. 在规划中要做好电压的划分工作

由于高电压和超高电压技术在我国的电网工程中得到了广泛的应用，所以在进行电网规划的时候要做好电网的电压划分，在规划的时候要对主线路的电压要进行相应的提高，减少在电力输送工程中的电力损耗，在电网规划的时候要尽量建立 110KV 的配电输送网络，提供供电输送中的电能容量，以期能够满足日益增长的用电需求。

4. 做好地区电网规划同时做好全国统筹电网规划

由于地区电网有着各自的特点和优势，在做好地区电网规划的时候要做好全国的电网规划，全国的电网规划要结合各个地区的电力特点实现电力资源的合理调度，保证电力资源的合理利用，避免部分地区地理过甚，而部分地区地理需求无法满足现象的发生。在进行全国电网规划的时候要考虑各个地区的优势和问题，以及各个地区的发展趋势，电网规划要满足日益发展的电力需要，不能只顾及眼前对于电力的需要。

（二）影响企业电网安全运行的主要因素

1. 工程设计方面存在不足

随着社会的发展，电网规模的日益扩大，上级电网与下级电网在运行过程中的配合复杂程度也相应提升，由于相关技术人员现场经验不足，对工程细节把握不够严格，极易导致安全隐患，这也是电网安全运行相对薄弱的一环。

2. 从业人员素质有待提升

在实践中，一些电网运行工作人员工作态度不端正，技术水平有限，经验不足，对工作中存在的危险因素的重视程度不够，抱有侥幸心理，再加上事故防范认识不到位，时常发生责任事故。

3. 在继电保护设备方面，一些危机保护设备生产商提供的相关设备的质量等级较低，抗干扰性能不高，设备硬件及软件在设计存在一定缺陷，导致继电保护设备经过一段时间的运行就会出现较为严重的元器件老化问题，并且设备故障自动诊断性能不高，无法在设备出现问题时及时发出警报并采取相应应对措施，这在一定程度上威胁着电力系统的安全运行。

4. 生产运行及技术监管力度不够

在实践中，电网运行管理水平较低，监管力度不足等问题普遍存在。即便开展检查，也经常是事先打好招呼，使得检查流于形式，无法切实发挥监管的真正作用。此外，一些基层主管人员为争取较好的业绩，对于存在的安全隐患不如实上报，而是采取少报、缓报、甚至是不报的错误做法。

（三）如何做好企业电网的安全运行工作

1. 供电系统规划的统一

电力作为先进社会的主要能源，能否安全使用已成为国家经济发展的关键，也直接影响国家工业化的进程。国家电网的规划以及布局已成为现阶段工作的重点，因电力企业不同于其他部门，相对于其他部门来讲，其具有一定的特殊性，电力系统所要考虑的是能否达到经济性、稳定性、安全性、科学性以及战略性，这也是能否保证我国经济稳步发展的重要前提。在我国社会主义市场经济的指引下，随着社会的发展，已经进行了经济结构的调整与改革，城市化建设与工业化速度的加快，也要求国家电网的布局具有一定的广泛性。但是由于现阶段电网的规划并没有考虑地区的地理位置以及能源问题，导致了电网系统暂时还不能满足现阶段的需要，从外部引入电力能源也将极大的浪费国家的土地资源以及环境资源等等，造成了国家资源的浪费。各种形式的浪费统计起来，也将是一个庞大的数字，给国家也造成了巨大损失。所以，在电网规划过程中，一定要考虑该地区的经济发展情况以及城市化建设的布局，并且根据该地域以及能源的优势与劣势，进行合理的电网系统规划。所以说，电网系统的合理规划布局一定要有统一的领导，并且有统一的战略指导思想，整体考虑，从战略性角度出发，一定要显现出地域的优势，绝对不能由各地方进行盲目的规划。没有正确的政策性引导将会导致电力系统的资源浪费，随着短期投入的小型企业的撤出，会造成电力设施的闲置，极大的造成了资源浪费，也给国家带来了损失。所以说，一定要有正确的战略性指导思想，从而来实现国家电网系统的有序规划。

2. 网架结构与变电站的合理布局

电网规划中变电站的布点主要取决于供电区域的负荷密度与供电半径。在规划期内，变电站布点的多少以及布置的位置对电网结构的合理性有着重要的影响。首先应根据规划期间电力市场的发展和负荷特性分析及负荷预测结果计算负荷密度，结合规划目标、技术原则，提出目标网架及分年度过渡方案。经过电力平衡等电气计算作相应增减调整和必要的多方案比较，最后确定各年工程项目和规划期目标网架建设。而在进行 110kV 及以下配电网规划时，应注意与城市规划相协调。积极依靠政府，将配电网规划中的站点、电力走廊纳入城市规划，尽量与城市规划相融合，减少对城市环境的影响。目前，农村电网多以 35kV 电网为主力配电网，采用 10kV 线路为电能输送通道。在一些不发达的农村地区，10kV 线路输送距离长，电能质量较低，应注重对其的无功补偿，遵循"全面规划、合理布局、分级补偿、就地平衡"的原则，可在变电站对 10kV 出口侧采取密集型电容补偿，补偿容量可按照主变容量的 10%-15% 进行配置，100kVA 以上的配电变压器可按照配变容量的 10%-15% 进行配置，减少中低压线路的无功损耗。在日后的配电网规划中，应结合地区经济发展及电力需求情况，考虑采用 110kV 电网作为主力配电网，可以大大提高负荷侧的电能质量和用电可靠性，同时对于降低全网线损也能起到比较明显的效果。

3. 能够保证电力系统安全稳定的先决条件

由于电网规划的特殊性，导致了电网规划与改造具有相当程度的复杂性，而其复杂性的特点主要体现在其分布地域广、改造规模大、改造周期长、设计领域多以及具有一定专业性。电网的改造工程不仅仅要考虑到之前电网的设计布局，还要对现今的规划进行系统的分析，同时还必须满足社会高速发展的需要，保证在一定的时间内，不需要重新改造。在电网系统的规划中，规划人员一定要对规划改造中可能导致的电网安全问题进行慎重的考虑分析，并通过不断完善电网结构逐步消除现有的电网安全隐患，从而确保电力系统的安全稳定运行。现阶段社会对电力要求过高，这一特性突出体现了电网规划难度大的问题，这也就需要国家电网规划人员应具备更高的专业水平。电网规划人员一定要对整体的电力系统进行有效的分析，并且结合各地区的城市化建设以及原有的电网分布形式，之前的电力负荷与现阶段的需要以及将来的发展状况，进行电网系统的改革以及电网市场的开拓，做好宏观调控；同时也要考虑在电网系统的规划升级改造过程中，需要对环境进行有效的保护，尽最大努力把对环境的破坏降低到最小，创造最佳的经济效益、环境效益以及社会效益。

4. 做好电网工程设计，避免电网工程缺陷

在进行电网工程设计的时候要结合工程的特点进行合理而科学的设计，要抓住工程的每一个细节，避免因为工程的缺陷带来一定的安全隐患，在进行工程设计的时候必须要进行系统而全面的分析，避免因为分析和考虑的不全面造成设计缺陷。

5. 保证工程施工质量，严格进行工程验收

在工程施工的时候要做好工程监督工作，对于工程的施工质量要进行时时地控制，要注意工程施工中各个细节，避免因为施工中细节出现问题对整个工程质量的影响，要杜绝施工单位因为最求更高的利益而选用低质的工程材料，要对每一个施工环节的质量问题进行严格地控制。当工程完成以后要对工程进行严格的验收，避免工程缺陷对以后电网的安全运行造成影响。

6. 提高电网运行人员的素质，规范电网运行操作工作

由于电网运行人员的技术水平有限，缺乏相应的作业意识，往往会导致责任事故的发生造成严重的影响。所以要做好从业人员的技术能力培养工作，提高从业人员的责任意识，要仍每一个从业人员完全了解每项工作的具体操作，要让从业人员认识到工作的危险性，要将安全措施落实到每一项工作中。

三、如何做好供电企业办公室管理工作

对于电力企业而言，在开展安全管理工作的过程中要注重对具体情况的分析和把握。在电网安全管理方面，要依托现代化技术手段，不管是前期规划，还是后期安全运行，都是为促进经济的发展，提升居民的生活质量水平。做好电网规划工作，并严格依据相关的规划及制度开展具体的运行工作，有助于促进经济效益及社会效益的进一步提升。

企业办公室是企业的综合管理与执行部门，它不仅能够参与企业的政务及政策决策，而且是企业关键的政策推行与管理部门，在全企业中充当上级与下级沟通的重要纽带的重要角色。供电企业的办公室同样兼具上述所有作用与特点，所以供电企业办公室的工作质量和效率切实关系着企业的正常运行与发展。做好供电企业办公室工作才能保证上级规划的政策方向、企业精神以及企业决策的正确推广和施行，保障全体职工的基本利益和权利。但是当前办公室现状并不乐观并且存在诸多问题。对于其现状及存在的问题，本文将着重分析并提出具有前瞻性的意见与建议，从而使供电企业办公室的作用充分体现，最终使企业发展与职工利益实现双赢。

企业办公室是企业管理的重要部门，因此，要实现、完善企业办公室的挂历工作，必须要从目标管理、动态管理、综合管理、管理效能、服务意识和效率等六个方面进行供电企业办公室管理工作的完善与管理。

（一）加强目标管理，建立激励约束机制

办公室作为企业综合管理部门，承担着很大一部分目标管理工作。要实现企业三项责任制考核指标，办公室必须瞄准目标、分解指标，建立以目标为导向的激励约束机制。坚持公开、公正的奖励与考核，既激发了全体员工的工作积极性和主动性，提高了办公效率，也为员工绩效考评工作提供了量化指标，促进了部门的团结与和谐，增强了绩效考评工作的客观公正性。

（二）加强动态管理，建立科学的督查机制

要搞好办公室工作，光有日常制度、事前控制不行，光有总结表彰、事后批评也不行，还要加强动态管理，对每项工作实行全过程监控。严格执行资金预算计划，包括办公费、招待费、差旅费的计划控制，这是办公室管理工作的一项重要内容。为了做好这项工作，在管理办公室工作实行了严格的工作督查机制，加大资金使用过程的动态督查，定期监督费用的使用情况，发现问题及时纠正；同时注意加强项目、发挥整体效益、资金的优化整合、减少非计划使用资金情况的发生，使各项经费的使用均控制在预算框架内。

（三）坚持综合管理，建立企业管理新机制

新形势下，企业办公室必须坚持"科学、高效、规范"的原则，多管齐下、综合管理，按照"高标准、高效益、高质量"的要求，建立健全新的管理工作机制。要做好办公室工

作，就要善于观察、研究办公室事务、政务、服务工作的特殊性和普遍性，从中找出规律性的东西，并形成相互衔接的制度和体系，使方方面面工作都井然有序、有章可循，步入规范化轨道。构建"工作有标准，过程有监督，结果有考核"的管理机制，充分调动办公室工作人员的积极性和主动性，是应对当前办公室工作人员少、任务重的有效方法。坚持从基础工作入手，建立健全各类管理制度，明确各岗位人员的素质要求、管理标准、职责范围、主要工作和监督考核指标，将纷繁的办公室工作纳入标准化管理体系当中，开创各项管理工作有条不紊、忙而不乱，各类人员各尽其责、各司其职的良好局面。

（四）坚持"谋大抓小"，提高管理效能

"谋大抓小"，就是精心谋划大事，严格管理小事。"谋大"，就是尽力为企业领导决策提供有力、科学的服务；"抓小"，就是对企业具体的事务管理提供有效服务。二者相辅相成，不可偏股。在企业办公室工作中，"谋大"应从以下几方面着手：一是加强与基层各单位的沟通联系，坚持每月深入基层、班组学习调研一次，全面了解基层情况，准确掌握基层员工关心的难点、热点问题，及时提出协调解决的预案供领导决策参考。二是主动加强与兄弟单位的横向联系，加强各类信息的沟通与交流，为领导决策服务。三是发动办公室管理人员围绕企业热点、难点问题开展专项调查研究，集思广益，献计献策。

（五）增强服务意识，强化创新思维

办公室在处理好日常事务的同时，应将更大的精力放到综合协调、服务决策、服务管理上来，不断创新服务的内容和方式，提高服务效率；否则，办公室工作就不能说是全面的、成功的和有效的。做好服务，就是要认真做好为领导决策服务，为基层单位服务，为员工服务。为领导服务，要从三个方面入手：一要全面、及时、准确地掌握企业实际情况，广泛收集信息，深入调查研究，增强认识问题的科学性、前瞻性，更好地为领导决策提供有价值的建议、意见。二要坚持从职工中来到职工中去，真实地反映基层情况，基层的合理要求在领导决策中得到充分体现。三要准确领会领导意图，认真学习有关文件和领导讲话精神，不折不扣地完成领导交办的任务。办公室人员要为基层和员工提供良好的服务，就既要牢固树立服务意识，注意研究基层和员工的需求，增强服务工作的主动性、积极性，又要改进工作作风，深入基层调查研究，经常主动听取基层单位的反映，虚心接受他们的建议与批评，不断改进工作。在供电企业办公室工作，要有与时俱进、开拓创新，敢于突破一些与时代发展不相适应的工作模式、工作理念、努力学习新的科学文化知识，注意吸取和利用基层和群众创造的新经验、新技术、新手段、新做法，不断用新办法、新的思路，解决办公室工作中遇到的新矛盾、新问题。

（六）注重效率和质盈，不断提升自身素质

要提高办公室工作效率和质量，就需要从以下几方面努力：首先要培养扎扎实实的工作作风。一定要养成今日事今日毕，特事特办、急事急办的习惯，不管在什么情况下都不能拖拖拉拉。然后要提高工作质量与标准，办公室工作从内部来说面对的是部门、领导和员工，从外部来说面对的是公司主管部门，其工作和服务质量的好差不仅影响领导、部门、基层工作的运转，而且影响企业的形象乃至企业整体的正常运转。因此，我们要努力把办公室的每项工作做到最快最好，加强能力建设，提高队伍整体素质加强能力培养，提高工作人员素质是做好办公室工作的前提和基础。首先要加强工作人员政治素质和道德修养，培养其对企业发展方向及兴衰成败的责任感和主人翁意识，强化事业心教育，对在工作中的积极表现要给予精神和适当物质上的鼓励与支持，批评指正消极懈怠的工作态度。要鼓励职工自觉参加函授、电大等相关专业的系统学习；有计划、有组织的对全体人员进行企业内培训，并根据工作需要，选送一些人员参加更高层次的专业培训，来带动和帮助其余人员的学习。加强能力建设，采取多种措施组织办公人员学习供电生产技术、供电经营管理、电力改革方向、电力产业政策等电业基础知识，全面提升业务素质，提高办公服务能力。最后要强化内部管理，加强作风建设。

近年来，电源稳定可靠、供电充足，在推动全市经济发展方面发挥了重要的作用。这些成绩与供电公司全体领导职工的努力与付出是密切相关的，更是企业办公室管理工作服务理念的验证。办公室工作是承接上下左右、四面八方沟通联系的枢纽和桥梁，充当着企业领导的参谋助手，是直接为企业部门、领导、基层及全体职工服务的综合性办事机构，因此，要明确其工作职责和任务，搞好部门与部门之间的相互配合工作，团结协作，力求提高工作效率和质量。

四、PPP 项目残值风险路径及其脆弱性

PPP（Public Private Partnership）模式是近 30 年来在全球范围内兴起的基础设施投资建设新模式。1984 年的深圳沙角 B 电厂是我国第一个基础设施 PPP 项目，经过 20 多年的发展，PPP 模式在我国基础设施的建设中得到了较为广泛的运用，如北京地铁四号线等。PPP 项目具有规模大、运营时间长等特点，如何保证移交时点的价值是 PPP 项目成功的关键所在。由于大多数 PPP 项目均未进入移交阶段，因此该阶段的残值风险并未引起应有的重视。本文将从残值风险的形成路径出发，研究项目自身对残值风险的抵抗能力，并用脆弱性这个概念来描述。

（一）基于 PPP 项目残值风险的脆弱性概念

1. 脆弱性概念综述

各领域学者将其与不同研究对象相结合，如自然灾害、生态学、金融、计算机等领域，产生了许多不同分支，不同的领域对其有不同的理解，有一种理解认为脆弱性是暴露于不利影响或受损害的可能性。有的学者认为脆弱性是指系统受到外部扰动的程度，如 Tim-merman 等；也有学者将脆弱性视为一种概念的集合；一些学者认为脆弱性是源于系统内

部的、与生俱来的一种属性；也有学者将脆弱性理论与工程建设领域相结合；有人认为脆弱性是指项目系统（包括项目物理系统和组织系统）对抗风险事件的能力和程度。在文献分析的过程中，发现脆弱性通常用来解释一个系统的内在特点，当风险事件发生时它会影响其结果。国家的社会、政治、经济情况，系统环境及特点等都会对脆弱性产生影响。类似的，本书中的脆弱性用来描述那些在风险发生时使得系统更易受到伤害的所有因素，包括项目本身特点、社会、经济、政治、政策等因素。

2. 残值风险因素影响下的 PPP 项目脆弱性概念

在文献研究的过程中发现，脆弱性总是针对特定的风险而言，本文的脆弱性主要针对 PPP 项目的残值风险。结合 PPP 项目及其残值风险的特点，本文中脆弱性指的是项目系统应对风险的能力，它将会影响 PPP 项目暴露于风险源的概率及其所带来风险后果的大小。

（二）脆弱性影响下的 PPP 项目残值风险形成路径分析

1. 传统风险传导路径风险传导具有路径性

风险路径（Risk Path）用来描述风险事件及风险结果在风险网络中的作用关系。有学者尝试使用风险路径来表示风险事件与风险结果之间的真实关系，他还在文中指出风险识别应考虑风险路径而不是单独考虑风险来源。标准的项目分析框架使用风险事件和风险结果之间直接的连接来抽象地描述项目风险过程，并未考虑项目系统本身对于风险传导过程的调节作用。然而在风险事件发生后，项目或系统会与其发生作用，并影响其所最终承受的风险结果。

2.PPP 项目残值风险路径模型

残值风险的发生，是由于众多的前兆风险事件（系统风险和移交前各个阶段的非系统风险）通过风险的传导与积聚效应最终影响项目目标。前兆风险因素能否最终影响残值风险与项目系统本身具有密切联系。有学者提出了一个新的项目风险过程，考虑了项目系统本身的作用，并用脆弱性这个概念来描述。PPP 项目具有规模大、周期长、高复杂性等特点，其自身对于风险结果的影响不容忽视。结合本书中的研究对象，考虑 PPP 项目的特点，将脆弱性引入残值风险管理中，提出相关的风险路径模型。该风险路径模型包含了脆弱性、残值风险源 RS、残值风险事件 RE 及残值风险结果 RC。残值风险的形成路径，当风险结果，即移交时的价值低于预期或约定的价值时，就发生了残值风险。如上文提及的，残值风险源指的是潜在的改变及不可抗力等；残值风险事件指的是项目性能、功能、营利性和可再融资性、可维护性、可运营性、可持续性等方面的改变；残值风险结果指的是项目移交时的价值。脆弱性因素可以影响风险实现过程的不同阶段，有些脆弱性因素（V1）会影响风险源的发生、有些因素（V2，V3）只影响残值风险源、残值风险事件及残值风险结果之间的关系，因此脆弱性因素可以以三个方式来影响项目系统的风险水平。脆弱性

V1，指能够影响风险发生概率的因素，称之为系统的健壮性（Robustness）。PPP 项目的健壮性水平影响项目是否更易遭受不可抗力事件或者不利的变化。脆弱性 V2，指影响风险的可管理性的因素，一般称之为系统的弹性（Resilience），它决定了项目对于不利变化的管理能力。例如当项目发生技术变更，需要使用新技术时，若公司已掌握这一技术或是有足够的变更管理体系，则可以大幅削弱它所带来的影响。脆弱性 V3，指能够改变风险事件对项目成功所产生的影响大小的因素，在这里称之为敏感性（Sensitivity），它决定了风险事件对风险后果的影响大小。需要指出的是，风险源并不一定受脆弱性因素 V1 的影响，一个风险源可能受一个或多个脆弱性因素 V1 影响；同样的，一个风险源可以导致一个或多个风险事件，多个风险源也可以导致一个风险事件。例如天气情况的变化及设计失误都可能导致项目质量下降从而降低项目的价值。

（三）PPP 项目残值风险源识别

ISO/IEC Guide73 中对于风险源的定义是能产生某种结果的因素。在本文中，风险源指的是引发残值风险的原始起因。根据上述风险传导理论及 PPP 项目残值风险路径模型，残值风险会受到各种风险的影响，整个项目过程发生的风险都可能导致残值风险的发生。结合一些学者对 PPP 项目残值前兆风险因素的识别，本文认为残值风险的风险源包括了经济、政策、项目、法律、社会、市场、社会、不可抗力等方面。有些风险源在项目的各个阶段都有发生，有些仅影响某一个或多个阶段。

（1）经济方面主要有通胀变化、税收变化、利率变化及汇率变化等，政策法律法规方面主要有政府对外国投资者态度的变化、国家政策的变化、政府对项目的干预情况、法律法规的变化等。

（2）项目方面主要有土地获得困难或成本过高、项目审批延误、项目变更、合同不完善、项目采用技术不成熟或技术要求过高、施工过程出现事故、运营成本过高、出现运营事故、服务质量缺陷等。

（3）市场方面主要有原材料供应不足、劳动力供应不足、设备供应不足、材料设备劳动力价格上涨、分包商的可获得性、分包商违约情况、同业竞争的情况、定价失误等。

（4）社会方面主要有社会不稳定、公众对项目的反对等。

（5）不可抗力包括自然灾害、国家动荡、战争等。

（四）PPP 项目残值风险事件及风险结果解析

1.PPP 项目残值风险事件

ISO/IEC Guide73 中关于风险事件的定义是一系列特定情况的发生。有学者在文章中用风险事件的发生来表示风险源及其所带来影响之间的关系。一些学者在定义风险事件时认为应该考虑所有风险源对项目的生产率、性能、质量和经济的影响。有不少学者将风险事件定义为生产率、质量等的变化，主要强调的是变化。风险事件由风险源引发，并会导致风险结果。PPP 项目残值风险事件分析风险事件定义性能变化项目设施的性能水平功能变化项目设施功能能否满足正常运营的需求营利性和可再融资性变化项目能否取得稳定的收入、项目自偿性以及资产在运营阶段或移交后的可再融资性可维护性变化项目设施在给定条件下使用规定的程序和资源进行维护时，在规定使用条件下设备保持在或恢复到能执行要求功能状态的能力可运营性变化项目运营的难易程度和投入大小可持续性变化组织的可持续生存、资源的有效利用、环境和健康的协调发展。

2.PPP 项目残值风险结果

根据 ISO/IEC Guide73，风险结果指的是某一事件的产物。PMBOK 认为风险结果是风险事件的发生对项目目标的影响。在本小节中，风险结果是风险事件的产出，使得项目目标产生偏差，这个目标就是移交时点项目的价值。

（五）PPP 项目脆弱性参数

目前并没有学者对 PPP 项目的脆弱性进行系统的研究，也没有相关文献探讨 PPP 项目的脆弱性因素。经过相关的文献研究，本书中将 PPP 项目的脆弱性因素分为国家情况、项目情况和公司情况。脆弱源分析脆弱性因素脆弱源评判可能的影响方式国家情况经济方面经济是否稳定，经济发展预期，融资难易 V1，V2 政治方面政府信用、政府态度、政局是否稳定、国际关系、政府腐败情况 V1，V2 社会方面公众态度，社会稳定情况 V1，V2 法律方面法律体系是否完善，相关法律法规是否成熟，法律执行情况，对外国公司的限制 V1 市场方面材料、劳动力、设备可获得性、材料、劳动力、设备供求情况，寻求分包商难易情况 V1，V2，政府经验政府 PPP 项目经验，政府与公司合作经验 V1，V2 项目情况项目要求功能要求，环保等要求，质量要求 V2，V3 项目重要性 V1，V3 项目可替代性 V2，V3 项目时间建设工期，运营期 V1，V2 项目规模资金规模，大小 V1 设计情况设计复杂程度、设计完整性、可建性、设计失误 V1，V2 建设方面技术复杂程度 V1 合同条款失误，合同条款是否明确 V1，V2 项目所在地国家级、省级、市县级，地质等条件 V1，V2 公司情况公司经验 PPP 项目经验，与政府合作经验，项目所在地经验，类似工程项目经验，运营经验 V1，V2 财务状况 V2 人员配备专业人才的配备 V2 管理能力是否有风险应对措施，相应的管理制度是否完善 V1，V2 融资能力公司信誉，与银行等机构的关系 V2、运营能力 V2、技术能力相关技术掌握程度 V2、维护维修能力 V2、与政府关系与政府文化背景差异 V1，V26PPP 项目残值风险路径构建示例熊伟对北京地铁四号线的残值风险进行了分析，通过其残值风险评估模型对北京地铁四号线的各个残值维度进行了评估，并认为该项目在可持续性维度及可运营性维度上风险度较大。本文将在此基础上构建北京地铁四号线可运营维度的风险路径。北京地铁四号线可运营性维度风险路径影响 PPP 项目可运营性的主要有运营成本超支及维护事故。运营成本超支可能会使得运营商无法投入足够的运营资金，从而影响运营水平，没有达到项目服务大众的要求；若地铁在维护过程中出现事故会导致地铁停运，影响项目正常运营。影响项目可运营性的风险源主要有政府政策变化，如因北京市政府要求导致北京地铁四号线 B 部分建设标准的变更。经济方面主要有利率变化、汇率变化、通货膨胀等，如在地铁建设期，钢材等建设材料涨价。来自项目的风险源主要有合同失误、设计失误、施工事故等，如设计失误可能直接导致运营成本的增加，也可能影响施工，导致工期超期或质量不合格等；施工事故则可能导致项目质量下降，工期延长，建设成本超支，最后导致运营资金不足等情况出现。脆弱性 V1 会影响风险源的发生，如北京地铁四号线是北京市区西部南北交通的大动脉，因其重要性，能得到政府的大力支持，不存在土地获取及审批延误等情况发生；北京地铁四号线建设期间发生了经济危机，容易发生利率、汇率变化及通货膨胀；若私营方的经验及政府的经验丰富，则较少出现政府对项目干预情况。脆弱性 V2 则会影响上述风险源对北京地铁四号线的运营性影响大小，如定价权，北京市地铁由政府统一定价，票价 2 元，若出现材料涨价等使运营成本增加，私营方无法通过涨价来弥补；而对于利率、汇率变化及建设期材料价格等上涨情况，若运营方经验丰富，合同完备，规定该风险由政府来承担或大部分由政府来承担，则其对运营成本的影响较小；设计失误及施工事故等可能会降低地铁项目质量，引起运营成本增加或出现维护事故等，若私营方准备充分，在早期对其进行投保，也可大大降低其影响。脆弱性 V3 则会影响风险事件最终对项目目标的影响，项目类型对其有较大影响，例如北京地铁四号线的可运营性对最终项目目标的影响要大于国家体育馆的可运营性对其目标的影响。

与传统的 PPP 项目风险管理相比，本文主要针对移交时期项目可能面临的残值风险，并从 PPP 项目自身出发，强调其自身特点对残值风险的调节作用，并用脆弱性这个概念来表示。继而结合残值风险形成过程，提出了包含脆弱性、风险源、风险事件及风险结果的 PPP 项目残值风险路径模型，并在此基础上识别出该模型的脆弱性参数、风险源等。通过该风险路径模型，可以更直观地理解 PPP 项目的残值风险形成机理，为 PPP 项目残值风险管理提供决策依据。

五、ICS/MCS 安全性类型和面临的挑战

中国电力系统已经进入大机组、特（超）高压、超大规模、远距离交直流混合输电的时代，3S 电网结构逐渐形成，运行方式将日益复杂，电力系统的运行与控制也面临新的问题，ICS/MCS 的安全性更直接影响着 3S 电网的整体安全性。

（一）ICS/MCS 的安全属性

由于 3S 基础设施拓扑结构和运行的复杂性，ICS/MCS 故障将可能导致整个 3S 的不稳定性。而且，以电力系统为主的关键基础设施将是战争和恐怖主义袭击的潜在目标。ICS/MCS 的安全性是如此重大，对其安全性必须进行系统化的治理，这就需要研究分析 ICS/MCS 的安全属性。电力系统的整体目标是连续地、充足地、可靠地和安全地为用户

提供电力服务。这个目标适用于整个基础设施，并需要用更为全面的风险评估的观点去支持这个目标的实现。在实现该目标的同时，要避免出现为有关利益相关者不可接受的一些负面情况的发生，如电力公司的财务损失；安全和环境的破坏；对用户造成的经济的、物质的或与个人利益相关的危害。上述与 ICS/MCS 有关的高层次的条件，可以转化为一套安全性要求，并对这项转化行动进行全面的、适当的安全评估。一般说来，作为 3S 组成部分的 ICS/MCS 将提供的服务包括，数据的采集、存储、处理和传输。这些服务都以服务的基本属性为特征，例如，功能性、性能、成本、安全性、可用性、可管理性和适应性等。这些属性在错综复杂的方式下彼此互相影响，例如，性能的增强，可能减少系统的安全性，而且提出更苛刻的运行条件。另外，在功能的扩展上，可能意味着更多的数据提供给运营商，影响了 ICS/MCS 其他服务的可用性，而且，它们的这些改变通常对设计者、开发商和 ICS/MCS 的运营者不总是透明的。ICS/MCS 的安全性可以表示为对系统状态承受的一套约束条件。ICS/MCS 的总状态取决于它的计算、通信、存储和互连等能力。ICS/MCS 的安全性要求可以在控制系统和公司的信息系统之间进行分配。ICS/MCS 系统（如 SCADA、EMS 等等）安全性的标准要求体现在 ICS/MCS 系统的 4 个主要安全属性上。

1. 完整性

完整性就是数据信息不被偶然或蓄意地删除、修改、伪造、乱序、重放、插入等破坏的特性，只有得到允许的人才能修改实体或进程，并且能够判别出实体或进程是否已被篡改，即信息的内容不能为未授权的第三方修改。信息在存储或传输时不被修改、破坏，不出现信息包的丢失、乱序等，是指数据信息从传感器或运行接口装置发出，经通信传输至最终用户或者存储的整个过程中，数据应该保持他们的准确性和在他们的整个生命周期中的有效性。完整性是最基本的要求，因为没有信息的完整性，就会将影响数据的正确性和有效性，可能造成重大商业风险。预防对电力公司管辖区域外部通信和数据的恶意攻击，以免信息的完整性被破坏，是电力公司今天最应该给予关注的焦点。

2. 保密性

保密性是指确保信息不暴露给未授权的实体或进程，即信息的内容不会被未授权的第三方所知。敏感的商务数据的保密性显然是重要的，因为失去保密性，将使入侵者可以窃取到关键物理资产和逻辑资产的相关信息，并利用这些信息制造更多的危害。这个问题迄今尚未引起相关产业部门的关注。人们可能还未注意到，资产运作的过程数据以一种特殊的商业价值超出了它们的使用价值，因此缺少特别的保护。但正是这些数据可以将公司敏感的业务信息透露给竞争者，或者引入恶意的入侵者（例如有意图的诈骗）。

3. 可用性

可用性是指得到授权的实体在需要时可以访问资源或得到服务。可用性要求无论何时，只要用户需要，信息系统必须是可用的，也就是说信息系统不能拒绝服务。网络最基本的功能是向用户提供所需的信息和通信服务，而用户的通信要求是随机的，多方面的（话音、数据、文字和图像等），有时还要求时效性。网络必须随时满足用户通信的要求，攻击者通常采用占用资源的手段阻碍授权者的工作。可以使用访问控制机制，阻止非授权用户进入网络，从而保证网络系统的可用性。增强可用性还包括如何有效地避免因各种灾害（战争、地震等）造成的系统失效。ICS/MCS 的可用性对保障电力系统的连续运行极为重要。ICS/MCS 一旦不可用，必将置系统于极大的风险状况之下。可用性对于区分存储数据丢失、数据处理故障和通信链路故障是非常有用的，数据、关键的运算和通信资源的可用性从各方面来说都是十分需要的，如果削弱了可用性，将妨碍对数据和资源的正常访问，从而可能导致 ICS/MCS 系统的安全风险。

4. 及时性

及时性是指信息系统在用户需要时或之前及时生成的能力。控制系统通常都有实时性限制，而对其他类型的数据在一定的界限内可以允许适当的延迟。在某些情况下，例如在紧急情况下，及时性是一个至关重要的要求。就公司信息系统而言，及时性与金融、账单、人力资源、资产管理、不同的计划应用等等有关，它们对安全要求有一些不同特点：对电力系统的在线运行和控制，实时是一个十分关键的问题；对其他一些应用，实时虽不是一个关键的问题，但为保证更多的人享有对数据的访问，和存在更多的连接（包括外部人员），需要提高个人和所有外部授权人员访问信息和通信资源的时效。另外，还应该考虑到随着整个电力产业信息系统数据交换总量的增加，也可能引起一些非法入侵者进入公司内部系统，这不仅影响公司自身的安全，而且也可能导致其他公司处于风险之中。因此，ICS/MCS 的系统安全必须作为电力公司的最高安全目标得到关注，并对其进行全面的安全评估。

（二）ICS/MCS 安全性的类型

ICS/MCS 安全工作的目的就是为了在安全法律、法规、政策的支持与指导下，通过采用合适的安全技术与安全管理措施，维护 ICS/MCS 系统安全。ICS/MCS 系统的安全，就是要保障 ICS/MCS 系统中计算机及其相关配套设备、设施（含网络）的安全、运行环境的安全、信息的安全保障、计算机功能的正常发挥等，以维护 ICS/MCS 系统的安全运行。ICS/MCS 系统安全涉及物理安全（实体安全）、运行安全和信息安全 3 个方面。

1. 物理安全

ICS/MCS 系统的物理安全，就是保护 ICS/MCS 系统的计算机设备、设施（含网络）以及其他媒体免遭地震、水灾、火灾、有害气体和其他环境事故（如电磁污染等）破坏的措施和过程，特别是避免由于电磁泄漏产生信息泄露，从而干扰他人或受他人干扰。物理安全包括环境安全、设备安全和媒体安全 3 个方面。对 ICS/MCS 系统的攻击，除了远程访问；另一种攻击的路径是通过物理入侵，干扰或破坏 ICS/MCS 系统。ICS/MCS 系统的破坏将使电力公司不能检测到外部攻击者是否已侵入。

2. 运行安全

为保障 ICS/MCS 系统功能的安全实现，需提供一套安全措施来保护信息处理过程的安全。它侧重于保证系统正常运行，避免因为系统的崩溃和损坏而对系统存贮、处理和传输的信息造成破坏和损失。ICS/MCS 系统的运行安全措施包括风险分析、审计跟踪、备份与恢复、应急 4 个方面。风险分析是指为了使 ICS/MCS 的通信及计算机信息系统能安全地运行，首先了解影响通信及计算机信息系统安全运行的诸多因素和存在的风险，从而进行风险分析，找出克服这些风险的方法。审计跟踪是利用 ICS/MCS 的计算机信息系统所提供的审计跟踪工具，对计算机信息系统的工作过程进行详尽的跟踪记录，同时保存好审计记录和审计日志，并从中发现和及时解决问题，保证计算机信息系统安全可靠地运行。这就要求系统管理员要认真负责、切实保存、维护和管理审计日志。应急措施和备份恢复应同时考虑。首先要根据所用信息系统的功能特性和灾难特点制定包括应急反应、备份操作、恢复措施 3 个方面内容的应急计划，一旦发生灾害事件，就可按计划方案最大限度地恢复 ICS/MCS 计算机系统的正常运行。

3. 信息安全

ICS/MCS 系统的信息安全，就是防止信息财产被故意的或偶然的非授权泄露、更改、破坏或使信息被非法的系统辨识、控制，即确保信息的完整性、保密性、可用性和可控性，避免攻击者利用系统的安全漏洞进行窃听、冒充、诈骗等有损于合法用户的行为，本质上是保护用户的利益和隐私。信息安全包括操作系统安全、数据库安全、网络安全、病毒防护、访问控制、加密与鉴别 7 个方面。设计一个安全的 ICS/MCS 系统，必须做到既能有效地防止对网络系统的各种各样的攻击，保证系统的安全，同时又要有较高的成本效益、操作的简易性、以及对用户的透明性和界面的友好性。

（三）ICS/MCS 安全运行面临的挑战

大停电事故带来的主要教训是：无论是电力系统的管理；或者其运行操作程序；或者系统自动化，都没有为充分地应对电力市场开放后的形势和大电力系统复杂性的增加而进行适时的改进。时有发生的大停电事故教训人们：3S 迫切需要适应大电网复杂网络特征、鲁棒性更强、功能更完善、可靠性更高的 ICS/MCS 系统，以更及时准确地掌握电网全面的运行信息，增强电网安全防御计划的有效性，特别是更完整地评估潜在的偶发性事件的风险，以及提高系统的生存性等等。然而要建立一个适应大电网复杂网络特征、鲁棒性更强、功能更完善、可靠性更高的 ICS/MCS 系统，是一个十分复杂和困难的工作。欧盟将开发适应于大电网复杂性、脆弱性和计及 ICS 故障影响的新型结构的 MCS，作为保证未来欧洲电网安全运行的三大支柱之一，并计划在未来 10-15 年内解决这一问题。

1. 对 MCS 体系结构进行升级改造面临的严峻挑战

1）当前 MCS 面临的严峻挑战主要在于：①电力市场自由化的影响将引入更多的威胁

和脆弱性；②广域复杂的 3S 系统随着区域的广泛分布，意味着威胁和脆弱性的扩散；③将传统的、现成的控制系统向新型控制结构转移的复杂性（如各种不同体系的接口、通信协议的协调）；④先进的控制和通信技术的适应性和影响尚需进一步的调查与分析；⑤如何处理分布式发电和可再生能源；⑥应对 Caber 网络风险对 SCADA 系统的威胁；⑦确保作为 SCADA 基础的电信基础设施的恢复能力。在控制和通信技术适应性和影响方面还需调查与分析以下几个方面：①现在越来越多的控制方案设计中都广泛地使用数字保护、广域测量和开放的通信协议；②在控制中心，ICS 升级的保护和控制功能与控制中心现在应用的无安全保证的通信访问也可能引入的脆弱性；③为了扩大电力系统的管理，内部运营者以市场为导向的防御计划，需要整合属于不同来源的 ICS 基础设施，这也增加了系统的脆弱性和潜在的威胁；④了解 ICS 故障对电力系统功能影响的连锁效应和研究缓解故障机制的措施是至关重要的，研究者必须决定处于风险之中的控制中心可以做些什么来减少这种风险。

2）在技术上，MCS 体系结构升级的主要困难在于：①电力系统是一个具有强非线性的、变参数的、多种随机和不确定性因素的、多种运行方式和故障方式并存的动态大系统；②具有多目标寻优和在多种运行方式及故障方式下的鲁棒性要求；③不仅需要本地不同控制器间协调，也需要异地不同控制器间协调控制。智能控制是当今控制理论发展的新阶段，其研究的目标是解决那些用传统方法难以解决的复杂系统的控制问题，特别适合于那些具有模型不确定性和强非线性、要求高度适应性和鲁棒性的复杂系统。

2. 电力系统 MCS 的脆弱性增加了系统的安全风险

电力市场开放后，3S 涉及多个运营者，他们之间必须通过互相交换信息、协调调度运行指挥，才能保证电网的安全运行。电力系统从本质上依赖于而且越来越依赖于支持它的 ICS 的基础设施，因为大部分的关键系统功能都是通过 ICS 实现远程控制。同时，为防止意外故障和恶意攻击，系统安全运行所需的 MCS 系统的复杂性将日趋增加，但在 MCS 系统复杂性增加的同时，也增加了系统的脆弱性。关键的基础设施，尤其是电力系统，从来都是战争中的特别攻击对象，也同样是恐怖攻击的特别对象。除非采取适当的措施，这些风险会由于采取开放的和公共的信息和通信基础设施而不断增加。因此，在增强 MCS 系统功能和可靠性的同时也需要解决 MCS 新的脆弱性问题。

3. 现场运行实践来保证

3S 电网安全运行 MCS 的一些关键在线控制系统需要经过严格的评审，更需经过停电事故和现场运行实践的检验才能适合市场环境下电网安全防御计划的需要。电力系统的安全防御计划是指为防止电力系统进入事故紧急状态或之后从紧急状态变成正常状态的所有手动和自动控制措施。电力系统在发生一个复杂事件时，通常会产生数量相当大的告警信号。当被控对象响应时间超过 10 分钟时，执行手动控制就会有效。当需要快速响应时，必须应用自动化控制设备。在电力市场开放的环境下，无论是临界断面控制或是自动减负荷控制，需要通过电网事故的实际检验，来证实目前电网采用的一些自动控制装置，尤其自动减负荷装置是不可靠的。

（1）MCS 的控制方式存在 3 个明显的缺陷

1）不同系统 MCS 之间的减负荷计划缺乏协调

虽然临界断面控制可使部分电网启动负荷减载计划，但是，在一个高度相互连接的电网里，这样一个方案的主要缺点是，在一个区域内的减负荷可能带来其他地区失去平衡。因为这个原因，自动减负荷的临界值应该建立在灵敏度分析的基础上，以科学地掌握系统减负荷的变化对系统频率变化的敏感程度。3S 电网临界断面通常被定义为，在连接区域电网之间的该断面上的一组超高压线路切断后将导致电网解列为仍能正常运行的两部分。临界断面控制是为了防止线路保护动作导致系统解列之后不会损失负荷。为了避免电网的解列部分频率下降，临界断面控制的最低要求是即时地启动自动减负荷装置，以恢复电网频率到规定范围。

2）自动减负荷系统

一般只运行在中压配电网中，电力市场开放后，它们将隶属于几个不同的电力公司所管理，导致负荷减载控制方案不能按照电力交易和系统运行实际情况进行相应的更新，从而在系统发生事故时切负载数量不足而扩大事故。意大利 2003 年 9 月大停电事故，就是因为只能自动切除 32% 的负荷，达不到应该切除 50% 负荷的要求，便是事故扩大的一个主要原因。

3）ICS 通信吞吐量限制

目前，SCADA 系统是基于电力系统的数据采集和通信之上的。而典型的控制体系结构是基于无法匹配硬实时（Hard-hearted）约束的通信系统之上的。硬实时是指系统从命令起始到执行动作之间的中断延迟响应特性。系统对某个实时任务的处理未能在某个截止时间开始或者结束的话，最终结果将是灾难性的。因为这个原因，现在通信系统的发展趋势正向使用多址通信协议 IEC 870-5-104（IP 版本的 IEC870-5-101）的高速专用通信系统发展。保证 3S 大电力系统事故后电网频率调整的一种有效的方法是，基于不同系统间的协调，采用集中或分散式的减负荷。然而，这种方案对通信的要求是非常苛刻的，通信系统要有足够的吞吐量（throughput，系统在给定时间内所能完成的有效工作量），至少具有最高效的 10-20 ms 的实时限制：①在 10 ms（传输率超过 10 Bit/s）内完成极大（10-20 bit）数据模式的交换和加工；②通信距离在 300-400 km 范围内，通信延迟大约为 5ms，超过这个距离，该方法将变得不可行。

（2）在线安全稳定控制系统

尚需经过现场运行实践考验目前，在华东电网投入运行了具有临界断面控制和在线安全稳定预警决策功能的《电网广域监测分析保护控制系统（WAMAP）》。研发者称该系统为华东电网安全稳定动态监视、预警和在线决策提供了技术手段，为运行方式的研究、电力交易的稳定校核和离线事故分析提供了技术支持，这无疑是一大技术进步。但是，将其应用到实时电网动态控制，在技术和理论的成熟性上尚需经过现场运行实践考验。对于现代具有复杂网络特性的大电力系统，要可靠地实现电网实时动态监控，至少要较好地解决下列几方面的困难和问题。

1）硬实时约束通信系统的支撑。包括毫秒级时延要求、毫秒以下同步时间偏差要求、毫赫兹以下频率同步偏差要求以及宽带高速要求等。

2）对应电网电气类资产一代运行使用寿命周期，需要先后建设2-4代的信息通信系统，在此基础上 MCS 必须更新并与新一代的 ICS 配合协调。

3）相对于电力系统方面的技术，信息通信技术（Information and Communication Technology，ICT）的变化要快得多，应该采用什么样的策略应对这些变化。

4）如何适应复杂电网具有的复杂动力学行为，特别是监测和识别控制后果是否会将电网运行引导到临界点，以防增加连锁性大停电事故的风险。

5）对电网安全威胁来源的多样化和对入侵者手段的预测是实现在线控制的最大障碍，几乎是目前技术水平解决不了的，更不可能采用一种统一的技术和策略来应对。

6）复杂电网的监控系统是基于信息传输高度可靠性（完整性、机密性、可用性和及时性）基础之上的，因此，需要一套成熟可靠的、高速及时的认证和加密算法。

7）系统的控制须充分考虑 EPS、ICS、MCS 3 个子系统的相关影响，这样才能保证电网实时监控模型和算法的可靠性和可信性。

4. 评估电力系统可靠性的方法有待改进

1）现行的以确定性方法为基础的可靠性安全评估方法本身就具有很大的局限性

电力系统很多事故的扩大都起因于一个固定的模式：电力系统初始故障伴随监控设备的故障或自动保护装置的误动，而且这些监控设备的故障或自动保护装置的误动不仅包括设备硬件本身，也包括控制系统的软件。对于电力系统的安全评估，电力行业一般惯例总是采用一种确定性的方法：电力系统的设计和运行能够防止一系列被称作是"常规"的突发事件，这些突发事件，是基于它们的发生具有极大的可能性。现行的电网安全评估通常采用 N-1 标准，即认为由 N 个元部件组成的电网，在运行中发生某一突发事件而失去一个元件（即 N-1）时，系统仍能保持安全运行。诸如电网潮流分析技术常被用来评估 N-1 后的电网运行状况。可靠性是网络安全最基本的要求之一，网络不可靠，事故不断，也就谈不上网络的安全。目前，对于网络可靠性的研究基本上偏重于硬件可靠性方面。研制高可靠性元器件和设备，采取合理的冗余备份措施，仍是最基本的可靠性对策。但是，随着电力系统复杂性的日益增加，突发事故已不是那么"常规"了，有许多故障和事故，与软件可靠性、人员可靠性和环境可靠性有关，使突发事件的不确定性愈益增加而更趋复杂，例如电力系统复杂性引发的自组织临界性导致的连锁性大停电事故的发生、恐怖威胁、恶意入侵等都具有极大的不确定性。因此，现行的以确定性方法为基础的可靠性安全评估方法本身就具有很大的局限性。

2）迫切需要研究涉及 EPS 和 ICS/MCS 相互依赖性的安全风险评估方法

除以确定性方法为基础的可靠性安全评估方法本身具有很大的局限性以外，实际上更重要的是，电力系统的许多重大事故常由于电力系统初始故障伴随 ICS/MCS 监控设备故障或自动保护装置误动（含硬件和软件 2 部分）所引起。但至今，评估电力系统 EPS 和 ICS/MCS 系统同时或相继发生故障的安全风险评估还没有一个整体的方法，用于评估控制系统故障连同系统物理故障带来的影响。现有单个设备的保护装置可以响应系统参量的变化而驱动设备的跳闸，继而削弱系统功能，并可能导致系统的不稳定，因而自动保护装置成为电力系统中一个关键的脆弱性因素。然而，电力系统安全风险评估采用的 N-1 标准，只考虑主要电力部件产生的故障，而忽视了控制系统的故障。

3）当今的风险评估方法和系统控制已经满足不了需求，除了日益复杂的电力系统之外，还有 2 个主要原因：

①基于这些方法的系统分析程序无法鉴定来自于关键物理部件突发故障对系统的安全威胁。②在线控制无法避免系统崩溃

一方面，由于对电网安全威胁来源的多样化，不可能采用一种统一的技术和策略来应对这些威胁，因此，网络的安全技术必须要具有跟踪和适应这种多样化的机制；另一方面，随着网络在各个层面上的延伸，入侵网络的手段也越来越多，对入侵者手段的预测愈益困难，在线控制更无法识别，就很难做出准确的判断。因此，网络安全技术是一个十分复杂的系统工程。按照上述要求，在 3S 电网建立这样一个全面的、综合的安全防御体系，是十分复杂和困难的，欧盟计划用 5-10 年时间实现这个目标。在中国，必须要有国家政策的强力支持及组织强势科技开发集团分工合作、联合开发才能取得成效。这样一个全面的、综合的安全防御体系的建成是中国特高压电网安全运行的真正保障。

5. 考虑 EPS 和 ICS/MCS 相互依赖性的安全风险评估方法的相关问题和面临的挑战

当然，考虑 EPS 和 ICS/MCS 相互依赖性的安全风险评估是十分复杂和困难的，但是，如果此问题得不到有效的解决，就无法获得正确的措施确保 3S 电网的安全和完成电力工业的基本服务。

1）为了保证所需安全功能的实施，随着电力基础设施的变革 3S 的体系结构、分布式发电和智能电网的实施等，对 MCS 的要求将是采用更加灵活、更加稳健的分布式控制和研发更具创新功能的 SCADA 系统。电力系统的运行控制应该朝着更高的速度、更智能的就地控制和保护的方向发展。然而，这个朝着更加智能控制方向的发展需要平稳和循序渐进，必须把现存的控制系统和现在已部署系统的传统性考虑进去。

2）大停电事故已经加快了对 MCS 整个系统全面改造的步伐，从而反过来也会带来新的脆弱性。在电力市场全面开放后，电力系统成为多元化管辖的基础设施，因此，真正的

挑战是如何设计和实施对 MCS 整个系统进行实质性的全面改造，这种改造会涉及大部分发电、输电和配（用）电的实体，以及相关的通信公司、软件公司，这些实体以这样那样的方式参与了电力系统的操作和运行。协调这些实体的行动、协调改造方案的一致性（可行性、技术性、经济性）、协调改造资金的投入比例以及落实人员的培训等，都有利于降低新控制系统的脆弱性。

3）近年来，新的控制技术也在不断出现，适应性的保护系统、动态安全评估和广域测量系统（WAMS，Wide Area Measurement System）等都是很有应用前景的新技术，但是他们还未完全成熟。所有这些技术都是从不同地点、在具有一段延迟时间内搜集数据，检测出影响系统的大部分即将发生的故障，因此，他们应用的手段都是基于快速处理和信息通信技术。虽然这种技术大部分在 20 世纪 80 年代已被采用，但是，它们也还在继续完善中：①关于特殊的技术性能问题还要继续研究解决，比如，PMU（Phosphor Measurement U-nit，相量测量装置）的定位标准、各个 PMU 之间同步过程的可靠性，以及算法的性能效果；②在变电站层次上，就地智能控制的创新技术潜能，比如自适性继电保护需要继续开发和完善，必须探讨他们和多层次 / 多领域分层控制结构的适当综合。

4）通过深入的调查和研究分析，在 2005 年 2 月 3~4 日于布鲁塞尔举行的题为《电力系统信息通信技术的未来：新显现的安全挑战（The future of ICT for power systems：emerging security challenges）》国际专题讨论会上，专家们认为现今电力系统的 ICS/MCS 系统面临的主要挑战表现在以下几个方面。①未来控制系统的自动化水平究竟要达到什么程度。电力系统停电事故扩大的一个关键因素是，如今的控制系统开发太过于依赖人类，而且人类本身是容易犯错并且无法应对系统变化的实时约束。在另一方面，人类又不能放任不管，因为他们极其擅长于处理不可预料的情况，比如来自于恶意攻击的意外事故。因此，在 3S 电网的监控方面，人类应该发挥更具战略性的作用，以增强监控能力，并使这种监控无论何处均有可能，並在地区层次上实现快速自动响应。②必须关注 3S 电网的薄弱区域，尤其是跨国界或跨越不同运行管辖地区的那些区域；在控制功能的分解和配置方面需要做很多细致的工作，尤其是要落实临界断面控制机制的实施。③传统控制系统的更新更加复杂。新技术伴随着创新的方法必须去更新现存的传统控制系统，以解决控制系统中关于通信、应变和新技术融合的问题。由于传统的系统充满不明原因的缺陷，他们过去频繁的发展缺少完整、科学的方法论，而且他们的发展和支持工具也已经过时，所以这种传统控制系统的更新更加复杂。④由于 ICS 高度的集约性，这种新技术的复杂性可能会带来新的脆弱性。下一代 ICS 系统的服务基础设施将要求高性能、高度的安全可靠和高质量，以支持 ICS/MCS 的灵活性、系统的重构性和数据的恢复。在这种情况下，网络（Caber）脆弱性成为一个主要挑战。⑤3S 的脆弱性、威胁和风险评估需要综合性的方法。现今 3S 中很多 ICS/MCS 系统的安装运行缺乏对安全后果的深入考虑和检验。在鉴定和分析脆弱性和威胁方面，哪种方法是合适的（可行的、可负担得起的、有效率的）现在还不明确，因此，在 ICS/MCS 中的技术、业务和管理的分工（控制和通信之间，商业和控制之间等等）

逐渐淡化的情况下，对于 3S 电网和网络风险评估目前尚未找到明确的方法。

6.EPS/ICS/MCS 相互依赖性的安全风险评估方法

当前的研究认为，智能自适应多代理系统（MAS，Mufti-Agent System）和分布式自治代理系统（DAA，Distributed Autonomous Agent）可能是即及 EPS 和 ICS/MCS 相互依赖性的安全风险评估的有效方法。关于 MAS 和 DAA 的基本原理和基本概念以及在电力系统安全风险评估方面的应用可参阅相关文献。ICS/MCS 的安全属性决定了大电网的安全性，而当今的电力系统、信息通信系统和电网监控系统的安全性正面临着前所未有的挑战，其应对措施亟待进一步研究。

第二节　电网系统安全与评估

一、电网系统安全风险评估与管理

（一）电网安全运行的风险特点

1. 风险发生具有连锁反应

在电网安全运行的过程中，会伴随存在诸多的风险因素，他们所表现出来的性质特点也大有不同。但是这些风险因素一旦转换成安全事故发生，将会产生连锁反应，诱发其他的风险因素转换成安全事故，它们之间相互影响，对电网的安全运行造成巨大的威胁。如在用电高峰时段，局部的供电网络上会出现不同种类的用电高峰，这样就会大大增大了电网安全事故发生的可能性。此外，电网运行过程中的多种风险并存并相互影响，将会大大增加风险的破坏程度和范围。

2. 导致风险存在的原因种类多

造成电网发生安全事故的原因一般会很多，一般主要以自然灾害、人为原因、经济因素、设施故障等等为主，如狂风暴雨会导致对供电网络造成一定的破坏，人为偷盗电缆会造成供电网络和控制系统运行出现故障。比如传统喜庆节日时期，人们对于电力需求会大大增大，这样一来会导致电网出现满负荷运行。

3. 电网安全运行的风险后果危害大

随着科技的发展，电网运行和控制也逐渐实现了自动化，不同区域间的电网联系更加紧密，但正是由于这样的情况，电网运行造成的安全事故影响程度也随之增大，影响的范围也比较广，给人民的生命财产安全造成威胁，严重甚至会影响社会安定。

（二）电网安全运行的风险辨识与评估

1. 电网安全运行的风险辨识

电网安全运行的过程中，由于诸多的因素会伴随着许许多多的风险因素，做好风险评估首先需要对隐含的风险因素进行辨识。风险存在于在不同方面和角度，鉴于此，小节中进行总结分类，首先是从电网的外部与内部层面，电网外部的安全风险主要表现在由来已久的电力体制改革，自然灾害、人为破坏等方面，而电网内部的安全风险则通过输电网和调度系统的安全性表现出来。其次是电力与电网，这个方面主要关系到电力市场的供需矛盾，当然也可以通过对电网网架运行方式进行分析。第三是未来电网运行存在的风险，这个方面主要可以对以往电网运行的方式进行分析，预测未来电网运行存在的问题和潜在的风险。最后就是关于电网设备出现故障而带来的风险，这个也可以运用到电网事故的统计分析来识别出电网运行存在的风险因素。

2. 电网安全运行的风险评估

对电网安全运行的风险辨识工作充分了解后，紧接着就是对电网安全运行进行风险评估，根据电网在不同的运行方式下，对其的评估方法和重点也会在很大的不同，主要表现在以下几种：正常运行环境下的风险评估、电网正常检修风险申请、电网新设备启运风险评估以及电网设备临时检修风险评估。

（三）电网安全运行管理的几点建议

1. 提高电网安全运行风险管理的意识

电网运行中的风险一旦转换成事故发生，将会带来十分严重的后果。因此，电力相关部门要对电网的调度工作给予高度的重视，加强对调度人员的管理，充分做好电力调度操作工作。在这个方面，首先需要在调度人员的头脑中树立"安全第一"的意识，与此同时加强调度人员的职业道德教育也是非常重要，尤其值得一提的是调度人员的责任感，关乎到了人民群众的生命财产安全。

2. 计划实施风险控制措施

不同的电力企业，他们可以承受的风险也存在一定的区别，根据企业承受风险程度的实际情况，对识别出来并评估后的风险设计出配套的风险控制措施，这里需要注意的是，风险控制措施一定要注意效果和经济性，结合企业资源的现状，分析风险控制措施的可行性，择优选择方案执行。另外，要想对安全风险进行管理，提高风险控制力度，首先就需要企业自身的风险防范能力进行评估，只有在此基础上进行设计、制定风险防范措施，才能真正地提高企业电网运行防范风险的能力。具体的操作可分为以下两个阶段，首先是电网的调度机构应该提前对电网的长期发展进行科学的规划，对于风险评估出的最终结果，向相关的电力建设部门提出一些可行性的建设意见，如网架加强、改善电能质量等等，最大限度规避电网运行过程存在的风险。其次是根据风险评估的最终结果制定反事故措施，并为了验证其可行性，可以进行反事故演习，增强对电网运行事故的处理能力和手段，已达到减轻事故损失的目的。

3. 重视调度人员的业务素质培养，提高工作能力

随着科学技术的不断发展，电力行业中需要的技术和设备也实现了更新，电网运行的科技化水平也越来越高，与此同时这也对调度人员的各项素质提出了更高的要求。因此，企业需要对工作人员的业务素质更加地重视，员工招聘不能按照旧的标准，结合当前的工作实际和需求择优选择人才，要求老员工不断地学习新技术，定期进行工作技能培训，提高工作能力和效率。

4. 实现电网运行风险在线预控

在电网运行的过程中，随时会发生风险事故，鉴于这点，笔者认为可以结合电网安全生产特点，对电网运行风险进行实时预控。首先，需要根据安全生产目标实行过程控制和动态管理的原则，有针对性地对安全事故的发展趋势进行监控，制定和完善电网安全运行管理预警体系，及时了解到电网安全生产、运行的全过程，并采取相关的控制措施。其次是针对事故的处理和恢复，根据电力系统运行的规律来看，一般在逢年过节以及夏季用电高峰期，制定完善保供电方案和预案，出现了安全事故能够有充分的准备如何进行控制。

本小节对于电网运行风险评估和管理研究尚存在许多的不足之处，旨在抛砖引玉，希望能够唤起人们的重视，使电网安全运行管理工作能够不断得到完善。

二、电力系统生存性评估

电网生存性评估是指对电网安全稳定运行能力的评估。电网的安全高效运行是维持社会经济发展和安全稳定的保障。但近些年来，多发的大停电事故、极端自然灾害和蓄意攻击等严重威胁到电网的安全运行，复杂场景下电网的安全运行受到了极大威胁。生存性评估用于评价系统在遭受各种扰动下完成其关键任务的能力，在很多方面取得了显著的成果。电网对生存性评估的引入，给电网的安全评估带来了新思路，但这方面的研究仍然很少。

（一）简介

电网的安全高效运行是维持社会经济发展和安全稳定的保障。但近些年来，多发的大停电事故、极端自然灾害和蓄意攻击等严重威胁到电网的安全运行，复杂场景下电网的安全运行受到了极大威胁。生存性评估用于评价系统在遭受各种扰动下完成其关键任务的能力，在很多方面取得了显著的成果。电网对生存性评估的引入，给电网的安全评估带来了新思路，但这方面的研究仍然很少。从电网生存性评估研究背景着手，分析了三个严重威胁电网安全运行的场景以及它们揭示的电网当前面临的问题。综述了生存性研究的发展历

程和电网生存性研究的最新进展，指出了电网生存性研究应该能够综合评估电网所面临的内外干扰因素，并能从的微观和宏观角度给出电网安全的评价指标。

生存性研究源于军事领域。随着日趋严重的网络以及信息系统安全问题的出现，Barnes 等人于 1993 年正式提出了信息领域内的生存性概念，即系统的生存性指在遭受攻击、故障或意外事故时，系统能够及时完成其关键任务的能力收入。生存性评估的研究对象最初主要是针对信息传输网络，然后被引入到对电网的信息系统进行分析，但仍不是电网本身。随着人们对电网安全的不断关注以及生存性技术研究的不断发展，针对电网生存性的研究也开始出现，并取得了一些成果。

从影响现在电网安全运行的复杂场景分析着手，分析了大停电、自然灾害以及针对电网的蓄意攻击等三个严重危害电网安全运行因素发生的背景及其它们揭示的电网面临的问题。综述了国内外关于电网生存性研究的思路、成果和它们的不足之处。分析了电网生存性评估研究与现有电网安全评估的区别、生存性评估的定位和今后的研究思路。

（二）研究背景

根据对 1965 年以来国际上的 140 次大停电事件的原因进行分析，其中设备故障与自然灾害是最主要的诱因，二者占比达 79.5%；而系统保护等技术措施不当或处置不力直接造成了停电事故的扩大；电网结构规划不统一，电压等级混乱，长距离、弱电磁环网较多也造成一些国家电网事故频发，另外潮流转移也容易产生严重隐患，如连锁反应等；此外深层次原因有：电网管理体制分散、调度运行机制不顺畅。除上述情况外，自然灾害、人为破坏和战争等也是大停电的诱因之一，极端气候条件和人为的蓄意攻击也会对电网造成严重的破坏。这些能够对电网安全运行造成重大灾害的场景不仅揭示了电网所面临的问题和困境，也指出了对电网生存性评估研究的切入点。

1. 大停电的发生揭示了电网本身存在固有的安全隐患

近年来，世界范围内的电网发生了许多大停电事故。2003 年的美加大停电，2011 年巴西东北部大停电，2012 年印度相继发生号称是世界上最大的停电事故。2006 年我国华中电网发生了电网稳定破坏事故，损失负荷 2.60 GW，2009 年上海电网发生一起三相短路事故，切除负荷约 1.435 GW。

尽管每次大停电事故的起因和发展过程各不相同，但大停电的发生仍然有其必然性，即大停电事故的内因是电网网架结构及元件设备长期潜藏的安全隐患。因此，大停电的发生揭示了电网本身存在固有的安全隐患，如何采取科学的方法发现这些隐患是必须面对的重要课题。

2. 极端自然灾害暴露了电网应对恶劣外部环境时的脆弱性

极端自然灾害对输电系统的安全稳定运行构成了严重威胁，影响了输电系统的安全可靠运行，也给社会造成了巨大的经济损失收入。1998 年 1 月北美遭受冰风暴袭击，造成了350万用户全部失电收入。2011年2月新西兰基度山地震造成该市80%的居民失电五天。2005年2月，湖南的冰风暴突袭严重影响了该省电网的安全可靠运行。2005年9月海南受台风的影响造成电厂解列，导致了海南省省内大范围的停电。2008年我国南方大范围的低温雨雪冰冻灾害对社会经济的实际影响已远超过人们的经验估计，电网在此次极端灾害天气条件下显得极为脆弱。

从冰灾可以推想其他自然灾害，如雷击、污闪、洪水、泥石流、台风和地震等极端自然灾害向电网安全评估和防御提出了新的挑战。

3. 电网在蓄意攻击场景下的应对能力值得深思

关于自然灾害威胁电网安全的反思应该引申到针对电网蓄意的暴力攻击，如大规模恐怖活动和战争等。这些以前没有引起人们重视的因素，现在正被更多的人意识到其发生的可能性以及危害的严重性。

事实上，国外已有针对电网的攻击事故。2013年10月，美国阿肯萨斯州一名男子破坏了3条电网，严重妨碍了居民正常生活和当地经济发展。美国国土安全部的报告显示，2012年美国共有198起针对电网设施和其他关键基础设施的袭击。针对电网的人为、有组织的攻击将使得破坏范围更广、持续时间更长，由此造成的后果会引起社会大规模的恐慌，并造成了巨大的损失。美国国家科学院的一份报告警告称，电力传输装置和变电站均存在被破坏的可能收入。报告提到，电网是最容易受到攻击的公共设施，现代电网非常的脆弱。因为电网通常绵延数千公里使其很容易变为袭击的目标。另一方面由于现在电网采用实时监控和数据管理系统越来越开放，并从独立系统演变为与互联网连接的系统，这样使其会因为内在错误或来自互联网的恶意袭击而导致整个电网瘫痪。

尽管针对我国电网的蓄意攻击并造成严重破坏的事故还不多见，但围绕蓄意攻击对电网安全性的影响这一课题开展研究则是非常必要的。

通过对能够对电网安全运行造成重大危害的因素分析，可以把其概括为内因和外因。内因即电网本身存在网架结构设计或者运行方式不合理等方面的缺陷，此类缺陷表现在电网在正常运行状态下存在安全裕度偏低、电能阻塞和传输不畅。外因即电网运行过程中的来自外界的各类扰动因素，如恶劣的气象条件、严重的自然灾害和人为的蓄意攻击等，典型表现为电网局部的连锁停电甚至电网安全稳定遭受破坏。因此生存性的评估要能够综合考虑电网在这两方面的影响。

（三）电网生存性评估的国内外研究现状

1. 电网生存性评估的国内研究现状

国内关于电网生存性评估的研究方面，基于电网生存性评估的关键线路识别方法，该方法定义了骨干网架的概念，以描述维持系统生存性所必需的关键元件和网络结构，进而给出了骨干网架搜索的数学模型及相应求解方法。从电网网架的可抵抗性、可恢复性、安全性和连通性四方面出发，建立了差异化规划生存性评估指标体系以及二级指标的线性判别分析评估模型和一级指标的主成分分析评估模型，实现骨干网架综合生存性评估。提出了提升配电网生存性的切负荷策略。针对舰船电网拓扑结构及电网元件布置的优化设计问题，提出以电网生命力性能为主要优化目标的舰船电网双层规划模型。

上述研究针对电网的生存性分析的不同方面做出了深入的探索并形成了一系列研究成果，为生存性评估体系的建立提供了重要的研究基础。从整体来看，国内关于电网生存性的研究数量偏少，仍有许多空白需要填补。

2. 电网生存性评估的国外研究现状

国外关于电网生存性评估的研究也给出很多新的思路。提出了一个基于电压偏移、电压稳定指标、负荷供电可靠性指标加权和的配电网生存性指标，并基于该指标指导配电网重构策略。定义电网生存性为电网遭受多元件同时故障或者敌意攻击后保持供电的能力，并从提升生存性的角度提出了电网拓扑结构设计方法，还定义拓扑结构生存性的计算方法为计算系统遭受元件停运后仍然能维持运行的能力。考虑电网电气距离和电能传输路径冗余度的生存性指标，其中电气距离基于阻抗矩阵而定义，路径则依据电能分布系数而计算得到，但是该只从电网拓扑结构的角度考虑电网脆弱性，没有考虑电网运行方式对脆弱性的影响。建立了电网的生存性模型，但没有给出具体的生存性定义和指标。智能电网生存性与控制成本之间的关系，而该中提出的生存性（Survival）概念为系统遭遇连锁故障后的仍然存活节点（Survivals）的比例。

纵观电网生存性的国外研究现状，可见国外也没有对于电网的生存性定义和研究范围的权威界定。尽管国外学者关于电网生存性的研究成果有许多思路，但都或多或少存在着一些不足之处。

（四）现有电网安全评估研究角度分析

从电网安全评估的分析角度来区分，现有的电网安全评估可以分为两大类。一类是从微观的角度，即深入到电网的各个元件，通过分析电网元件的特征量，如各个元件的电压、电流、功率和功角等电气量的绝对数值以及不同元件之间的电气量的相对差异，并试图建立不同元件的不同电气量之间的联系和相互影响机理，最终综合考虑各个元件的电气量的健康状态，见微知著地得出电网整体的安全状态。另一类则是从宏观的角度，即从电网整体的视角俯瞰式地分析电网拓扑结构的某些统计值的状态，如电网节点的节点度分布情况（小世界理论等），并基于统计的思路建立起宏观指标与电网安全性或者脆弱性的联系。

经过研究者们的不断探索和努力，无论是微观式安全评估法还是宏观式安全评估法都形成了一些卓有成效的研究成果。然而，这两种思路的安全评估方法仍然存在着进一步完善的空间。

微观式安全评估法的主要研究对象通常为节点电压、支路潮流、发电机出力、发电机功角和负荷功率等可以直接观测、控制的电网中的电气量。而对于隐藏在输电潮流表面之下的发电机与负荷之间电能传输路径缺乏足够的关注。事实上，电网的主要任务正是保质保量地完成电能输送任务，尽管电能传输路径不易直接观测、控制，但是电能传输路径解析能够为电网安全评估提供更加深入和新颖的角度。

无论是基于复杂网络理论还是基于图论的宏观式安全评估法，在对电网建模时往往将电网抽象成一个简化的网络。在这类抽象的过程之后能够形成一种新的分析角度，分析出一些微观式安全评估法所难以察觉的现象和规律。然而需要注意的是，通过对电网做相当程度的简化也必然造成对电网本身诸多复杂性的忽略。如许多基于图论或者复杂网络理论的安全评估方法难以考虑电网运行方式的差异对电网安全性的影响。另外，许多类似方法忽视了电网不同节点类型的差异，如发电机节点和负荷节点尽管都可以等效成一个节点，但其节点的功能以及功率流向都不尽相同，而某些基于图论或者复杂网络理论的宏观式安全评估方法忽略了该类差异，将会对评估结果的可信度造成影响。

（五）电网生存性评估与现有安全评估方法的异同

从电网安全评估的分析角度来区分，现有的电网安全评估可以分为 2 大类。一类是从微观的角度，即深入到电网的各个元件，通过分析电网的元件的特征量，如各个元件的电压、电流、功率、功角等电气量的绝对数值以及不同元件之间的电气量的相对差异，并试图建立不同元件的不同电气量之间的联系和相互影响机理，最终综合考虑各个元件的电气量的健康状态，见微知著地得出电网整体的安全状态。另一类则是从宏观的角度，即从电网整体的视角俯瞰式地分析电网拓扑结构的某些统计值的状态，如电网节点的节点度分布情况（小世界理论等），并基于统计的思路建立起宏观指标与电网安全性或者脆弱性的联系。

传统的电网可靠性评估、概率性安全评估、不断发展完善的风险评估以及基于安全域的电网安全评估等方法大多偏重于从微观的角度分析电网安全性。而基于复杂网络理论和基于图论等以电网拓扑结构为主要研究对象的安全评估方法则主要侧重于从宏观的角度分析电网安全性。

经过研究者们的不断探索和努力，无论是微观式安全评估法还是宏观式安全评估法都形成了一些卓有成效的研究成果。然而，这两种思路的安全评估方法仍然存在着进一步完善的空间。

微观式安全评估法的主要研究对象通常为节点电压、支路潮流、发电机出力、发电机功角、负荷功率等可以直接观测、可以直接控制的电网中的"显性"电气量。而对于隐藏在输电潮流表面之下的发电机与负荷之间电能传输路径缺乏足够的关注。事实上，电网的主要任务正是保质保量地完成电能输送任务，尽管电能传输路径不易直接观测和控制，但是电能传输路径解析能够为电网安全评估提供更加深入和新颖的角度。

无论是基于复杂网络理论还是基于图论的宏观式安全评估法，在对电网建模时往往将电网抽象成一个简化的网络。必须承认，在这类抽象的过程之后能够形成一种新的分析角度，分析出一些微观式安全评估法所难以察觉的现象和规律。然而需要注意的是，通过对电网做相当程度的简化也必然造成对电网本身诸多复杂性的忽略。如许多基于图论或者复杂网络理论的安全评估方法难以考虑电网运行方式的差异对电网安全性的影响。另外，许多类似方法忽视了电网不同节点类型的差异，如发电机节点和负荷节点尽管都可以等效成一个节点，但其节点的功能以及功率流向都不尽相同。

（六）电网生存性评估指标体系整体架构

电网生存性是对于电网电能传输畅通性和电网脆弱性的综合考虑。一个电能传输较为畅通的电网，通常具有更多的枢纽程度较高的节点和支路，然而当高枢纽程度的节点或者支路失效后，电网遭受的冲击也更严重。此外，一个在正常运行条件下的电能传输畅通性水平较高的电网，可能故障在网络中的传播扩散程度也越剧烈，当重要元件遭受攻击或者失效时电网整体性能的下降程度更严重，脆弱性也更高。为此，考量一个电网的生存性水平，应当结合畅通性和脆弱性两方面来综合考虑。

电网生存性指标体系建立在电网畅通性指标体系和电网脆弱性指标体系的基础之上。从电网整体的角度对电网畅通性的全局指标加以提炼和完善，从电能传输路径数、电能传输总加权距离和电能传输效率三个方面实现电网畅通度的测度。在电网脆弱性评估的关键指标基础上派生出电网均衡度指标集和电网强健度指标集。电网均衡度指标集从电网整体结构均衡度和关键元件空间分布均衡性两方面提出包括关键节点空间均衡度、关键支路空间均衡度和电网结构均衡度在内的三个指标。电网强健度指标集旨在考量重要元件遭受攻击或因故障失效后电网整体性能的变化程度，包括关键节点失效承受度、关键支路失效承受度、关键节点攻击强健度和关键支路攻击强健。

（七）电网生存性评估指标定义

1. 电能传输效率指标

电能传输效率指标为电网整体畅通度指标，该指标为电能传输路径数指标 N pa，和电网总传输功率的乘积与电能传输总加权距离指标的比值。

2. 关键节点空间均衡度指标

关键节点的空间分布均衡度评估指标，定义为关键节点之间的空间距离的平均值，空间均衡度指标值越大说明关键节点分布越分散，电网应对集中攻击的鲁棒性越强。

3. 关键支路空间均衡度指标

与关键节点的空间均衡度指标类似，关键支路的空间分布均衡度评估指标 brmrc5 定义为关键支路之间的空间距离的平均值。

4. 电网结构均衡度指标

将电网畅通性评估中的离差指标的加权和作为电网结构均衡度评估指标以 SDI，电网结构均衡度指标值越大则说明电网中节点和支路的重要度分布越平均。

5. 关键节点失效承受度

关键节点失效承受度旨在评估电网中 k 个关键节点失效后整体性能的下降程度。

6. 关键节点攻击强健度

假定电网受到蓄意节点攻击模式，电网性能随着节点失效数的增加而下降。关键节点攻击强健度，是电网性能下降到一定程度时所需的节点失效数，如果节点失效数越少则关键节点攻击强健度越差，如果使得电网性能下降到一定程度的节点失效数越多则关键节点攻击强健度越好。

三、先进科技在电网安全方面的应用

北极星输配电网讯：核心提示"要瞄准世界科技前沿，强化基础研究，实现前瞻性基础研究、引领性原创成果重大突破。加强应用基础研究，拓展实施国家重大科技，突出关键共性、前沿引领技术、现代工程技术、颠覆性技术创新。"党的十九大为科技创新指明了方向。国家电网公司坚持创新驱动发展战略，中国电科院从电力系统安全、调度安全再到设备安全，不断破解发展难题，以扎实、领先的技术提升电网预防和抵御事故风险的能力。

（一）新一代调度控制系统

1. 保障复杂大电网，安全稳定优质运行

电网运行的一体化特征愈加显现，全局监视、全网防控、集中决策的需求日益突出，国家电网公司提出研发建设新一代调度控制系统，进一步提升电网调控技术支撑能力。国调中心组织中国电科院和南瑞集团开展新一代调度控制系统的全面研发工作。

针对大电网全局监视、全局分析、全局防控、全局决策和市场化调度要求，新一代调度控制系统将实现模型统一管理、数据集中应用、全局分析决策和就地实时监控。在新一代调度控制系统设计过程中，中国电科院始终坚持电网主动调度和自动巡航的设计理念：通过源—网—荷精细化调控，全局电力电量平衡超前部署，电网事故预想、预判、预控，主动防范电网故障，实现电网主动调度。基于外部环境信息及未来趋势分析，通过全景监视和评估实施控制策略智能调整，完成电网运行自校正，实现电网自动巡航调度，大幅减轻调控人员工作强度。

2. 在新的架构下，新一代调度控制系统可以做到"更全局、更快速、更准确"

（1）"全"——模型全、数据全、功能全。实现全网一次／二次设备模型的时间、

空间多维度管理；实现全网实时数据、运行数据、外部环境数据等各类数据的按需共享；在模型全、数据全的基础上，构建监视控制、分析预警、计划决策、综合评估及仿真模拟等全方位应用功能，全面支撑各类电网调控业务；从全局视野的角度设计开发应用功能；做到全局监视电网实时信息；全局分析电网运行态势；全局防控电网运行风险；全局决策新能源消纳和备用支援。

（2）"快"——获取快、计算快、响应快。以广域数据传输技术为支撑，最大限度减少数据转发环节，提升数据共享效率；利用分布式并行计算以及智能化处理技术，确保大电网统一分析计算速度满足在线应用要求；将电网及外部环境变化和预兆第一时间推送给调控人员，电网发生故障后，快速给出分析结果和处置措施。

（3）"准"——信息准、决策准、控制准。通过对传统电网运行稳态数据增加时标，提高电网实时数据断面的时间一致性，采用大数据等技术提高新能源及负荷预测准确性；基于分析决策中心，考虑及二次设备实时状态和外部环境变化等信息，进行全网统一分析决策，保证决策结果的准确性；分区电网实时响应全网分析决策指令，实现设备的就地控制，保证本地控制功能的准确性。

目前，新一代调度控制系统的研发工作正在有序地开展中。2020年底，中国电科院和其他相关单位将完成示范工程建设。

（二）电力系统仿真计算

更精确、更快速

电网的规划设计、调度运行离不开准确科学的计算，所有的运行方式安排必须经过严格的定量分析与仿真验证。目前应用于国家电力调度控制中心和全国所有网、省、地各级电力调度部门的标准仿真分析程序，长期以来一直由中国电科院研发和维护。过去数十年间，仿真程序用大量计算和分析工作，为我国电网各项里程碑式的工程和日常安全稳定运行提供了可靠的依据。目前我国电网正处在快速发展中，新元件、新设备、新技术不断涌现，电网新设备、新系统的准确模拟是仿真计算的核心和重点，正确建模、准确仿真，方能保障电网安全稳定运行。

随着使用传统化石能源发电带来的环境污染问题日益突显，风力发电和光伏发电技术成为当今世界各国发展和研究的热点。基于我国实际情况，中国电科院建立了通用化的固定转速、双馈、直驱风电模型和与光伏发电实际特性一致的通用机电暂态模型，为新能源基地电力送出提供了有力保障。大容量高电压等级交/直流输电工程集中投入运行，新型多端柔性直流输电系统开始陆续建设和运行，也给电网安全稳定运行和仿真技术带来了挑战。中国电科院开发的仿真程序常规直流模型能够准确模拟直流输电系统的响应特性以及直流换相失败特性；对于近年来新出现的分层接入直流系统，也及时开发了相应的仿真模块。为向电网运行提供更准确的依据，中国电科院的专家制定了直流输电模型参数校核的相关流程。目前所有特高压直流输电系统均有经过规范校核验证的模型与参数。为了满足未来将要出现的柔性直流输电系统，中国电科院与国网直流部、国调中心和控制保护厂商密切合作，研发了具备换流阀闭锁、直流线路短路及断路等直流侧故障机电暂态仿真能力的电压源型直流系统仿真模型。

目前，仿真程序里风机、光伏电站、特高压直流输电系统、多端/柔性直流输电系统等一系列新模型已成为电网安全稳定运行必需的分析工具。

借助新的高效数值算法、建模方法以及软件的分析能力和计算性能的提高，中国电科院经过十多年的研发，包含电力系统多个时间尺度动态过程（电磁—机电—中长期过程有机结合）的全过程动态仿真技术应运而生。该技术可用于解决大电网连锁性故障、新能源大规模接入、多直流馈入的受端电网稳定、电压稳定、FACTS技术的应用、电网规划方案比较、安全稳定控制策略、二次系统规划设计等问题，仿真时间跨度从毫秒级到分钟级。该成果为青藏直流联网工程、三峡输变电工程、西电东送、特高压交直流输电等重大输电工程系统提供了重要的技术支撑。该程序及相关成果"互联电网动态过程安全防御关键技术及应用"荣获2016年度国家科学技术进步一等奖。

2016年12月，世界上首个电力系统专用的超算中心于中国电科院建成并投入试运行。在交直流大电网复杂运行特性对仿真计算效率带来严峻考验的背景下，超算中心的海量电网仿真计算能力，使之成为电网安全稳定运行强有力的支撑工具，全面支持各级调度开展运行方式计算和规划滚动校核。

超算中心使用的作业调度平台、仿真计算程序都是由中国电科院自主研发的国产软件系统。超算中心的使用刷新了方式计算人员对计算速度"快"和计算效率"高"的认识。"在超算中心建成之前，我们也使用后台服务器进行批量作业的计算，但是由于CPU个数有限，我们不得不把同一批1000多个计算任务手工分成几批，分批次提交后台计算，再拼接结果，手工拆分作业计算的方式还容易出错，我们方式计算人员花费了大量的精力。但现在不一样了，超算中心机房配有810台服务器，近24000个计算核心，理论峰值计算能力高达918万亿次每秒，在电力系统计算领域真是首屈一指。原来我们10个计算人员一周的计算任务，现在通过超算中心配套开发的批处理计算调度平台软件提交后台计算，不到一个小时就完成了，速度提高了3000倍。"一名国调中心方式计算工作人员在利用超算中心资源进行2017年的夏季滚动方式计算后，对平台的强大能力称赞不已。

（三）电网关键设备

攻克世界难题站在世界前列

电网线路和变电站长期暴露在空气中，大气污染使电网遇到潮湿天气或者雾霾天气极易发生污闪，造成大范围停电。这些问题在欧美、日本、苏联的工业区都曾发生，在印度、南非等发展中国家，至今仍威胁着电网的安全运行。在我国，自20世纪80年代到21世纪初，电网大面积污闪几乎每年发生。1990年2月，该问题跨越京津晋冀鲁豫辽5省2市，1996年末至1997年初波及长江中下游6省1市，2001年初再次覆盖京津冀鲁豫辽4省2市。

在国家电网公司的组织下，中国电科院会同相关研究机构，在电网外绝缘饱和积污特性、全工况污秽试验及外绝缘配置方法等方面取得重大技术突破与创新，从根本上解决了困扰我国近 30 年的电网大面积污闪难题，全国电网大面积污闪事故已得到有效遏制，输电线路污闪跳闸率从 2001 年的 0.12 次 /（百千米·年）大幅下降到近年的 0.001 次 /（百千米·年），极大地提高了我国电网安全运行的可靠性。

目前，由中国电科院牵头制定的新的污区划分标准和污区图在全国电网运行管理和各大区电力设计院的输变电工程设计中得到全面使用。新建的特高压交直流输变电工程全面推广采用等价自然污秽的全工况耐受电压进行外绝缘设计，显著提高了输变电工程建设与运行的经济可靠性。

中国电科院在外绝缘关键技术方面取得重大技术突破与创新，得到国际同行的高度认可，提升了行业国际话语权。污区分界线被国际电工委员会污秽地区绝缘子选用标准 IEC60815-1 所采用。"中国的污区图是这类文件中我所见过的最好的，提供了可为世界各国电力系统运行人员学习的实际解决方案和经验。"美国电力电子工程师协会（IEEE）电介质与绝缘学会副主席 Gubbins 如是说。

特高压 GIS（气体绝缘金属封闭开关设备）是电网的关键控制和保护设备，包含多种电气设备，结构复杂，技术要求高。随着特高压工程建设推进，盆式绝缘子和 VFTO（特快速瞬态过电压）的影响日益凸显。

盆式绝缘子是 GIS 中大量使用的关键绝缘和支撑部件，特高压盆式绝缘子绝缘水平高、结构尺寸大，对材料、设计、工艺和质量控制均提出了很高要求。由于我国在大型环氧绝缘件浇注领域研究基础薄弱，特高压盆式绝缘子在工程建设初期主要依赖进口，增加了工程采购成本和建设周期，尽管如此，运行中依然出现了多次放电和开裂等严重质量问题，给电网安全造成了巨大隐患，研制国产化高水平盆式绝缘子迫在眉睫。

顶着时间紧、任务重的巨大压力，中国电科院联合国内顶级开关厂、科研院校开展协同攻关。克服重重困难，国产盆式绝缘子仅用一年时间就研制成功，经检测，在电气和机械性能等方面均达到了国际领先水平，并成功应用于皖电东送工程。目前，工程应用的国产化特高压盆式绝缘子数以万计，长期运行状况良好。特高压盆式绝缘子的国产化研制成功，是我国绝缘子技术领域的一项重大突破，有力地支撑了特高压工程的规模化建设，保障了电网的长期安全稳定运行。中国工程院院士雷清泉在验收会上指出："特高压盆式绝缘子的国产化代表我国在环氧绝缘件浇注领域已经站在了世界前列，对国内其他相关行业也是一次极大的促进与鼓舞。"

VFTO 是 GIS 内部特有的电磁瞬态现象，幅值高，波前时间短，严重威胁 GIS 内部绝缘安全。对其深入认知和有效防护成为保障特高压 GIS 质量和电网安全亟待解决的难题。

中国电科院整合包括国内数所知名高校和制造厂商的优势研究资源，并获得国家 973 计划项目及国家电网公司三期重点项目支持。经过历时 8 年的持续攻关，中国电科院研究全面掌握了 VFTO 测量、特性、仿真、绝缘及防护方法，为 VFTO 防护提供了经济有效手段。

研究成果通过了中国电机工程学会的技术鉴定，中国工程院院士邱爱慈认为："项目推动了我国特高压 GIS 变电站 VFTO 防护技术的进步，成果总体达到国际领先水平"。目前，项目成果直接应用于 7 个 1000 千伏工程，全面提升了特高压 GIS 变电站 VFTO 防护水平，为保障特高压电网的运行安全发挥了巨大作用。

四、未来电网系统安全

北极星输配电网讯：国家发改委、国家能源局近日下发了《能源技术革命创新行动计划（2016-2030 年）》，并同时发布了《能源技术革命重点创新行动路线图》。其中关于电网路线如下：

（一）现代电网关键技术创新

1. 战略方向

（1）基础设施和装备

重点在柔性直流输配电、无线电能传输、大容量高压电力电子元器件和高压海底电力电缆等先进输变电装备技术，以及用于电力设备的新型绝缘介质与传感材料、高温超导材料等方面开展研发与攻关。

（2）信息通信

重点在电力系统量子通信技术应用、电力设备在线监测先进传感技术、高效电力线载波通信、推动电力系统与信息系统深度融合等方面开展研发与攻关。

（3）智能调控

重点在可再生能源并网、主动配电网技术、大电网自适应/自恢复安全稳定技术、适应可再生能源接入的智能调度运行、电力市场运营、复杂大电网系统安全稳定等方面开展研发与攻关。

2. 创新目标

（1）2020 年目标

突破柔性直流输配电、电动汽车无线充电技术，掌握大容量高压电力电子元器件和高压海底电力电缆等先进输变电装备关键技术，实现工业化、低成本制造及示范推广，相关技术及装备走向国际市场。突破信息通信安全技术和电力线载波技术，形成宽带电力线通信标准；形成适合电网运行要求的低成本、量子级的通信安全技术。研究大规模可再生能源和分布式发电并网关键技术并开展示范；突破电力系统全局协调调控技术，实现示范应用。完成现代复杂大电网安全稳定技术研究，实现现代复杂大电网安全稳定运行。

（2）2030 年目标

柔性直流输配电技术、新型大容量高压电力电子元器件和高压海底电力电缆等先进输变电装备达到国际先进水平。突破高温超导材料关键技术和工艺。形成适合电网运行要求的低成本、量子级的通信安全工程应用技术解决方案，实现规模化应用。微电网 / 局域网与大电网相互协调技术、源 - 网 - 荷协调智能调控技术获得充分应用。

（3）2050 年展望

无线输电技术得到应用，电网的系统、设备、通信、控制等技术引领国际先进水平，完全掌握材料、核心器件、装备和系统成套技术。完全解决可再生能源和分布式电源并网消纳问题。建成世界领先的、安全高效的、绿色环保的现代电网。

3. 创新行动

（1）先进输变电装备技术

研发高可靠性、环保安全（难燃、低噪声）、低损耗、智能化及紧凑化的变压器；研制高电压、大电流、高可靠性和选相控制的替代 SF6 的新型气体介质断路器及真空和固态断路器，并开展示范应用；研制安全高效的新型限流器；突破高压海底电力电缆的制造和敷设技术，研发新型电缆材料、先进附件；研发高质量在线监测 / 检测装备和系统。

（2）直流电网技术

研究直流电网架构及运行控制技术，建立直流电网技术装备标准体系；开展新型电压源型换流器、直流断路器、直流变压器、直流电缆、直流电网控制保护等核心设备研发和工程化；建设包含大规模负载群、集中 / 分布式新能源、大规模储能在内的直流电网示范工程。

（3）电动汽车无线充电技术

以电动汽车无线充电为突破点和应用对象，研发高效率、低成本的无线电能传输系统，实现即停即充，甚至在行驶中充电。形成电动汽车无线充电技术标准体系，研究电动汽车无线充电场站的负荷管理，建设电动汽车无线充电场站示范工程。

（4）新型大容量高压电力电子元器件及系统集成

研究先进电力电子元器件及应用；开展新一代大容量、高电压电力电子器件的材料研发和关键工艺技术研究；研发用于高电压、大容量直流断路器和断路保护器的高性能电力电子器件；建设高水平生产线，提高质量、降低成本，推进国产化。研究高压大容量固态电力电子变压器、大容量双向 / 多向换流器、多功能并网逆变器、智能开关固态断路器、固态电源切换开关、软常开开关设备。

（5）高温超导材料

研究高温超导基础理论、各系材料配方及制备工艺；开展面向超导电力装备的应用型超导材料研究；推动高温超导材料的实用化，并研究其成套工程技术；开展高温超导在超导电缆、变压器、限流器、超导电机等领域的示范和应用。

（6）信息通信安全技术

研究电力线频谱资源动态、高效地感知与使用；研究降低对已有通信业务干扰的关键技术，形成宽带电力线通信技术标准体系。建设能源互联网量子安全通信技术与常规网络融合应用示范，提出电网量子安全通信加密理论、量子通信协议及量子安全通信与经典网络通信融合的模型。形成适合我国电网量子安全通信要求的低成本、量子级安全可靠的通信技术解决方案。采用低功耗通用无线通信技术，实现电网末端海量信息的采集和传输。

（7）高效电力线载波通信技术

研究进一步提高电力线载波通信频谱效率的通信方式，提高工作带宽并充分考虑利用电力线三相之间形成的多输入多输出构架，使电力线载波通信系统物理层的传输速率达到Bps；使电力线通信应用范围扩展到包括互联网接入、家庭联网、家庭智能控制、新能源监控及电力安全生产等众多领域。

（8）可再生能源并网与消纳技术

制定大规模清洁能源发电系统并网接入技术标准和规范。研究并实现基于天气数据的可再生能源发电精确预测。研发并推广增强可再生能源并网能力的储能、多能源互补运行与控制、微电网、可再生能源热电联产等技术。发挥电力大数据和电力交易平台在促进可再生能源并网和消纳中的作用。实现电网和可再生能源电源之间的高度融合，促进可再生能源高效、大容量的分布式接入及消纳。

（9）现代复杂大电网安全稳定技术

研究交直流混合电网、智能电网、微电网构成的复杂大电网稳定机理分析技术，在线/实时分析技术和协调控制技术；建立能源大数据条件下的现代复杂大电网仿真中心，研究满足大规模间歇性能源/分布式能源/智能交互/大规模电力电子设备应用的、高效精确的电力系统仿真技术；加强电网大面积停电的在线/实时预警和评估技术研究。

（10）全局协调调控技术

研究大规模风电/光伏接入的输电网与含高比例分布式可再生能源的配电网之间协调互动的建模分析、安全评估、优化调度与运行控制技术，建立多种特性发电资源并存模式下的输配协同运行控制模式；针对未来电网中多决策主体、多电网形态特点，构建具有高度适应性的调度运行控制体系，开展"分布自律-互动协调"的源-网-荷协同的能量管理技术研发与示范应用。

能源互联网方面：

能源互联网是一种互联网与能源生产、传输、存储、消费以及能源市场深度融合的能源产业发展新业态。

推动能源智能生产技术创新，重点研究可再生能源、化石能源智能化生产，以及多能源智能协同生产等技术。

加强能源智能传输技术创新，重点研究多能协同综合能源网络、智能网络的协同控制等技术，以及能源路由器、能源交换机等核心装备。

促进能源智能消费技术创新，重点研究智能用能终端、智能监测与调控等技术及核心装备。推动智慧能源管理与监管手段创新，重点研究基于能源大数据的智慧能源精准需求管理技术、基于能源互联网的智慧能源监管技术。

加强能源互联网综合集成技术创新，重点研究信息系统与物理系统的高效集成与智能化调控、能源大数据集成和安全共享、储能和电动汽车应用与管理以及需求侧响应等技术，形成较为完备的技术及标准体系，引领世界能源互联网技术创新。

（11）先进储能技术创新：

战略方向

1）储热／储冷

重点在太阳能光热的高效利用、分布式能源系统大容量储热（冷）等方面开展研发与攻关。

2）物理储能

重点在电网调峰提效、区域供能的物理储能应用等方面开展研发与攻关。

3）化学储能

重点在可再生能源并网、分布式及微电网、电动汽车的化学储能应用等方面开展研发与攻关。

创新目标

1）2020 年目标

突破高温储热的材料筛选与装置设计技术、压缩空气储能的核心部件设计制造技术，突破化学储电的各种新材料制备、储能系统集成和能量管理等核心关键技术。示范推广 10MW/100MWh 超临界压缩空气储能系统、1MW/1000MJ 飞轮储能阵列机组、100MW 级全钒液流电池储能系统、10MW 级钠硫电池储能系统和 100MW 级锂离子电池储能系统等一批趋于成熟的储能技术。

2）2030 年目标

全面掌握战略方向重点布局的先进储能技术，实现不同规模的示范验证，同时形成相对完整的储能技术标准体系，建立比较完善的储能技术产业链，实现绝大部分储能技术在其适用领域的全面推广，整体技术赶超国际先进水平。

3）2050 年展望

积极探索新材料、新方法，实现具有优势的先进储能技术储备，并在高储能密度低保温成本热化学储热技术、新概念电化学储能技术（液体电池、镁基电池等）、基于超导磁和电化学的多功能全新混合储能技术等实现重大突破，力争完全掌握材料、装置与系统等各环节的核心技术。全面建成储能技术体系，整体达到国际领先水平，引领国际储能技术与产业发展。

创新行动

1）储热／储冷技术

研究高温（≥500℃）储热技术，开发高热导、高热容的耐高温混凝土、陶瓷、熔盐、复合储热材料的制备工艺与方法；研究高温储热材料的抗热冲击性能及机械性能间关系，探究高温热循环动态条件下材料性能演变规律；研究 10MWh 级以上高温储热单元优化设计技术。开展 10~100MWh 级示范工程，示范验证 10~100MWh 级面向分布式供能的储热（冷）系统和 10MW 级以上太阳能光热电站用高温储热系统；开发储热（冷）装置的模块化设计技术，研究大容量系统优化集成技术、基于储热（冷）的动态热管理技术。研究热化学储热等前瞻性储热技术，探索高储热密度、低成本、循环特性良好的新型材料配对机制；突破热化学储热装置循环特性、传热特性的强化技术；创新热化学储热系统的能量管理技术。

2）新型压缩空气储能技术

突破 10MW/100MWh 和 100MW/800MWh 的超临界压缩空气储能系统中宽负荷压缩机和多级高负荷透平膨胀机、紧凑式蓄热（冷）换热器等核心部件的流动、结构与强度设计技术；研究这些核心部件的模块化制造技术、标准化与系列化技术。突破大规模先进恒压压缩空气储能系统、太阳能热源压缩空气储能系统、利用 LNG 冷能压缩空气储能系统等新型系统的优化集成技术与动态能量管理技术；突破压缩空气储能系统集成及其与电力系统的耦合控制技术；建设工程示范，研究示范系统调试与性能综合测试评价技术；研发储能系统产业化技术并推广应用。

3）飞轮储能技术

发展 10MW/1000MJ 飞轮储能单机及阵列装备制造技术。突破大型飞轮电机轴系、重型磁悬浮轴承、大容量微损耗运行控制器以及大功率高效电机制造技术；突破飞轮储能单机集成设计、阵列系统设计集成技术；研究飞轮单机总装、飞轮储能阵列安装调试技术；研究飞轮储能系统应用运行技术、检测技术、安全防护技术；研究飞轮储能核心部件专用生产设备、总装设备、调试设备技术和批量生产技术。研究大容量飞轮储能系统在不同电力系统中的耦合规律、控制策略；探索飞轮储能在电能质量调控、独立能源系统调节以及新能源发电功率调控等领域中的经济应用模式；建设大型飞轮储能系统在新能源的应用示范。

4）高温超导储能技术

探索高温超导储能系统的设计新型原理，突破 2.5MW/5MJ 以上高温超导储能磁体设计技术；研究高温超导储能系统的功率调节系统 PCS 的设计、控制策略、调制及制造技术；研究高温超导储能低温高压绝缘结构、低温绝缘材料和制冷系统设计技术；研究高性能在线监控技术、实时快速测量和在线检测控制技术。布局基于超导磁和电化学及其他大规模物理储能的多功能全新混合储能技术，重点突破混合储能系统的控制技术及多时间尺度下的能量匹配技术。开发大型高温超导储能装置及挂网示范运行。

5）大容量超级电容储能技术

开发新型电极材料、电解质材料及超级电容器新体系。开展高性能石墨烯及其复合材料的宏量制备，探索材料结构与性能的作用关系；开发基于钠离子的新型超级电容器体系。研究高能量混合型超级电容器正负电极制备工艺、正负极容量匹配技术；研发能量密度 30Wh/kg、功率密度 5000W/kg 的长循环寿命超级电容器单体技术。研究超级电容器模块化技术，突破大容量超级电容器串并联成组技术。研究 10MW 级超级电容器储能装置系统集成关键技术，突破大容量超级电容器应用于制动能量回收、电力系统稳定控制和电能质量改善等的设计与集成技术。

6）电池储能技术

突破高安全性、低成本、长寿命的固态锂电池技术，以及能量密度达到 300Wh/kg 的锂硫电池技术、低温化钠硫储能电池技术；研究比能量 > 55Wh/kg，循环寿命 >5000 次（80%DOD）的铅炭储能电池技术；研究总体能量效率 ≥70% 的锌镍单液流电池技术；研究储能电池的先进能量管理技术、电池封装技术、电池中稀有材料及非环保材料的替代技术。研究适用于 100kW 级高性能动力电池的储能技术，建设 100MW 级全钒液流电池、钠硫电池、锂离子电池的储能系统，完善电池储能系统动态监控技术。突破液态金属电池关键技术，开展 MW 级液态金属电池储能系统的示范应用。布局以钠离子电池、氟离子电池、氯离子电池、镁基电池等为代表的新概念电池技术，创新电池材料、突破电池集成与管理技术。

节能与能效提升技术创新：

加强现代化工业节能技术创新，重点研究高效工业锅（窑）炉、新型节能电机、工业余能深度回收利用以及基于先进信息技术的工业系统节能等技术并开展工程示范。

开展建筑工业化、装配式住宅，以及高效智能家电、制冷、照明、办公终端用能等新型建筑节能技术创新。

推动高效节能运输工具、制动能量回馈系统、船舶推进系统、数字化岸电系统，以及基于先进信息技术的交通运输系统等先进节能技术创新。

加强能源梯级利用等全局优化系统节能技术创新，开展散煤替代等能源综合利用技术研究及示范，对我国实现节能减排目标形成有力支撑。

结　语

最近几年，电力信息技术进程开始不断地迈向世界各地，同时也渗透到了各发电领域，这其中就包括发电和输变电以及配电等各个关键环节，而目前来讲，一个有关于地处国家领先的水平电力信息网络已经初步建成。在这样的信息网络环境下的电网调度自动化和厂站自动控制以及管理信息系统或者电力营销系统、电力负荷管理等，包括像办公自动化、综合信息查询、计划统计管理、用电管理、财务管理、人力资源管理和生产安全管理等等。有关于生产经营和管理过程中遇到的诸多领域中发挥极其重要的作用。现代电力技术与网络信息安全问题也因此成为世界各地热切关注的问题，它的引入实际上又在某种程度上有力地推进了我国信息网络技术的发展及助推了我国的经济建设工程。

所以，《现代电力工程与信息网络安全》的编写实际上可以作为一些学者以及研究人员的参考书篇，同时作者也欢迎广大的读者朋友积极提出修改以及改进意见。